直流换流站运检技能培训教材
柔性直流输电

国家电网有限公司设备管理部
国家电网有限公司直流技术中心　组编 ●

中国电力出版社
CHINA ELECTRIC POWER PRESS

图书在版编目（CIP）数据

柔性直流输电 / 国家电网有限公司设备管理部,
国家电网有限公司直流技术中心组编. -- 北京 ：中国电
力出版社，2025. 6. -- (直流换流站运检技能培训教材
). -- ISBN 978-7-5198-9361-3

Ⅰ. TM721.1

中国国家版本馆 CIP 数据核字第 2024FM9084 号

出版发行：中国电力出版社
地　　址：北京市东城区北京站西街 19 号（邮政编码 100005）
网　　址：http://www.cepp.sgcc.com.cn
责任编辑：雍志娟
责任校对：黄　蓓　朱丽芳
装帧设计：郝晓燕
责任印制：石　雷

印　　刷：三河市万龙印装有限公司
版　　次：2025 年 6 月第一版
印　　次：2025 年 6 月北京第一次印刷
开　　本：710 毫米×1000 毫米　16 开本
印　　张：21
字　　数：331 千字
定　　价：140.00 元

编 委 会

前 言
PREFACE

截至 2024 年 12 月，国家电网公司国内在运直流工程 35 项，其中特高压 16 项，常规直流 14 项（其中背靠背 4 项），柔直 5 项（其中背靠背 1 项），换流站 69 座。公司系统海外代维直流 3 项（美丽山 1 期、美丽山 2 期、默拉直流工程）。随着西部"沙戈荒"风电光伏基地和藏东南水电大规模开发外送，特高压直流将迎来新一轮大规模、高强度建设，预计到 2030 年将新建 26 回直流工程。其中到 2025 年将建成金上—湖北、陇东—山东等直流，开工库布齐—上海、乌兰布和—河北京津冀、腾格里—江西、巴丹吉林—四川、柴达木—广西等 5 回直流工程；到 2030 年，再新建雅鲁藏布江大拐弯送出、内蒙古、甘肃、陕西"沙戈荒"新能源基地送出共 17 回直流。直流输电规模快速增长和直流输电技术日益复杂，使部分省公司直流技术人员不足、新工程运检人员储备不足、直流专家型人才缺乏的问题日益凸显。

为加强直流换流站运检人员技能培训，国网直流技术中心受国网设备部委托，组织湖北、上海、江苏、甘肃、四川、湖南、安徽、冀北、山东公司和相关设备制造厂家专家，在收集、整理、分析大量技术资料的基础上，结合现场经验，经过多轮讨论、审查和修改，最终形成了《直流换流站运检技能培训教材》。整个系列教材包括换流站运维、换流变压器、开关类设备、直流控制保护及测量、换流阀及阀控、阀冷却系统、柔性直流输电、调相机以及换流站消防九个分册。编写力求贴合现场实际且服务于现场实际，突出实用性、创新性、指导性原则。

由于编写时间仓促，编写工作中难免有疏漏之处，竭诚欢迎广大读者批评指正。

编　者
2025 年 4 月

目　录
CONTENTS

第六篇　柔性直流耗能装置

第七篇　可控自恢复消能装置

第一篇

柔性直流输电的工程介绍

第一章　柔性直流输电发展历程

第一节　柔性直流输电技术的发展

20 世纪 70 年代，以晶闸管为代表的电力电子器件和微处理器的发展，促进了常规高压直流输电的发展。90 年代随着 IGBT 等全控器件出现，柔性直流输电技术随之提出，较早时期的柔性直流输电工程中，系统拓扑结构方面采用的是两电平或三电平换流器。基于电压源型换流器（VSC）的高压直流输电概念最早由加拿大 McGill 大学 Boon – Teck 等学者于 1990 年提出，随后 2002 年基于 MMC 技术的多电平换流器概念由慕尼黑联邦国防军大学相关学者提出。

输电技术的发展经历了从直流到交流，再到交直流共存的技术演变。早期直流输电技术在发电、输电、用电的全环节都是直流电，并且直流发电机和直流电动机只是以简单的串联方式相连接，可靠性非常差，这导致直流输电技术发展异常缓慢。三相交流发电机、感应电动机和变压器在 19 世纪 80、90 年代相继问世使得交流电的发电、变压、输送、分配和使用更加方便，交流输电的这一优势弥补了直流输电技术最大的缺点，也使得交流输电技术得到了迅猛的发展，继而交流电网成为主流。但是由于用电领域和地域的不断增大，交流电网的规模也在迅速发展，交流电网的不足之处逐渐显现，一些应用场景比如远距离电缆输电、异步电网互联等需依赖直流输电技术。

在发电端和用电端绝大部分设备使用交流电的情况下，要想采用直流输电，就必须要解决换流（交、直流电之间的相互转换）问题，即在输电系统的送端将交流电转换为直流电（此过程称为整流），在受端将直流电转换为交流电（此过程称为逆变）。而完成这一过程的核心设备是换流器，换流阀是换流站里的核心设备。

高压直流输电（High Voltage Direct Current，HVDC）技术始于 1920 年，目前为止，依照所使用开关器件的不同，换流阀的发展大致经历了 3 个时期。

（1）第一时期，1970 年以前，采用的换流阀元件是汞弧阀，如图 1-1-1 所示。1930 年初开始，相继建设了一些直流输电试验工程，采用的换流器件主要是气吹电弧整流器、闸流管和引燃管，但是这些换流器件的电压和容量都比较低，导致直流输电工程的发展遇到了瓶颈。直到相对高电压大容量的可控汞弧整流器的研制成功，使得高压直流输电技术的工程应用成为可能。1954 年，第一个

图 1-1-1　汞弧阀

采用可控汞弧整流器的输电工程——瑞典本土至哥特兰岛的 20MW/100kV 海底直流电缆输电正式投入商业运行。此后高压直流输电工程在 20 年间发展迅速，到 1977 年总共有 12 项采用汞弧阀的直流工程投入运行。但是由于汞弧阀自身的缺陷导致直流输电技术的发展再次遇到了阻碍。汞弧阀技术复杂、制作成本高，可靠性较低，并且无法产生更高的直流电压，这些问题极大地阻碍了直流输电技术的发展。

（2）第二时期采用的换流元件是晶闸管，换流器拓扑结构仍然是 6 脉动 Graetz 桥。20 世纪 70 年代，半导体和电力电子技术迅速发展，高压大功率晶闸管问世，晶闸管不存在逆弧风险，且在制造、试验、运行维护和检修等方面都比较简单方便，所以晶闸管换流阀在直流输电工程中得到了大范围的应用，直流输电系统的运行性能和可靠性得到了有效改善，直流输电技术得到了进一步发展，晶闸管如图 1-1-2 所示。1970 年瑞典首先在哥特兰岛上进行了基于晶闸管换流器的 10MW/50kV 直流试验工程。从此，直流输电技术迎来的又一波发展高潮，使得大容量、远距离、区域互联成为可能。直流输电技术从此进入了晶闸管换流时代。

基于晶闸管的电流源型常规直流输电也称为线路换相换流器高压直流输电，这是因为晶闸管本身不具备关断电流的能力，如果受端电网容量不够，无

法提供足够的换相电流，将直接导致换流器无法正常工作。此外，晶闸管开关频率低，导致换流器性能不佳，这些问题直接限制了基于晶闸管的电流源型高压直流输电技术的发展。

图 1-1-2　晶闸管图

常规高压直流输电技术需要受端电网为强电网，受端电网需要提供电压支撑方可保证输电稳定。常规直流建设初期，因本身交流电网容量较大，高压直流输电只是作为小部分补充，问题并不明显。近些年来，我国新能源建设蓬勃发展，大量西部的新能源需要通过直流线路输送到东部负荷中心，交流端容量不足够支撑大量直流线路输入的问题已逐渐明显。相比于常规直流输电，柔性直流输电技术采用全控型器件，在受端电网可表现为一个独立的交流电源，不仅对受端电网没有电压支撑要求，在交流网侧内部发生故障时，还可以提供低电压穿越能力。较早时期的柔性直流输电工程中，系统拓扑结构方面采用的是两电平或三电平换流器，这种系统在运行过程中的缺点是谐波含量高、开关损耗大，但是目前的实际工程对系统电压等级和容量水平的要求不断提高。

2001 年，德国慕尼黑联邦国防军大学 R.Marquart 和 A.Lesnicar 共同提出了模块化多电平换流器（modular multilevel converter，MMC）拓扑，该拓扑结构通过将子模块进行标准化，然后将其进行串联，从而较为方便地实现系统的高压大容量化，输出多电平效果的电压，系统的谐波性能优异。MMC 技术的提出和工程中的应用，提升了柔性直流输电系统的运行特性，加快了柔性直流输电技术的推广应用。

（3）第三时期采用的是电压源换流器。基于电压源型换流器的高压直流输电可以通过控制电压源换流器中全控型电力电子器件——绝缘栅双极型晶体管（Insulated Gate Bipolar Transistor，IGBT）的开断，调节系统电压，从而控制系统交流侧功率水平，因此可以进行功率输送和稳定电网，从而可以避免现有输电技术存在的许多问题，国内称之为柔性直流输电。

1982 年，绝缘栅双极晶体管 IGBT 开始用于低电压场合，随后在工业驱动装置上使用 IGBT 作为开关器件的电压源换流器得到广泛的应用。随着技术的不断发展，IGBT 器件电压和容量等级不断提升，到了 20 世纪 90 年代初，出现了高电压 IGBT（2.5kV，1997 年 3.3kV，2004 年 6.5kV），使得采用绝缘栅双极晶体管构成电压源换流器进行直流输电成为可能。IGBT 如图 1-1-3 所示。

(a) 3.3kV IGBT　　　　　　　　　(b) 6.5kV IGBT

图 1-1-3　IGBT

在 1997 年，首个使用电压源换流技术的直流输电工程——赫尔斯扬实验性工程投入运行（3MW/±10kV）。该工程使用 IGBT 作为换流器件并采用两电平三相桥结构，使用脉宽调制技术（Pulse-Width Modulating，PWM）控制 IGBT 的开断和换流器的交流输出。由于 IGBT 具有可控开通和关断的能力，这使得其构成的直流输电系统同常规直流相比可控量变多，从而可以有效地克服常规直流的一些固有缺陷。

同时，随着能源紧缺和环境污染等问题的日益严峻，风能、太阳能等可再生能源利用规模正在日益扩大，由于其固有的分散性、小型性、远离负荷中心等特点，使得采用交流输电技术或传统的直流输电技术进行电能传输经济性差；一些海上钻探平台、孤立小岛等无源负荷，大都采用价格昂贵的本地发电装置，既污染环境，又不经济；另外，快速增加的城市用电负荷，需要电网容量的不断扩充。但鉴于城市人口膨胀和城区合理规划，一方面要求利用有限的线路走廊输送更多的电能，另一方面要求大量的配电网转入地下，不论是从技术特点还是实际工程的运行情况来看，采用基于可关断型器件的电压源型换流器和脉宽调制（PWM）技术的新型直流输电技术可以很好地解决上述问题。

对于这种新型直流输电技术，国际权威电力学术组织，国际大电网会议（CIGRE）和美国电气电子工程师协会（IEEE）都将其学术名称定义为"VSC-HVDC"或"VSC-Transmission"，即"基于电压源换流器的高压直流输电"。ABB公司称之为"轻型直流（HVDC-Light）"，西门子公司则称之为"新型直流（HVDC-Plus）"。2006年5月，由中国电力科学研究院组织国内权威专家在北京召开的"轻型直流输电系统关键技术研究框架研讨会"，会上，与会专家一致建议国内将基于电压源换流器技术的直流输电（第三代直流输电技术）统一命名为"柔性直流输电"。

随着多电平换流器的发展，出现了现在应用广泛的基于模块化多电平换流器（Modular Multilevel Converter，MMC）拓扑的柔性直流输电技术。

第二节　柔性直流输电技术适用场合

作为新一代直流输电技术，柔性直流输电突出体现全控型电力电子器件、电压源变流器和脉冲调制三大技术特点，可解决常规直流输电的诸多固有瓶颈。柔性直流输电系统可以快速独立地控制与交流系统交换的有功功率和无功功率、控制公共连接点的交流电压，潮流反转方便灵活，可以自换相。因此具有提高交流系统电压稳定性、功角稳定性，降低损耗，事故后快速恢复，便于电力交易等功能。加之设计施工方便灵活、施工周期短、电磁场污染小、噪声污染小、没有油污染等特点，使得柔性直流特别适合在连接分散的新能源电源、弱交流节点处的交流电网非同步互联、偏远负荷供电、海上钻井平台或孤岛供电、提高配电网电能质量等领域应用。它的出现为直流输电技术开辟了更广阔的应用领域，其主要适用于如下的场合：

（1）连接分散的小型发电厂。受环境条件限制，清洁能源发电一般装机容量小、供电质量不高并且远离主网，如中小型水电厂、风电场（含海上风电场）、潮汐电站、太阳能电站等，由于其运营成本很高以及交流线路输送能力偏低等原因，使采用交流互联方案在经济和技术上均难以满足要求，利用柔性直流输电与主网实现互联是充分利用可再生能源的最佳方式，有利于保护环境。

（2）异步电网互联。模块化结构及电缆线路使柔性直流输电对场地及环境的要求大为降低，换流站的投资大大下降，因此可根据供电技术要求选择最理想的接入系统位置。

（3）构筑城市直流输配电网。由于大中城市的空中输电走廊已没有发展余地，原有架空配电网络已不能满足电力增容的要求，合理的方法是采用电缆输电。而直流电缆不仅比交流电缆占有空间小，而且能输送更多的有功，因此采用柔性直流输电向城市中心区域供电可能成为未来城市增容的最佳途径。柔性直流输电技术可以独立快速地控制有功和无功，且能够保持交流系统的电压基本不变，它使系统的电压和电流较容易地满足电能质量的相关标准。

（4）偏远地区供电。偏远地区一般远离电网，负荷轻而且日负荷波动大，经济因素及线路输送能力低是限制架设交流输电线路发展的主要原因，这同时也制约了偏远地区经济的发展和人民生活水平的提高。采用柔性直流输电进行供电，可使电缆线路的单位输送功率提高，线路维护工作量减少，并提高供电可靠性。

（5）海上采油平台供电。远离陆地电网的海上负荷如：海岛或海上石油钻井平台等负荷，通常靠价格昂贵的柴油或天然气来发电，不但发电成本高、供电可靠性难以保证，而且破坏环境，用柔性直流输电以后，这些问题都可解决，同时还可将多余电能（如用石油钻井产生的天然气发电）反送给系统。

（6）提高电网电能质量。柔性直流输电系统可以独立快速地控制有功和无功，且能够保持交流系统的电压基本不变，它使系统的电压和电流较容易地满足电能质量的相关标准。同时，柔性直流输电系统还可以向两端的交流系统提供无功支撑的能力，大大提高了相连电网的运行稳定性。因此，柔性直流输电技术是未来改善电网电能质量的有效措施。

综上所述，柔性直流输电较之常规直流输电具有紧凑化、模块化设计，易于移动、安装、调试和维护，易于扩展和实现多端直流输电等优点。在风力发电、太阳能发电等新能源发电技术上，柔性直流输电又成为必不可少甚至是唯一的输电手段。基于电压源变流器技术的柔性直流输电由于其自身的诸多优势必将成为未来输配电系统中一个不可或缺的重要组成部分。

第三节　柔性输电系统的基本特点

柔性直流输电技术作为新型输电技术，是实现我国新能源并网、城市供电、海岛互联以及分布式能源接入的重要技术，能有效提高交流系统电压稳定性、功角稳定性、降低损耗，事故后能快速恢复和实现黑启动，便于电力交易等。有以下技术优势：一是在电能传输中控制灵活、输电品质高；二是电网稳定性好，故障后启动能力强；三是能削弱新能源发电对电网的扰动，接纳能力强；四是电能输送距离长且损耗小；五是施工周期短且占地小，模块化可扩展性好；六是适合交流电网非同步互联、偏远负荷供电、海上采油钻井平台或孤岛供电、提高配电网电能质量等领域应用。

柔性直流技术在消纳新能源发电并网有着巨大优势，我国海域广阔，海上资源禀赋好，可开发能源理论蕴藏量巨大，柔直技术对海上风能、太阳能、波浪能等新能源耦合开发与应用的优势明显，对探索潮流能、潮汐能规模化开发，扩大海洋能利用具有战略意义，是未来海上城市电能枢纽建设与电能输送的关键技术。

柔性直流输电工程的应用领域主要包括新能源并网、电网互联、孤岛和弱电网供电、城市供电、远距离输电等方面。

由于电压源换流器的使用，柔性直流输电系统的两端都可以额外地提供无功功率和电压支撑能力。同时，由于柔性直流输电系统的换流器可以产生一个幅值和相角都可以变化的电压，因此可以提供黑启动能力，即在一侧交流电网掉电以后，此时可以由柔性直流输电系统向失去电压的交流电网提供启动功率。

一、柔性输电系统的优点

柔性直流输电相对于传统高压直流输电技术，存在以下几个方面的优势：
（1）不需要交流侧提供无功功率，没有换相失败问题。传统高压直流输电系统中，换流站需要吸收大量的无功功率，因此必须增设诸多无功补偿装置；同时，传统直流输电在换相过程中，依赖交流系统的电压支撑，如果交流系统的电压支撑能力较弱，可能导致系统发生换相失败，而柔性直流技术不存在换相失败的问题。

（2）可以向无源电网供电。电压源换流器电流能够自关断，可以工作在无源逆变方式，无换相失败问题，所以不需要外加的换相电压，受端系统可以是无源网络。

（3）柔性直流输电技术可以在 4 象限内运行，可以实现独立控制有功和无功功率，从而实现向无源网络供电。柔性直流输电可以作为 STATCOM 应用，对交流侧的无功功率进行补偿，稳定交流电压。传统直流输电只能在 2 象限运行，不能对有功功率和无功功率进行独立控制。

（4）谐波含量较小，几乎不需要滤波装置。传统直流换运行时会产生大量谐波，谐波电流约占基波电流的 10%～15%，必须配置相当容量的滤波器。柔性直流输出波形接近正弦波，谐波含量较小（1%左右），一般不需要交流滤波器。

（5）适合构成多端直流系统，传统直流输电电流只能单向流动，潮流反转时电压极性反转而电流方向不动；因此在构成并联型多端直流系统时，单端潮流难以反转，控制很不灵活。而柔性直流输电系统的 VSC 电流可以双向流动，直流电压极性不能改变；因此构成并联行多端直流系统时，在保持多端直流系统电压恒定的前提下，通过改变单端电流的方向，单端潮流可以在正、反两个方向调节，更能体现出多端直流系统的优势。

（6）占地面积小，柔性直流输电换流站没有大量的无功补偿和滤波装置，交流侧设备很少，因此，比传统直流输电占地少得多。

综合看来，柔性直流技术的这一特性可以广泛应用于孤岛供电及大规模新能源消纳。在我国已经建成诸如南澳岛、舟山和张北工程等项目，欧美也有大量已经建成或者在建的采用柔性直流的孤岛供电项目及新能源项目消纳工程。

二、柔性输电系统的不足之处

由于受到元件制造工艺水平和拓扑结构的制约，柔性直流输电技术也存在一定的局限性。

（1）输送容量有限。目前柔性直流输电工程的输送容量较低，一方面是受到电压源换流器器件结温容量的限制，系统单个器件的通流能力较低；另一方面受到直流电缆电压的制约。

（2）损耗相对较大。柔性直流输电技术与传统直流输电相比来说，开关频率较高，因此导致开关损耗很大。目前模块化多电平的柔性直流输电工程中，系统损耗可以实现在系统输送功率的 1%以内，与传统直流输电系统的损耗百分比很接近，但是系统容量较低，如将系统的容量提升，则系统损耗也进一步增大。

（3）直流故障清除难度大。直流线路发生故障，传统直流可以通过换流器触发角快速增大来清除故障电流，并实现快速重启动。对于柔直系统，特别是多端或环网结构，需要采用直流断路器（造价高，技术不成熟）或具备故障自清除能力的 VSC（损耗增加、控制复杂等）等手段来实现直流故障电流清除。

第二章 柔性直流输电工程介绍

第一节 国际柔性直流输电工程应用介绍

国际柔性直流输电现有工程的应用领域主要分为风电场并网、电网互联、孤岛供电和城市供电四个方面，下面分别就上述应用领域分别简要介绍柔性直流输电工程应用情况。

（1）风电场并网工程。目前，应用于风电场并网的柔性直流工程有哥特兰（Gotland）工程、泰伯格（Tjareborg）工程、瑙德（Nord E.ON 1）工程、BorWin6海上风电柔性直流输电工程等。哥特兰（Gotland）岛是瑞典最大的岛屿，具有非常丰富的风力资源。岛上风力发电的快速发展，使其发电量从 1994 年的15MW 发展到 1997 年的 48MW。但是岛屿本身的用电量较小，使得多余的电力需要送出。由于该风电场所在的南斯敦地区是瑞典风电场最集中的地方，由此导致本地电网严重失衡；另外，在风电场运行过程中还需要吸收一定的无功功率，使电网的电压质量较差。为了满足风电的发展需要和保证电压质量，在南斯敦（Näsudden）的南斯（Näs）换流站和瑞典北部港口城市维斯比（Visby）附近的贝克斯（Bäcks）换流站之间，采用一条柔性直流输电系统将哥特兰岛上的风电资源送往大陆。工程于 1999 年秋季投入运行，是世界上第一条商用的柔性直流输电系统，其原理接线图如图 1－2－1 所示。该工程不仅将哥特兰岛的电能输送到瑞典本土，而且提供了风电场所需要的动态无功功率支撑，解决了潮流波动、电压闪变和频率的不稳定问题，提高了相连交流系统的稳定性，并有效改善了电能质量，充分体现了柔性直流输电系统的优良性能。

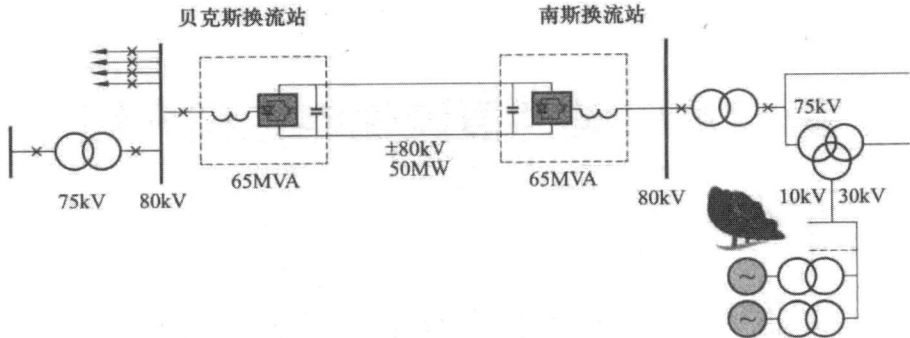

图 1-2-1　哥特兰工程原理接线图

（2）电网互联工程。目前，应用于电网互联的柔性直流工程有迪莱克特联接（Directlink）工程、伊格 - 帕斯背靠背（Eagle PassB2B）互联工程、克劳斯 - 桑德互联（Cross Sound Cable）工程、莫里联络（Murraylink）工程、伊斯特互联（Estlink）工程和在建的卡普里维（Caprivi ink）互联工程。

迪莱克特联接（Directlink）工程连接了澳大利亚新南威尔士和昆士兰两个地区的电网，其中包含了 3 条并联的 60MVA 传输线，总功率 180MW，用来完成两个区域电网之间的连接和电力交易，原理接线如图 1-2-2 所示。由于全部采用了地下电缆来进行输送，使得迪莱克特联接工程在环境、外观等方面的不利影响都降到了最小。同时，由于柔性直流输电系统有良好可控性，使得两个区域电网之间的功率流动可以得到精确、快速的控制。由于每个换流站在传输有功功率的同时还可以提供独立的无功功率，因此还可以对所连接的电网提供动态无功支撑能力。

迪莱克特联接工程的 3 条并联线路在 2000 年的中期开始投入运行，并在传输控制特性方面取得了良好的预期效果。

（3）孤岛供电工程。目前，应用于孤岛供电的柔性直流工程有泰瑞尔（TroA）工程和瓦尔哈（Valhall）工程。

在大部分海上平台中，所需要的电能都是由安装在平台上的燃气轮机或柴油发电机来提供的。但是这些发电机的效率一般都比较低（小于 25%），这不仅会导致大量的二氧化碳排放，而且造成了燃料的浪费，不利于节能减排。因此，考虑从陆上为海上平台提供电能，不仅可以减低温室气体的排放，还能够节省平台的发电成本和发电设备的维护费用，并且其生命周期和可用率都能得到提高。由于海上平台距离大陆较远而且负荷相对较小，因此所需要的输电距离较长而且容量很小。再加上长距离海底电缆输电和环境保护的要求，因此最好使用柔性直流输电系统向海上平台供电。

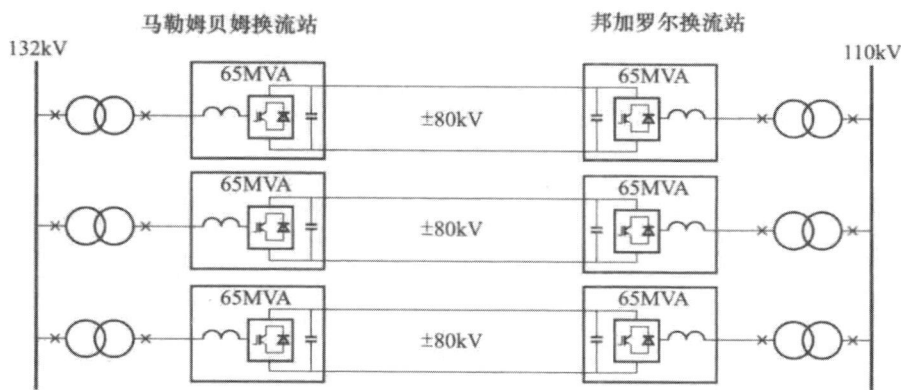

图 1-2-2　迪莱克特联结工程原理接线图

2005 年 10 月投运的挪威泰瑞尔（Tro1A）柔性直流输电工程，就是用于从挪威的克尔斯奈斯（Kollsnes）换流站向泰瑞尔海上天然气钻井平台上的用电设备供电。工程使用了两个并联的柔性直流输电系统，每个系统的额定功率为 45MW，直流电压±60kV，输电线路为 70km 长的海底电缆，原理接线如图 1-2-3 所示。在泰瑞尔海上钻井平台中，由于平台上所使用的气体压缩机转速是时刻变化的，由柔性直流输电系统的变流器直接向上面的变速同步电机进行供电，使同步电机的频率可以在 42～63Hz、运行电压在 0～56kV 之间变化。这是世界上第一个从大陆向海上平台提供电能的柔性直流输电系统。

由于在海上平台上，空间和质量都要受到严格的限制，因此对换流站的设计提出了较高的要求。而柔性直流输电系统的换流站所需要的滤波器远小于普通直流输电系统，而且不需要无功补偿设备，变压器也不需要特别设计，因此其质量和体积都要远远小于传统直流输电系统的换流站。

此工程投运后，不仅每年可以减少二氧化碳排放量 23 万 t，还显著地降低了海上平台的运营成本和维护费用以及在海上使用燃气轮机的危险性。

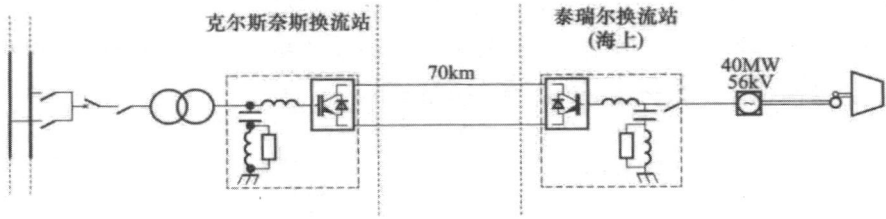

图 1-2-3　泰瑞尔工程原理接线图（单个系统）

（4）城市供电工程。目前，应用于城市供电的柔性直流工程有传斯贝尔联络（Trans Bay Cable）工程。

传斯贝尔联络工程是从匹兹堡市的匹兹堡换流站开始，经过一条位于旧金山湾区海底的 88km 长的高压直流电缆，把电能传送到旧金山的波特雷罗换流站。工程计划于 2010 年 3 月投入运行。工程为东湾和旧金山之间提供一个电力传输和分配的手段，以满足旧金山的城市供电需求。而且由于柔性直流输电系统可以提高电网的可靠性、提供电压支撑能力和降低系统损耗，因此将会改善互联两个地区电网的安全性和可靠性。

旧金山市的大部分电力供应都来自圣弗朗西斯科半岛的南部，主要依赖于旧金山湾区南部的交流网络。在此工程完成之后，电力可以直接送到旧金山的中心，增强了城市供电系统的安全性。由于直流电缆是埋于地下和海底，也不会造成对环境的污染。传斯贝尔联络工程和上面所介绍的所有工程的最大不同之处，在于此工程中使用了新型的模块化多电平变流器，其额定容量为400MW，直流侧电压为 ±200kV。这种模块化多电平变流器是由许多个单元换流模块组成的，其中每个换流桥包含若干个模块。桥臂的输出电压由各个模块的电压组合而成，形成一个阶梯状的波形。

这种新型电压源变流器的好处是避免了桥臂器件的直接串联，降低了变流器的技术难度，同时减小了输出电压所含的谐波，在电平数较高时可以不需要滤波器进行滤波。但是这种结构也存在着一些缺点，比如各桥臂上模块中的电容电压平衡比较困难，同时由于各个模块的开关状态都不同，因此需要对每个模块进行单独的控制，造成控制系统比较复杂等。

第二节　国内柔性直流输电工程应用介绍

近 10 年来，我国投入了多项柔性直流工程，电压等级、输送容量均处于世界领先地位，目前我国投运或在建的柔性直流输电工程如表 1-2-1 所示。

表 1-2-1　　　　　　　　我国柔性直流输电工程

序号	工程名称	容量/MW	直流电压/kV	投入年份
1	中海油文昌柔性直流工程一期/二期	4/8	±10	2011/2012
2	上海南汇风电柔性直流工程	18	±30	2011
3	南澳多端柔性直流输电工程	200/100/50	±160	2013
4	舟山多端柔性直流输电工程	400	±200	2014
5	厦门柔性直流输电工程	1000	±320	2015
6	鲁西背靠背异步联网工程	1000	±350	2016
7	渝鄂直流背靠背联网工程	1250×4	±420	2019
8	张北柔性直流输电工程	3000	±500	2020
9	乌东德特高压混合多端直流输电工程	5000/3000	±800	2020
10	如东海上风电直流送出工程	1100	±400	2021
11	广东背靠背柔性直流输电工程	1500×4	±300	2022
12	白鹤滩—江苏特高压混合级联直流工程	800MW	±800kV	2022

未来柔性直流输电技术将在降低损耗、降低成本、模拟发电机特性（例如构网型控制、惯性模拟、更强大的电网支撑）等方向进一步发展，不断提升性能，国内典型柔性直流电网工程介绍如下：

1. 舟山多端柔性直流输电工程

舟山多端柔性直流输电科技示范工程于 2012 年 11 月 2 日取得国家电网公司可研批复，2013 年 3 月开始全面施工，2014 年 7 月 4 日正式投运，是当时世界上端数最多、容量最大、电压等级最高的多端柔性直流输电示范工程。一期工程动态总投资 41.4 亿元，共建设舟定（400MW）、舟岱（300MW）、舟衢（100MW）、舟泗（100MW）、舟洋（100MW）五座换流站，合计总容量 1000MW，各换流站采用模块化多电平换流器（MMC），换流器子模块采用半个 H 桥结构，五座换流站通过四段 ±200kV 的直流电缆相连，电缆总长

283km（海缆总长度 260.7km）。舟山柔直工程将舟山海岛电网结构由原先辐射馈线式供电模式转变为环网手拉手的供电模式。柔直有功功率和无功功率独立精确可调，使得电能质量、供电可靠性和灵活性大幅提升。舟定和舟岱换流站通过 220kV 单线分别接入 220kV 云顶变和蓬莱变，舟衢、舟洋和舟泗换流站通过 110kV 单线分别接入 110kV 大衢变、沈家湾变和嵊泗变。其系统接线如图 1-2-4 所示。

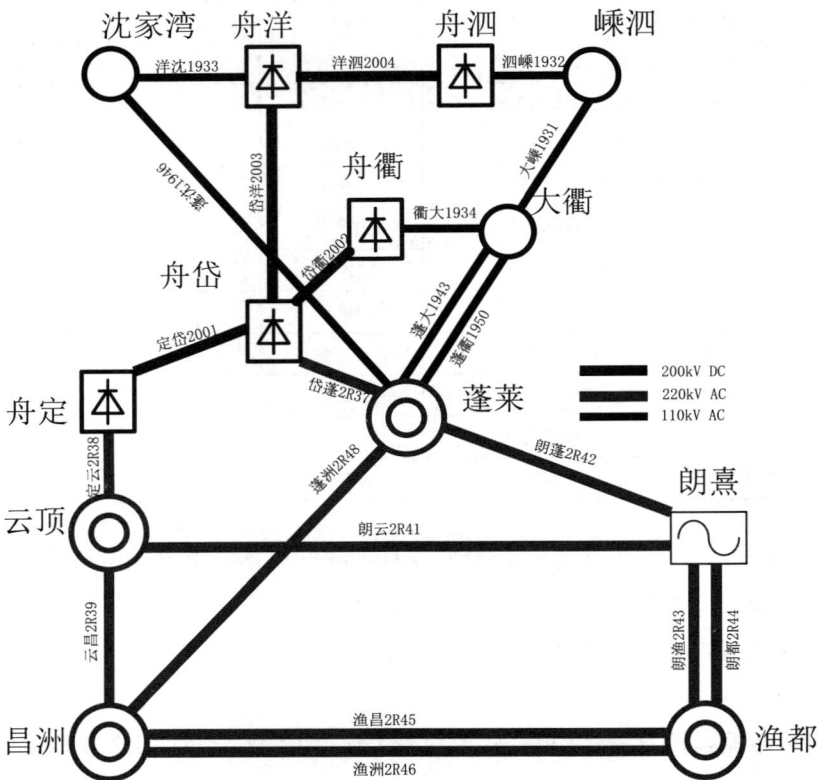

图 1-2-4　舟山五端柔性直流输电工程系统接线图

　　舟山多端柔性直流输电系统可以采用交直流并联、单换流站直流孤岛、多换流站直流孤岛、单换流站 STATCOM（静止无功补偿器）4 种运行方式。其中交直流并联方式属于有源 HVDC，单换流站直流孤岛方式和多换流站直流孤岛方式属于无源 HVDC，舟山柔直换流站一次接线图如图 1-2-5 所示。

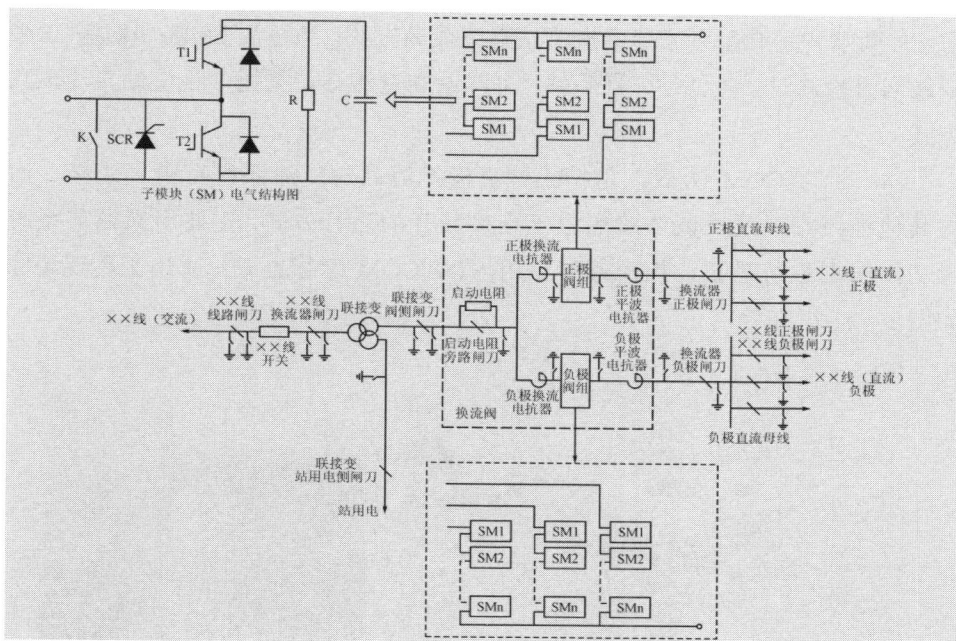

图 1-2-5　舟山柔直换流站一次接线图

（1）交直流并联方式（有源 HVDC）：是指柔性直流系统通过直流和交流线路联网运行，共同向电网供电的运行方式。正常运行情况下，舟山多端柔性直流输电系统选择交直流并联方式。此时，选一个换流站作为整流站运行，其他换流站作为逆变站运行。根据不同换流站和直流线路检修情况，舟山柔直输电系统在交直流并联运行方式下又可分为五端系统、四端系统、三端系统、两端系统等类型。

（2）单换流站直流孤岛方式（无源 HVDC）：是指柔性直流换流站的交流侧电网与交流主网联络线断开，仅通过单个柔性直流换流站对局部孤立电网供电的运行方式。当大嵊 1931 线检修时，舟泗站可采用单换流站直流孤岛方式；当洋沈 1933 线检修时，舟洋站可采用单换流站直流孤岛方式；当云昌 2R39 和朗云 2R41 双线检修时，舟定站可采用单换流站直流孤岛方式。单换流站直流孤岛方式下，该换流站承担局部电网的调频和调压任务。

（3）多换流站直流孤岛方式（无源 HVDC）：是指柔性直流换流站的交流侧电网与交流主网联络线断开，通过多个柔性直流换流站对局部孤立电网供电的运行方式。根据图 1-3-1 可看出，当蓬大 1943 和蓬衢 1950 双线同时检修

17

时，舟衢站和舟泗站可采用多换流站直流孤岛方式；当蓬洲 2R48 和朗蓬 2R42 双线同时检修时，舟岱站、舟衢站、舟洋站和舟泗站可采用多换流站直流孤岛方式。

（4）STATCOM 方式：是指柔性直流换流站与交流系统有电气连接，而与其他换流站通过直流线路的电气连接断开的运行方式。主要用来调节系统无功，根据系统需要，换流站可采用 STATCOM 运行方式。舟山工程现场图如图 1-2-6 所示。

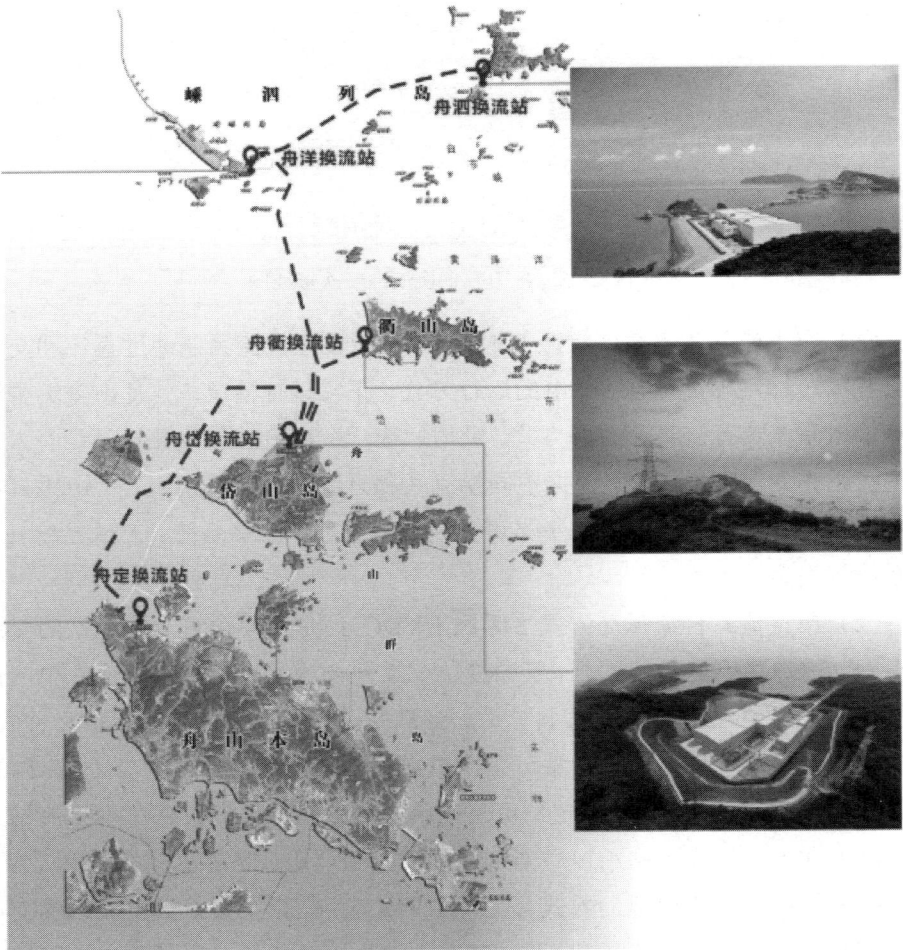

图 1-2-6 舟山柔直工程照片

2. 厦门柔直输电工程

厦门柔直科技示范工程 2014 年 7 月正式动工，2015 年 12 月 17 日投运，历时 17 个月，投运时为世界第一个采用真双极接线、电压等级和输送容量最高的柔性直流工程，厦门工程一次接线图如图 1-2-7 所示。工程有效消除厦门岛作为无源电网的劣势，不仅可以补充厦门岛内电力缺额，还具备动态无功补偿功能，能快速调节岛内电网的无功功率，稳定电网电压。直流电压等级为 ±320kV，输送容量 1000MW。工程包括岛外的浦园换流站、岛内的鹭岛换流站，以及三根直流电缆（+320kV 极线电缆、-320kV 极线电缆及金属回线），各换流站采用模块化多电平换流器（MMC），换流器子模块采用半个 H 桥结构。"真双极"接线方式（双极对称）优势是单极停运时或者故障时，整个换流站还可以继续输送 50% 的额定功率。

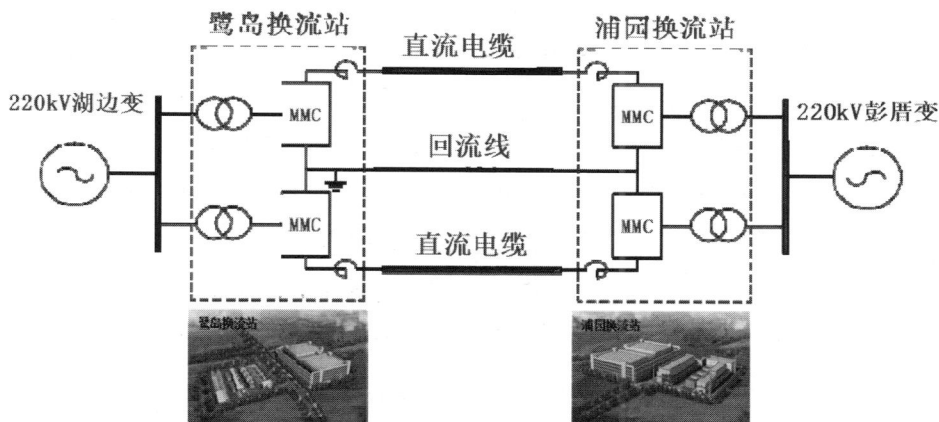

图 1-2-7　厦门柔直工程主接线简图

厦门柔直科技示范工程可以采用双极带金属回线单端接地运行、单极带金属回线单端接地运行、双极不带金属回线双端接地运行、换流站独立作为 STATCOM（静止无功补偿器）运行 4 种运行方式，如图 1-2-8 所示。

3. 渝鄂柔性直流输电工程

渝鄂工程是国内首个采用柔性直流输电技术的背靠背联网工程，包含 2 个背靠背换流站。工程的投运能够改善电网的稳定问题，提高电网灵活性和可靠性，同时提高川渝、华中电网互济能力，有利于西南水电开发和大规模外送。

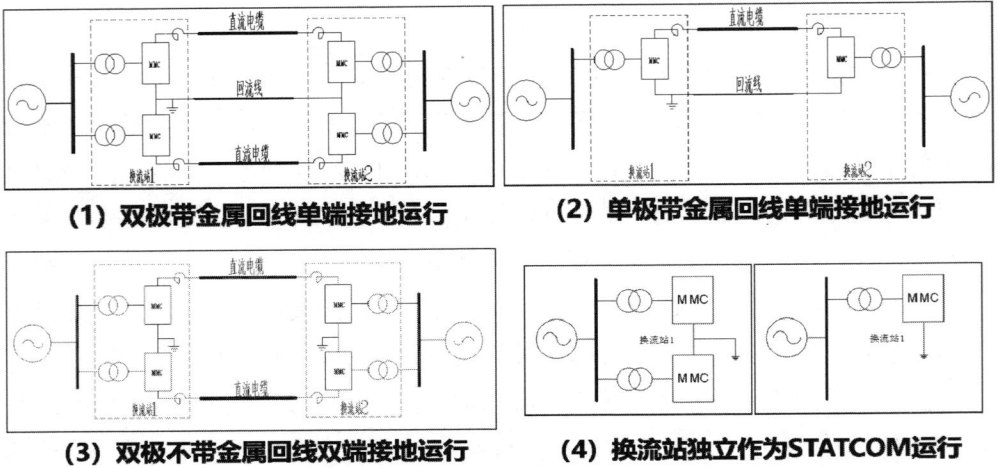

(1) 双极带金属回线单端接地运行

(2) 单极带金属回线单端接地运行

(3) 双极不带金属回线双端接地运行

(4) 换流站独立作为STATCOM运行

图 1-2-8　厦门柔直工程主要运行方式

渝鄂柔性直流背靠背联网工程北通道宜昌换流站设计双单元额定输送功率 2×1250MW，额定电压±420kV，额定电流 1488A，渝鄂柔性直流背靠背联网工程系统接线如图 1-2-9 所示。国家发改委于 2016 年 12 月 26 日核准，宜昌换流站于 2017 年 5 月开工，2019 年 8 月 21 日正式投入商业运行。

渝鄂柔性直流背靠背联网工程南通道施州换流站设计双单元直流额定输送功率：2×1250MW，宜昌换流站一次接线如图 1-2-10 所示。直流额定电压：±420kV，直流额定电流：1488A。国家发改委于 2016 年 12 月核准，施州换流站于 2017 年 5 月开工，2019 年 6 月 24 日正式投入商业运行。

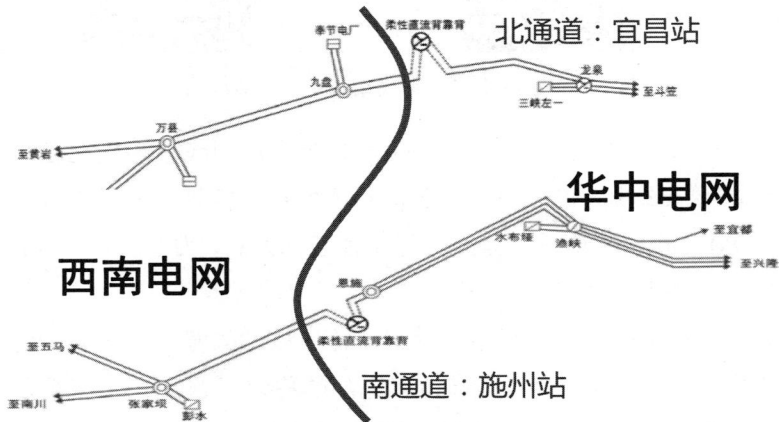

图 1-2-9　渝鄂柔性直流背靠背联网工程系统接线图

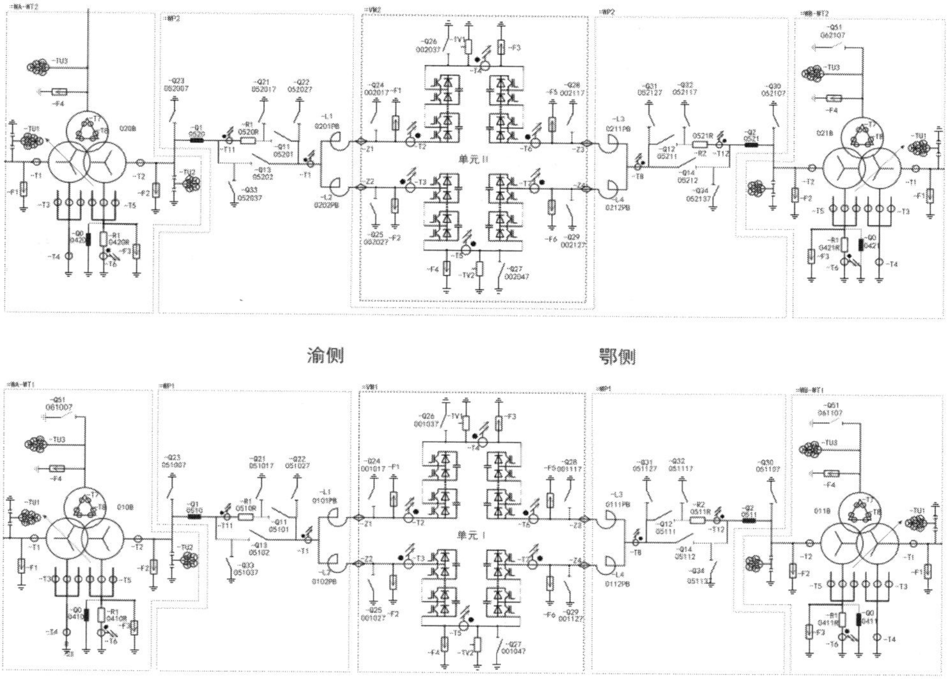

渝侧　　　　　　鄂侧

图 1-2-10　宜昌换流站一次接线图

4. 张北柔性直流输电工程

张家口地区可再生能源资源丰富，种类齐全，已开发及规划开发的装机规模巨大，且拥有风、光、抽水蓄能等多种典型要素，具备良好的多能互补特性。国家电网公司着眼于探索未来电网形态，研究实践可再生能源开发利用的典型模式，同时服务低碳冬奥的需求，在张家口、承德、北京地区建设张北柔性直流电网试验示范工程（以下简称张北柔直工程）。

张北柔直工程于 2017 年 12 月获得国家发改委核准，2018 年 2 月开工建设。2020 年 6 月 29 日竣工投产，张家口地区的新能源成功接入北京电网，送至 2022 年北京冬奥场馆。张北柔直工程线路采用架空线总长 648.2km，直流功率传输能力为 3000MW，直流额定电压为±500kV，直流额定电流为 3000A，在张家口坝上地区建设张北、康保两座送端换流站，两座送端站承担张家口地区清洁能源外送功能，可工作在联网运行模式和孤岛运行模式。在承德地区建设的丰宁站为调节站，作为系统中的定直流电压站。在北京地区建设北京站用于向北京地区输送电能。

张北柔直工程四端换流站采用"手拉手"环形接线方式，系统运行分为 3 个层次，分别为正极运行层、负极运行层和金属回线运行层。正负极均可以独立运行，相当于 2 个独立环网，在一极故障时另外一极可以功率转带，提高了系统供电可靠性。由于 500kV/3000A 及以上直流电缆正在研发试用，成本过高，而且未来直流电网将应用于远距离、大容量新能源送出，采用高压、大通流能力的直流电缆技术经济性较差，因此张北柔直工程直流线路采用架空输电线路，张北柔性直流电网拓扑结构如图 1-2-11 所示。

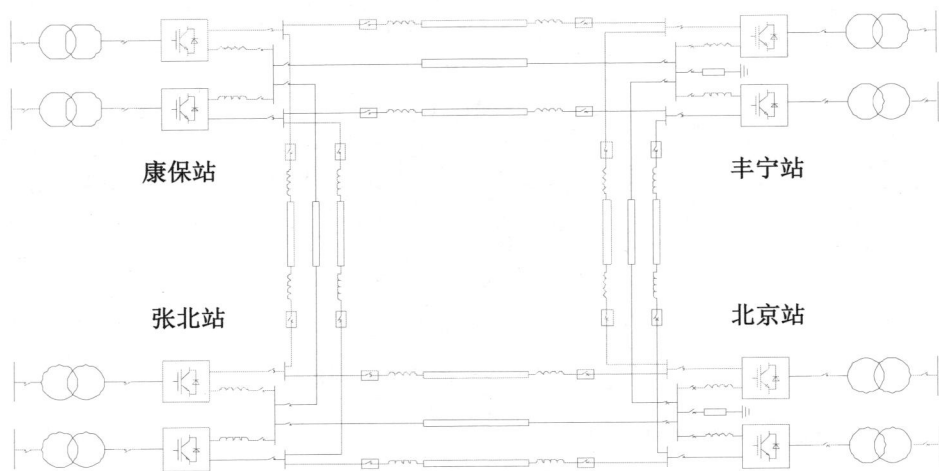

图 1-2-11 张北柔性直流电网拓扑结构

张北柔直工程将直流传输线在直流侧互相连接起来，并首次应用高压断路器组成真正的直流电网，可实现任一直流线路故障跳开后的潮流转移，极大提高了输电可靠性和灵活性。采用环形拓扑结构，可以在送端直接实现可再生能源、抽水蓄能等储能与负荷间的灵活能量交互，可有效实现大规模光伏、风能的昼夜互补，解决大规模可再生能源的系统调峰问题，减小间歇性能源对受端交流电网的扰动冲击，有利于改善清洁能源接入的友好性，提升可再生能源的利用效率。张北柔直工程能够为未来电网的风、光、储、抽水蓄能一体化运作、功率互补输送起到非常好的技术指导和示范作用。

张北柔直工程通过将柔性直流输电技术应用于张家口风电场与主网并网的试点研究，将为以后的风电场并网、孤岛供电、柔性直流交直流并列运行、电网无功控制等提供有力的技术支撑和相关运行经验，为我国的柔性直流输电技术研究和工程建设起到积极的推动作用。

　　5. 白鹤滩—江苏特高压直流输电工程

　　白鹤滩—江苏工程是我国实施"西电东送"战略的重点工程，该工程起于四川省凉山州建昌换流站，止于江苏省苏州市姑苏换流站，途经四川、重庆、湖北、安徽、江苏 5 省（直辖市），线路全长 2087km，额定电压±800kV，额定输送容量 8000MW，额定电流 5000A，于 2020 年 11 月获得国家发改委核准，2022 年 12 月建成投运。工程首次采用混合级联特高压直流输电技术，送端采用双 12 脉动常规直流换流阀，受端姑苏换流站高端采用单 12 脉动常规直流换流阀，低端采用 3 个柔直换流阀并联，是世界上首座采用常规直流和柔性直流混合级联接线的特高压换流站，单极主接线示意如图 1-2-12 所示。

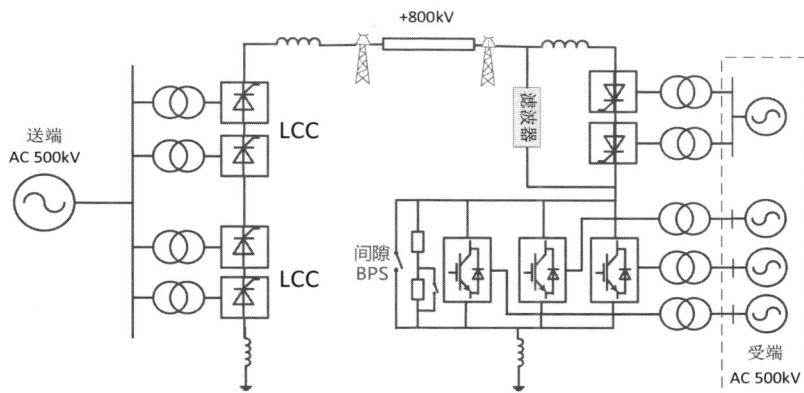

图 1-2-12　白江直流工程单极主接线示意图

　　该工程具有以下特点：① 具有直流线路故障穿越能力。② 逆变侧的 VSC 可为受端交流母线电压稳定性提供支撑。③ 运行方式灵活，可根据需要实现功率互济运行。

　　下文以张北直流输电工程为例说明，介绍了柔性直流输电系统中换流阀、高压直流断路器、直流控制保护系统以及交流耗能装置的结构原理、检修技术和典型故障案例。

第二篇

柔性直流输电原理

第一章 柔性直流输电原理介绍

第一节 电压源换流器（VSC）

柔性直流输电的系统结构如图 2−1−1 所示。由图虚线划分可知，两端柔性直流输电系统可以看作为两个独立的静止无功发生器（STATCOM）通过直流线路联结的合成系统；对于交流系统而言，交流系统向柔性直流换流站提供连接节点，即换流站与交流系统是并联的。由以上柔性直流输电系统拓扑结构特点分析可知，柔性直流输电系统由于两个电压源换流器（VSC）的直流侧互联，它们之间具备有功功率交换的能力，可以在互联系统间进行有功功率传输，除此之外，具有 STATCOM 进行动态无功功率交换的功能。

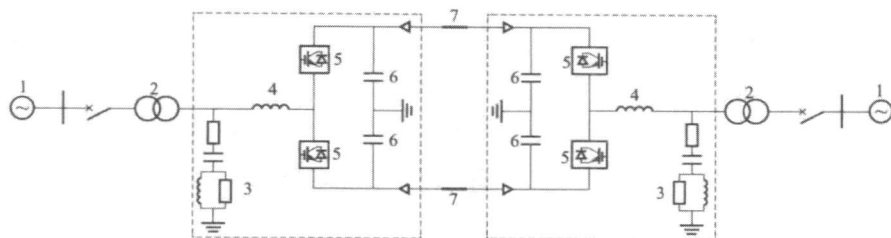

图 2−1−1　两端 VSC−HVDC 结构示意图

1—两端交流系统；2—联结变压器；3—交流滤波器；4—相电抗/阀电抗器；5—换流阀；

6—直流电容；7—直流电缆/架空线路（背靠背式两端 VSC−HVDC 不包含 7）

电压源换流器（Voltage Source Converter，VSC）为柔性直流输电系统的核心部件，是影响整个换流系统性能、运行方式、设备成本及运行损耗等的关键因素。电压源换流器是基于全控型功率半导体器件的电力电子变换装置。

由于电压源换流器中直流电压的极性不变，直流电流是双向的，因此所采用的可关断器件组（VSC 阀）只需阻断正向电压而无需阻断反向电压，同时应具备双向电流导通能力，通常采用可关断器件（如 IGBT、IGCT 等）与反并联的二极管构成电压源换流器的基本单元。在高压换流器中，为增大装置容量，可以采用将多个基本单元串/并联来形成一个电压源换流器阀，从而为电压源换流器装置提供适当的电压和电流。

电压源换流器具有多种形式的拓扑结构，如两电平（2-level）、三电平（3-level）、多电平（multi-level），各电压源换流器基本单元间的不同布置也会产生出新的拓扑，即组合型电压源换流器，如多脉波（multi-pulse）电压源换流器。电压源换流器中可关断器件的开通、关断是通过各种调制策略来实现的，调制策略是电压源换流器控制技术的核心。在柔性直流输电领域，大多采用脉宽调制技术（Pulse Width Modulation，PWM）。当微处理器应用于脉宽调制技术实现数字化以后，又不断有新的脉宽调制技术出现。依据开关频率的不同，电压源换流器调制策略可分为低开关频率调制策略和高开关频率调制策略，其中低开关频率调制策略包括空间矢量调制（Space Vector Modulation，SVM）和特定次谐波消除（Selective Harmonics Elimination，SHE）；高开关频率调制策略包括正弦脉宽调制技术（Sine PWM，SPWM）、改进型正弦脉宽调制技术（如三次谐波注入 PWM）、载波移相正弦脉宽调制技术（Phase Shift SPWM）、空间矢量脉宽调制技术（Space Vector PWM）。在柔性直流输电领域，较常用的是 SPWM、三次谐波注入 PWM、开关频率优化 PWM（SFOPWM）、载波移相 SPWM 以及特定次谐波消除 PWM（SHEPWM）。

第二节　MMC 工作原理

三相模块化多电平换流器（MMC）的拓扑结构如图 2-1-2 所示。MMC 由 abc 三个完全相同的相单元构成。每个相单元包含结构完全相同的上下两个桥臂，每个桥臂由若干个相同的子模块（Submodule，SM）和一个桥臂电抗器 L0 构成。子模块是 MMC 的基本构成单元，同时也是最重要组成部分。MMC 交流侧通过桥臂串联电抗 L0 连接到交流系统，直流侧连接到直流母线或者直流输电线路。桥臂串联电抗器 L0 一方面是 MMC 交直流侧功率传输的纽带，另一方面起到滤波的作用。此外，L0 还有两个重要的作用：因 MMC 的三个相单元是并联关系，相当于三个相同的电压源并联，但实际运行中，三个相单元之间直流电压并不相同，就会导致桥臂之间产生相间环流，而各相桥臂串入电抗器 L0 后，可有效抑制环流。L0 串联在上、下桥臂之间，可以有效降低MMC 内部或外部故障所带来的不良影响，比如，在一些严重的直流母线短路故障下，L0 可有效抑制故障电流的上升速率，使得直流侧每微秒电流上升率仅在数十安培范围内，从而降低了子模块中电力电子器件 IGBT 的耐受能力，提高了直流系统的可靠性。

　　传统的两电平或三电平电压源换流器将储能电容布置于直流侧正负极或者正负极对地之间，而 MMC 换流器将电容分散布置于每个子模块中，通过控制投入子模块的数目来控制交流侧逆变电压，更加灵活可靠，电平数越多，谐波越低。但是这也使得 MMC 换流器较传统电压源换流器控制起来更加复杂。

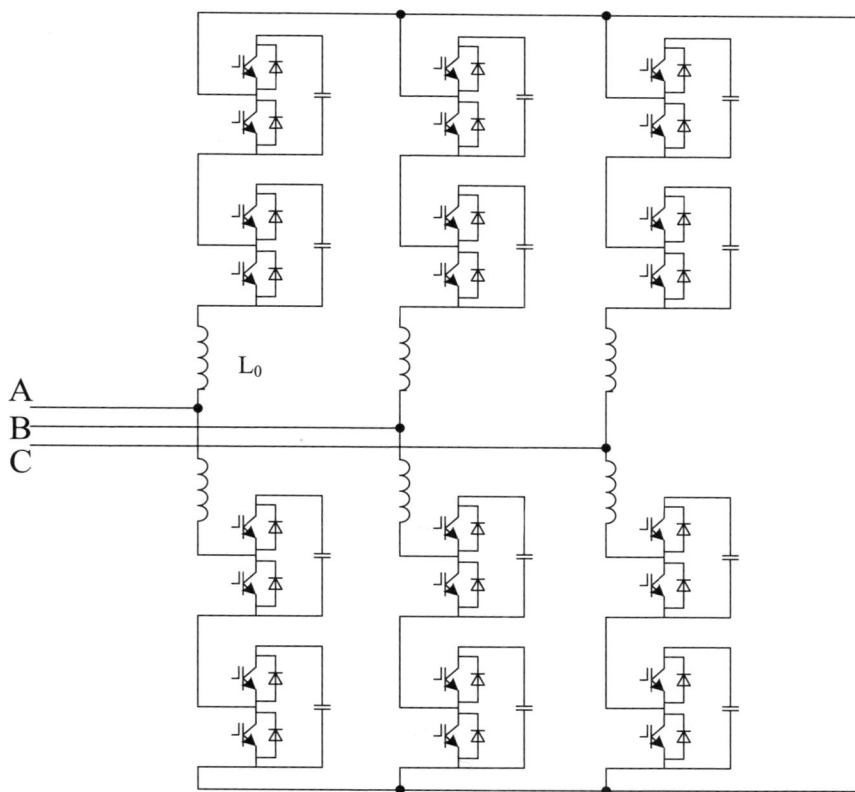

图 2-1-2　三相模块化多电平换流器拓扑结构图

MMC 的结构呈现高度模块化，通过增减桥臂中子模块个数可方便地实现不同电压、功率等级的设计，便于集成化设计、大批量生产和安全运行维护，缩短项目工期，降低成本。

第三节 子模块工作原理

目前 MMC 可选择的子模块拓扑结构通常有 6 种，即半桥子模块拓扑、全桥子模块拓扑、钳位双子模块拓扑、双半桥子模块拓扑、三电平飞跨电容子模块拓扑和三电平中点错位子模块拓扑。后面三种器件很多，控制复杂，应用场景并不多，因此本节只介绍前三种拓扑结构。

半桥子模块

如图 2-1-3 所示为一个半桥子模块（SM）的基本结构，T1 和 T2 代表 IGBT，D_1 和 D_2 代表反并联二极管，C 代表子模块的直流侧电容器；U_c 为电容器的电压，USM 为子模块两端的电压，ism 为流入子模块的电流，各物理量的参考方向如图中所示，由图可知每个子模块有一个连接端口用于串联接入主支路，而 MMC 通过各个子模块的直流侧电容电压来支撑直流母线的电压。

T_2 两端还并有晶闸管 K_2 和旁路开关 K_1，桥臂发生故障时，可以触发晶闸管导通，防止电流过大将 D_2 烧坏。当子模块本体故障时，可以通过闭合旁路开关，将子模块旁路。K_2 和 K_1 的设计有效地提高了子模块的安全性和可靠性。

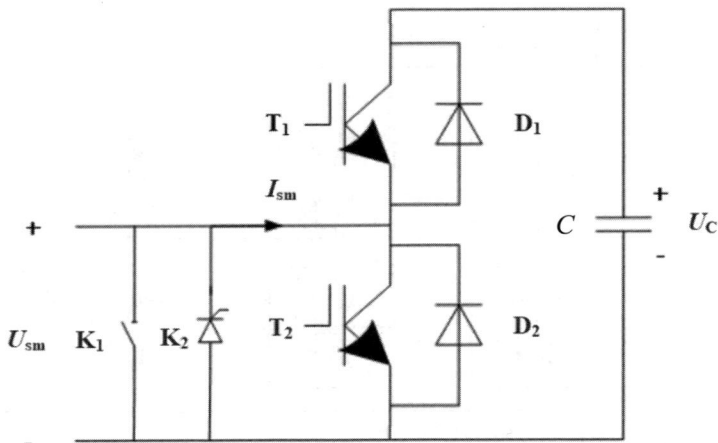

图 2-1-3 MMC 子模块的拓扑结构

　　分析可知，根据 IGBT 的导通或关断情况，子模块可分 3 种工作状态，如表 2－1－1 所示。再加上流过电容电流的方向，子模块可以分为 6 个工作模式。规定电流由子模块上端流向下端为电流正方向。

表 2－1－1　　　　　　　　　子模块的 3 种工作状态

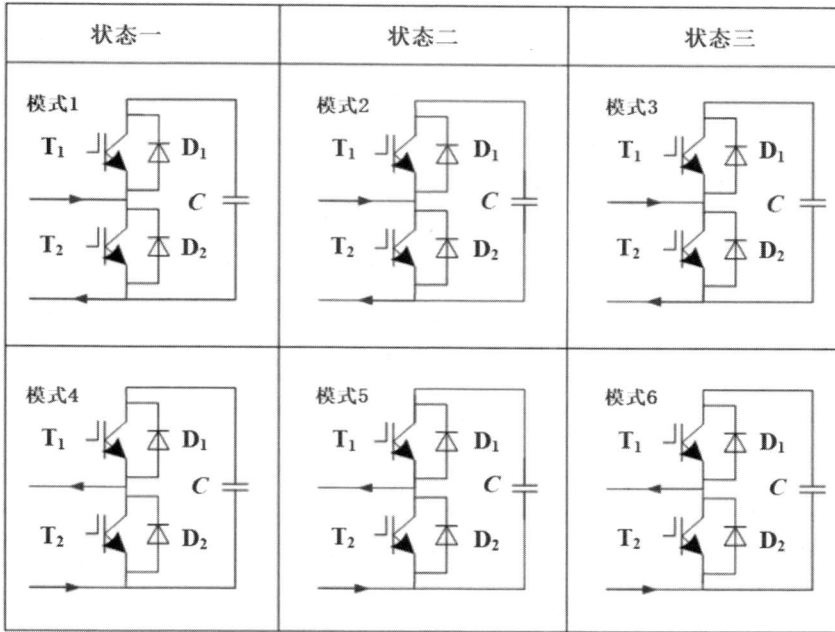

　　1. T_1 和 T_2 都是关断状态

　　T_1 和 T_2 都处于关断状态时，子模块处于闭锁状态。正常运行情况下不允许出现换流阀闭锁状态。只有当 MMC 启动，子模块不控充电时，或者系统发生故障闭锁换流阀时子模块会处于闭锁状态。

　　当电流为正方向时，电流通过 D_1 向 C 充电，对应模式 1；当电流为负方向时，电流通过 D_2 将 C 旁路，对应模式 4。通过分析可知，当子模块处于闭锁状态后，电容只可能会充电，不会放电。

　　2. T_1 处于开通状态 T_2 处于关断状态

　　当 T_1 处于开通状态而 T_2 处于关断状态时，子模块处于投入状态。当电流为正方向时，电流通过 D_1 向 C 充电，对应模式 2；当电流为负方向时，D_2 承受反向电压不会导通，电流通过 T_1 导通对 C 放电，对应模式 5。

当子模块处于投入状态时，子模块输出电压为 U_c，由于流过子模块的电流方向不同，正反向电流通过 T_1 和 D_1 不断的对电容充放电，完成能量交换的同时，保持子模块电压不变，因此，流过 T_1 和 D_1 电流的有效值是相等的。

3. T_1 处于关断状态 T_2 处于开通状态

T_1 处于关断状态 T_2 处于开通状态时，子模块处于退出状态。当电流方向为正时，D_1 承受反向电压不会导通，电流流过 T_2 将 C 旁路，对应模式 3；当电流为负方向时，电流流过 D_2 将 C 旁路，对应模式 6。

当子模块处于退出状态，相当于将子模块旁路，此时子模块输出电压为零。C 被旁路，既不充电，也不放电。

正常运行时，通过控制 IGBT 的通断，使子模块处于投入或退出状态，通过控制子模块投入的数量和时间，就可以得到交流侧所期望的多电平电压，当电平足够多时，就可以逼近所期望的交流电压。

对上述分析进行总结可得表 2-1-2。可以看出，在每一个模式中，T_1、T_2、D_1 和 D_2 四个管子中只有一个管子是导通的，因此在实际运行过程中，仅有一个管子处于导通状态，其他三个管子处于关断状态。从另一个角度来看，若将 T_1 与 D_1 整体看做是 S_1、T_2 与 D_2 整体看做是 S_2，电流可以双向流动。当 S_1 导通 S_2 关断时子模块为投入状态；当 S_1 关断 S_2 导通时子模块为退出状态；而对应闭锁状态，S_1 和 S_2 中哪个断开是不确定的。

表 2-1-2   SM 的 6 个工作模式

状态	模式	T_1	T_2	D_1	D_2	电流方向	usm	电容电压
闭锁	1	关断	关断	导通	关断	A 到 B	uc	升高
投入	2	关断	关断	导通	关断	A 到 B	uc	升高
切除	3	关断	导通	关断	关断	A 到 B	0	不变
闭锁	4	关断	关断	关断	导通	B 到 A	0	不变
投入	5	导通	关断	关断	关断	B 到 A	uc	降低
切除	6	关断	关断	关断	导通	B 到 A	0	不变

根据上述分析可以看出，虽然子模块有六种工作模式，对应的桥臂电流路径也不相同，但只要控制 T_1 和 T_2 两个 IGBT 的导通与关断，就可以使子模块输出 0 电平或电容电压 U_C。因此换流阀最底层最根本的控制就是控制每一个

子模块的 T_1 和 T_2 的导通和关断，子模块上一级控制决定每个桥臂中的子模块导通和关断的数量与时间。

（1）全桥子模块。全桥子模块（Full-bridge Sub-module，FBSM）的拓扑结构如图 2-1-4 所示，由 T_1、T_2、T_3、T_4 4 个 IGBT 和 D_1、D_2、D_3、D_4 4 个反并联二极管以及 1 个电容器组成。通过控制 IGBT 的导通与关断，可以控制子模块输出 0、$\pm U_C$ 三种电平。图中，C 为子模块直流侧电容，U_C 为子模块电容额定电压，U_{sm} 为子模块输出电压。

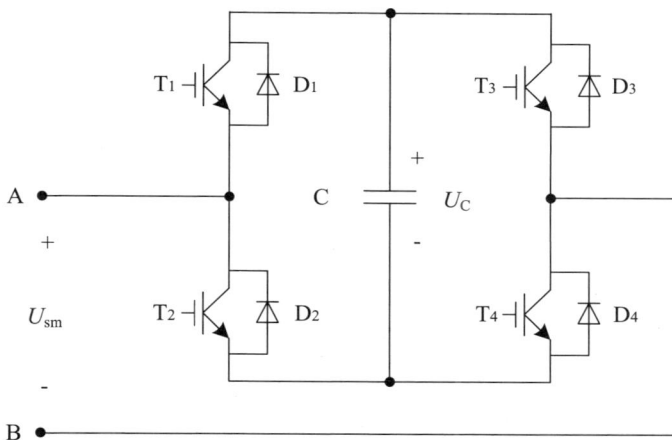

图 2-1-4 全桥子模块拓扑

全桥型子模块的工作状态主要分为以下四种：

1）"正投入"状态：在此状态时，对 T_1、T_4 施加开通信号，T_2、T_3 施加关断信号，此时，D_2、D_3 因电压反向处于关断状态。当电流由 A 流向 B 时，虽然 T_1、T_4 被施加了开通信号，但是由于电压反向，T_1、T_4 仍处于关断状态，而 D_1、D_4 处于导通状态，忽略二极管 D_1、D_4 的压降，子模块输出电压 $U_{sm}=U_C$；当电流由 B 流向 A 时，T_1、T_4 导通，电容放电，忽略 T_1、T_4 的压降，子模块输出电压 $U_{sm}=U_C$。因此，"正投入"状态时子模块输出电压 $U_{sm}=U_C$。

2）"负投入"状态：在此状态时，对 T_2、T_3 施加开通信号，T_1、T_4 施加关断信号，此时，D_1、D_4 因电压反向处于关断状态。当电流由 A 流向 B 时，T_2、T_3 导通，电容放电，忽略 T_1、T_3 的压降，子模块输出电压 $U_{sm}=-U_C$；当

31

电流由 B 流向 A 时，虽然 T_2、T_3 被施加了导通信号，但由于电压反向，T_2、T_3 依然关断，而 D_2、D_3 则导通，忽略二极管 D_2、D_3 的压降，子模块 输出电压 $U_{sm}=-U_c$。因此"负投入"状态时子模块输出电压 $U_{sm}=-U_c$。

3）"切除"状态：在此状态时，一方面可以对 T_1、T_3 施加开通信号，T_2、T_4 关断，D_2、D_4 因电压反向也关断。当电流由 A 流向 B 时，D_1、T_3 导通，忽略 D_1、T_3 的压降，输出电压 $U_{sm}=0$；当电流由 B 流向 A 时，D_1、T_3 导通，忽略 T_1、D_3 的压降，输出电压 $U_{sm}=0$。另一方面，可以对 T_2、T_4 施加开通信号，T_1、T_3 关断，D_1、D_3 因电压反向也关断。当电流由 A 流向 B 时，T_2、D_4 导通，忽略 T_2、D_4 的压降，输出电压 $U_{sm}=0$；当电流由 B 流向 A 时，D_2、T_4 导通，忽略 D_2、T_4 的压降，输出电压 $U_{sm}=0$。因此"切除"状态时子模块输出电压 $U_{sm}=0$。

4）"闭锁"状态：在此状态时，T_1、T_2、T_3 和 T_4 全部关断，当电流由 A 流向 B 时，D_1、D_4 导通，此时模块输出电压 $U_{sm}=U_c$；当电流由 B 流向 A 时，D_2、D_3 导通，此时子模块输出电压 $U_{sm}=-U_c$。

（2）箝位型双子模块。箝位型双子模块（Clamp Double Sub-Module，CDSM）的拓扑结构如图 2-1-5 所示，由两个半桥单元经两个箝位二极管 D_6、D_7 和一个带续流二极管 D_5 的引导 IGBT 即 T_5 串并联构成的，其中，C 为子模块直流侧电容，U_c 为子模块电容额定电压，U_{sm} 为子模块输出电压。

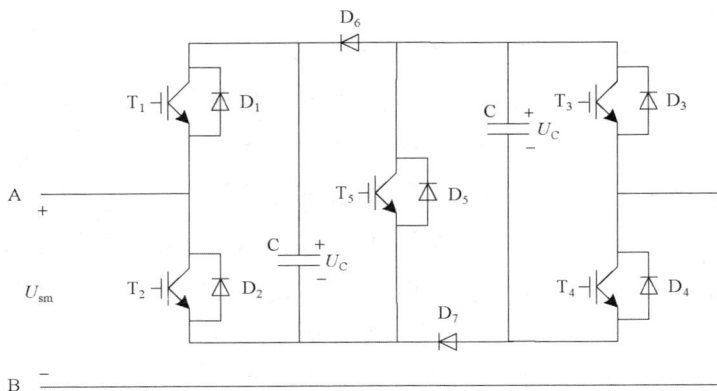

图 2-1-5 箝位型双子模块拓扑

如表 2 - 1 - 3 所示，正常工作模式有 4 种状态，输出电压有 3 种：0、U_c、$2U_c$。表 2 - 1 - 3 中所示为在正常工作模式下的 4 种工作状态。

表 2 - 1 - 3 　　　　　　　　　CDSM 工作状态

状态		电流方向	T_1	T_2	T_3	T_4	U_{sm}
正常工作模式	状态 1	不定	1	0	1	1	$2U_c$
	状态 2	不定	1	0	0	1	U_c
	状态 3	不定	0	1	1	1	U_c
	状态 4	不定	0	1	0	1	0
闭锁状态		$i>0$	0	0	0	0	$2U_c$
		$i<0$	0	0	0	0	$-U_c$

当控制模块处于"状态 1"时：T_1 和 T_4 开通，T_5 保持开通，当电流由 A 流向 B 时，电流流经 D_1、C_1、C_2、D_4，模块输出电压 $U_{sm}=2U_c$；当电流由 B 流向 A 时，电流流经 T_1、C_1、C_2、T_4，此时模块输出电压 $U_{sm}=2U_c$。

当控制模块处于"状态 2"时：T_1 和 T_2 开通，T_5 保持开通，当电流由 A 流向 B 时，电流流经 D_1、C_1、D_5、T_2，模块输出电压 $U_{sm}=U_c$；当电流由 B 流向 A 时，电流流经 D_2、T_5、C_1、T_1，此时模块输出电压 $U_{sm}=U_c$。

当控制模块处于"状态 3"时：T_3 和 T_4 开通，T_5 保持开通，当电流由 A 流向 B 时，电流流经 T_3、D_5、C_2、D_4，模块输出电压 $U_{sm}=U_c$；当电流由 B 流向 A 时，电流流经 T_4、C_2、T_5、D_3，此时模块输出电压 $U_{sm}=U_c$。

当控制模块处于"状态 4"时：T_2 和 T_3 开通，T_5 保持开通，当电流由 A 流向 B 时，电流流经 T_3、D_5、T_2，模块输出电压 $U_{sm}=0$；当电流由 B 流向 A 时，电流流经 D_2、T_5、D_3，此时模块输出电压 $U_{sm}=0$。

第四节　MMC 工作过程

现以单相 5 电平的 MMC 拓扑为例，对 MMC 的工作原理进行说明。如图 2 - 1 - 6 所示，单相 5 电平 MMC 拓扑结构中，上下每个桥臂各 4 个子模块，一共 8 个子模块。MMC 在运行过程中具有以下几个特点：

（1）直流侧电压输出恒定不变。作为电压源型换流器，直流侧输出电压应保持恒定，因此，任一时刻上下桥臂投入的子模块总数应保持不变。设每个桥臂的子模块个数为 N，每相子模块个数为 $2N$，则任一时刻投入的子模块个数为 N。投入子模块个数恒定，则保持直流电压恒定，直流电压为：

$$\begin{cases} U_{dc} = U_c \cdot N \\ U_{dc} = U_{pa} + U_{na} \end{cases} \qquad (2-1-1)$$

式中：U_{pa} 为上桥臂电压，U_{na} 为下桥臂电压，如图 $2-1-6$ 所示。

（2）交流侧输出电压。通过控制每相上下桥臂投入子模块的数目来控制 MMC 交流侧输出的电压。当一相上桥臂投入子模块个数为 n，则对应下桥臂投入子模块个数为 $N-n$，此时交流侧输出的电压为：

$$U_v = U_{dc} - nU_c = (N-n)U_c \qquad (2-1-2)$$

即通过调节图 $2-1-6$ 中实线 U_{pa} 和虚线 U_{na} 的长度，达到交流侧输出电压 U_{av} 为正弦波的目的。

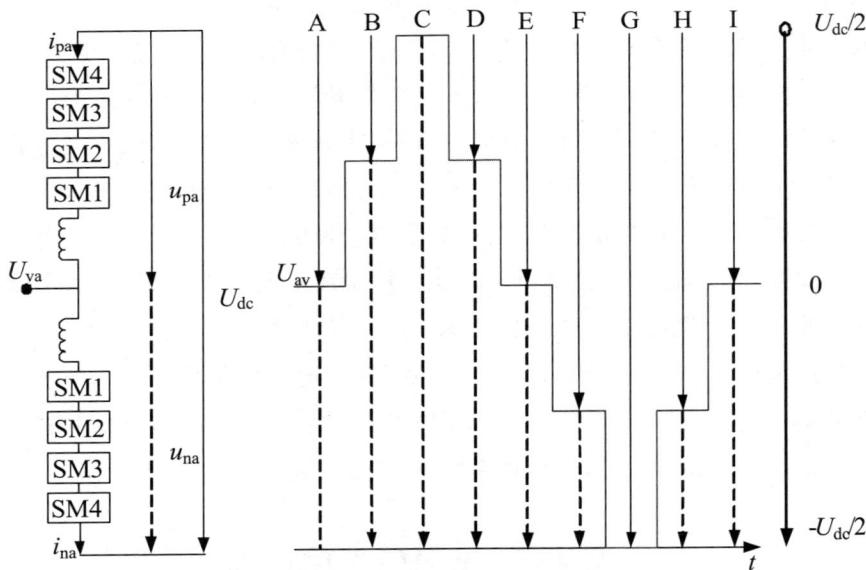

图 $2-1-6$ 三相 MMC 工作原理图

表 $2-1-4$ 列出了一个周期内不同时间段 MMC 交流侧输出的电压值以及对应的上下桥臂投入的子模块个数。由 MMC 的工作原理可知，桥臂子模块越多，则交流侧输出的电压阶梯波台阶越多，越接近理想的正弦波。在实际的柔性直流输电工程中，MMC 每个桥臂有几百个子模块，交流侧输出的电压波形已经十分接近正弦波，所含谐波分量很少，因此基于 MMC 的柔性直流输电工程是不需要交流滤波器的，大大减小了占地面积，节约了投资。

表 2-1-4   8 个不同的时间段所对应的子模块投入模式

时间段	1	2	3	4	5	6	7	8
U_{av} 电压值	0	$U_{dc}/4$	$U_{dc}/2$	$U_{dc}/4$	0	$-U_{dc}/4$	$-U_{dc}/2$	$-U_{dc}/4$
上桥臂投入的 SM 数	2	1	0	1	2	3	4	3
下桥臂投入的 SM 数	2	3	4	3	2	1	0	1
相单元投入的 SM 数	4	4	4	4	4	4	4	4
直流侧电压大小	U_{dc}	U_{dc}	U_{dc}	U_{dc}	U_{dc}	U_{dc}	U_{dc}	U_{dc}

（3）直流电压偏置。当零电位点设置在直流侧负极端，调制出的电压波形如图 2-1-7 所示。当上桥臂投入子模块个数为 N，下桥臂投入子模块个数为零时，输出电压最小，为零。当上桥臂投入子模块个数为零，下桥臂投入子模块个数为 N 时，输出的电压最大，为 U_{dc}，此时，输出电压存在 $U_{dc}/2$ 的直流偏置电压。

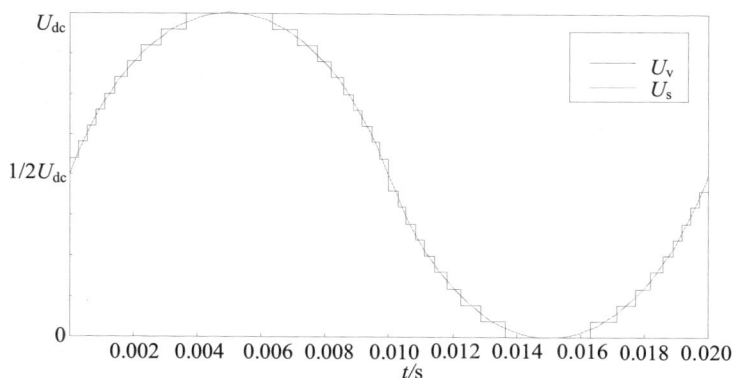

图 2-1-7 含有直流偏置的 MMC 交流出输出电压波形

（4）桥臂电流。MMC 三个相单元是对称的，因此直流电流在三相中平均分配。以 A 相为例，可得桥臂电流为：

$$\begin{cases} i_{a1} = -\dfrac{1}{3}I_{dc} - \dfrac{1}{2}i_a \\ i_{a2} = -\dfrac{1}{3}i_{dc} + \dfrac{1}{2}i_a \end{cases} \qquad (2-1-3)$$

式中：i_{a1} 为 A 相上桥臂电流，i_{a2} 为 A 相下桥臂电流，I_{dc} 为直流电流，i_a 为 A 相交流电流。

第五节　MMC 的调制

控制 MMC 实际上是就是控制其内部子模块的投入与切除。系统根据输入的有功功率和无功功率指令，经过控制算法计算出需要 MMC 输出的正弦电压波形，叫做调制波。MMC 的调制就是指控制 MMC 交流侧输出的正弦阶梯波，使其逼近调制波。

调制策略就是确定 MMC 期望输出的电压波形后，去计算每个桥臂应该投入的子模块个数，然后转化为子模块的控制指令进行子模块的投入与切除。MMC 调制策略的好坏影响调制波的精度，交流系统的谐波以及开关的频率，是 MMC 控制最重要的一环。调制策略应满足以下几方面：

（1）MMC 交流侧输出的电压基波比较接近调制波；

（2）较少的谐波含量，理想的 MMC 换流技术是不需要滤波器的，所以谐波的含量一定要低；

（3）较低的开关频率，开关损耗是换流器最重要的损耗，较低的开关频率可以有效降低系统整体开关损耗，同时可以延长开关器件 IGBT 的使用寿命；

（4）较快的响应速度，及时响应调制波的变化；

（5）较易的实现过程，计算量小。

没有一种调制策略可以兼顾以上所有优点，在实际应用中，应根据不同的应用场景，选择合适的调制策略，扬长避短。目前虽然已提出多种 MMC 调制策略，比如空间矢量调制（Space Vector Modulation，SVM）、特定次谐波消除调制（Selective Harmonic Elimination PWM，SHE－PWM）、载波移相调制（Phase－Shidted Carrier PWM，PSC－PWM）、最近电平逼近调制（Nearest Level Modulation，NLM）及这些调制策略衍生出的改进调制策略等，综合考虑上述策略的复杂程度，计算量，开关损耗以及交流侧输出的电压波形等因素，工程上得到广泛认可并广泛应用的 MMC 调制策略为最近电平逼近调制策略，该调制策略原理简单，实现方便，适合子模块数较多的场合。最近电平逼近控制就是通过投切子模块使 MMC 交流侧输出的电压逼近调制波。最近电平控制原理图如图 2-1-8 所示。

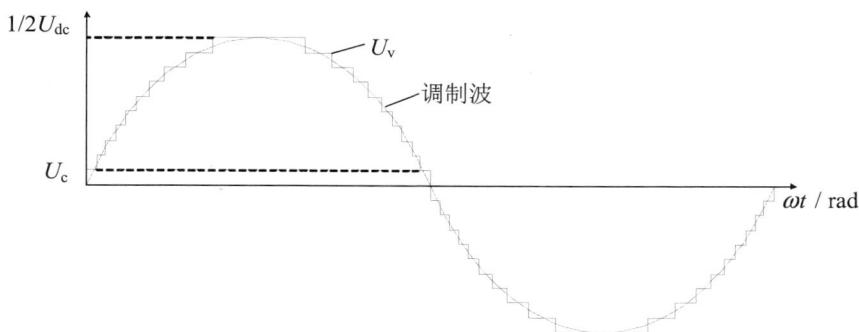

图 2-1-8 最近电平控制原理图

设 U_s 为某一时刻调制波瞬时电压，U_c 为子模块电压，则该时刻下桥臂应投入的子模块数量为：

$$n_d = \frac{N}{2} + \text{round}\left(\frac{U_s}{U_c}\right) \qquad (2-1-4)$$

上桥臂应投入的子模块数量为：

$$n_n = N - n_d = \frac{N}{2} = -\text{round}\left(\frac{U_s}{U_c}\right) \qquad (2-1-5)$$

式中：round 代表取整；N 为桥臂子模块个数。

可以看出，子模块的数量越多，控制频率越高，越逼近调制波。MMC 调制比为调制波相电压幅值与 $U_{dc}/2$ 之比。当调制比大于 1，即当调制波电压的峰值大于 $U_{dc}/2$，或者 $n_d > N$ 时，NLM 无法逼近调制波，这是称 NLM 进入过调死区。正常运行时，应通过控制换流变分接头避免调制死区。

第二章　典型柔直工程的主要运行方式

我国柔性直流输电有多端柔性直流输电工程、端对端柔性直流输电工程、背靠背联网工程、四端环网柔直工程等，各柔直输电工程运行方式复杂多样。

端对端柔直运行方式同常规直流输电，双极带金属回线单端接地运行、单极带金属回线单端接地运行、双极不带金属回线双端接地运行、换流站独立作为 STATCOM（静止无功补偿器）运行 4 种运行方式。

背靠背联网输电工程有双换流单元运行方式和单换流单元运行方式，控制模式有有功类控制模式和无功类控制模式，具备有功功率和无功功率的正送和反送能力，也可实现零功率运行。

多端柔性直流输电工程可以采用交直流并联、单换流站直流孤岛、多换流站直流孤岛、单换流站 STATCOM （静止无功补偿器）4 种运行方式。

四端柔性直流电网输电工程运行灵活，运行方式多样，考虑所有的运行方式大约 5000 种，这其中有一些运行方式并没有太多价值。从实际电网运行角度，过多的运行方式会增加调度人员及运行人员的负担，所以电网调度部门规定了其中的部分运行方式为主运行方式，其他运行方式为过渡运行方式。张北柔直输电系统中按电压极性将四站直流联网形式分为三层，分别为正极层、负极层、金属回线层，每层均由换流站相应电压极性的极、直流母线和直流线路连接而成，如图 2－2－1 所示。

电网运行单位根据实际对柔直电网的运行方式进行了简化，最终确定了 9 种运行方式，分别为：

（1）中都—延庆正负极"端对端"运行方式，A1；

（2）中都—延庆负极"端对端"运行方式，A2；

（3）中都—延庆正极"端对端"运行方式，A3；

（4）康巴诺尔—阜康正负极"端对端"运行方式，A4；

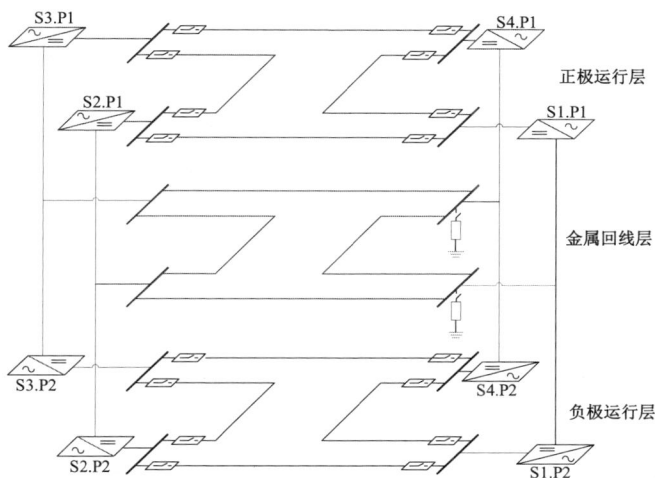

图 2-2-1 张北工程直流联网图

（5）康巴诺尔—阜康负极"端对端"运行方式，A5；

（6）康巴诺尔—阜康正极"端对端"运行方式，A6；

（7）四端正负极联网运行方式，B1；

（8）四端负极联网运行方式，C1；

（9）四端正极联网运行方式，C2。

9 种运行方式在存在故障元件后进行运行方式改变，运行方式推演如表 2-2-1 所示。

表 2-2-1   张北工程运行方式推演表

初始方式	故障元件	最终方式
B1	任一换流站正极、正极母线 正极层任一直流线路	C1
	任一换流站负极、负极母线 负极层任一直流线路	C2
	阜康或康巴诺尔站双极、金属母线 阜康—康巴诺尔金属回线、通道	A1
	中都或延庆站双极、金属母线 中都—延庆金属回线、通道延庆站出线 同杆并架通道	A4
	中都—康巴诺尔金属回线、通道 阜康—延庆金属回线、通道	A1 + A4

初始方式	故障元件	最终方式
C1	阜康或康巴诺尔站负极、负极母线、金属母线 阜康—康巴诺尔负极直流线路、金属回线	A2
	中都或延庆站负极、负极母线、金属母线 中都—延庆负极直流线路、金属回线	A5
	中都—康巴诺尔负极直流线路、金属回线 阜康—延庆负极直流线路、金属回线	A2＋A5
C2	阜康或康巴诺尔站正极、正极母线、金属母线 阜康—康巴诺尔正极直流线路、金属回线	A3
	中都或延庆站正极、正极母线、金属母线 中都—延庆正极直流线路、金属回线	A6
	中都—康巴诺尔正极直流线路、金属回线 阜康—延庆正极直流线路、金属回线	A3＋A6
A1	中都或延庆站正极、正极母线 中都—延庆正极直流线路	A2
	中都或延庆站负极、负极母线 中都—延庆负极直流线路	A3
	中都或延庆站双极、金属母线 中都—延庆金属回线	停运
A2	任一元件	停运
A3	任一元件	停运
A4	阜康或康巴诺尔站正极、正极母线 阜康—康巴诺尔正极直流线路	A5
	阜康或康巴诺尔站负极、负极母线 阜康—康巴诺尔负极直流线路	A6
	阜康或康巴诺尔站双极、金属母线 阜康—康巴诺尔金属回线	停运
A5	任一元件	停运
A6	任一元件	停运

第三章　柔性直流输电核心设备介绍

第一节　柔性直流换流站设备介绍

张北柔直输电工程有 4 座换流站组成，每座换流站都是柔性直流输电系统最主要的部分，其运行状态可分为整流站和逆变站，根据输送功率及运行的要求，可以互相转变。

各换流站直流场主要设备包括交流开关设备、换流变、启动区开关设备、交流启动电阻、直流启动电阻、桥臂电抗器、换流阀、极母线连接区设备、高压直流断路器、极线电抗器、直流电流测量装置、直流电压测量装置、中性线转换开关（NBS）、金属回线转换开关（MBS）、中性线接地开关（NBGS）、接地电阻、耗能变压器、交流耗能装置以及耗能电阻等设备，张北柔直工程流站主接线图如图 2-3-1 所示。

换流站直流场中的主要电气设备及其作用分述如下：

（1）换流阀：换流阀是实现交直流变换的关键设备，在直流输电工程中换流阀不仅具有整流和逆变的功能，还具有开关的功能，利用其快速可控性实现对直流快速启动和停运的操作。

（2）换流变压器：换流变主要作用有：① 实现交流系统和直流系统的功率传递；② 实现交流电压与换流阀直流电压之间的匹配，使换流变压器网侧交流电压和换流桥的直流侧电压符合两侧的额定电压和容许的电压偏移；③ 实现交流电网与换流阀之间的电气隔离，特别是隔离零序电流的通道；④ 起到连接电抗器的作用，用以平滑和抑制故障电流；⑤ 抑止交流电网入侵换流器的过电压波。

（3）高压直流断路器：直流断路器布置在柔性直流输电系统直流侧，能够快速清除直流输电线路上的故障，同时消耗直流线路中存储的能量；在直流大电流开断时，能够承受系统 1.3 倍的过电压。在具备 3ms 内开断 25kA 大电流的情况下可以快速重合闸，具备重合闸后再次开断直流电流的能力。

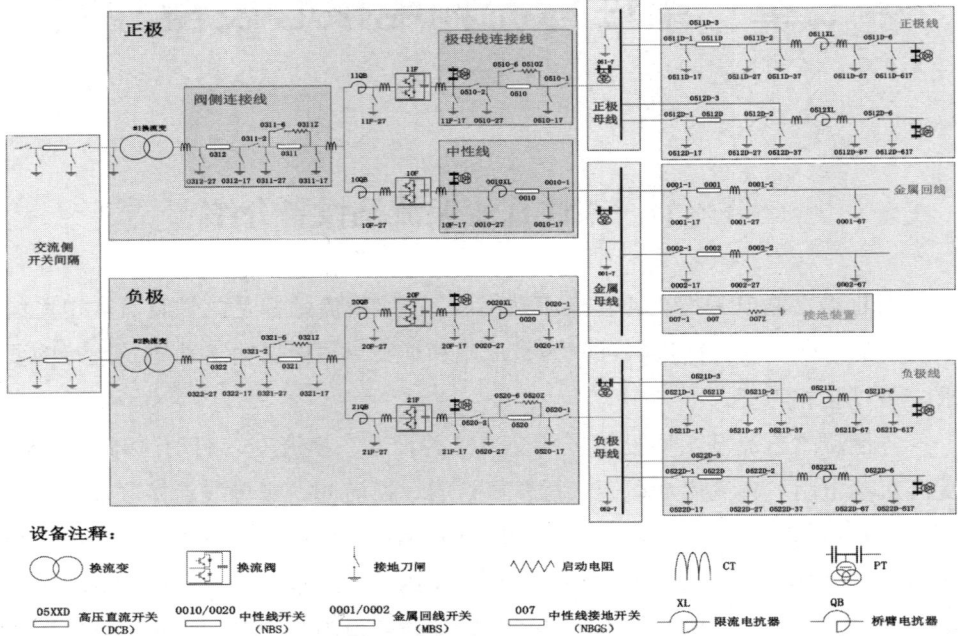

图 2-3-1　张北柔直工程换流站直流场主接线图

（4）直流转换开关（NBS、MBS）：与常规直流工程开关相同，阜康站中性线直流开关由 SF_6 断路器 B，与电容器 C、MOV 和电抗器 L（如果有）一起组成。如图 2-3-2 所示，电容器、电抗器和 MOV 安放在平台上，MOV 回路、电容器与电抗器回路分别与 SF_6 断路器并联。

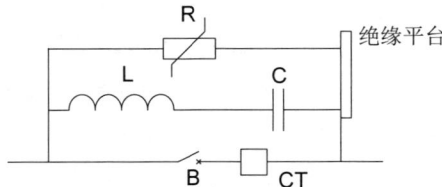

图 2-3-2　直流转换开关 NBS、MBS 拓扑

主要功能：电容器与电抗器串联，再与 SF_6 断路器并联建立振荡回路。电路中的杂散电感可以满足振荡的要求。转换过程分为两个阶段：灭弧前和灭弧

后。灭弧前，振荡回路在电弧的作用下产生振荡电流。振荡电流叠加直流电流过零时，断路器中的电弧熄灭。灭弧后，直流电流将流经电容器继续导通，使电容充电至一定电压（此电压定义为转换电压），直至并联 MOV 动作。转换电压的高低由与断路器并联的 MOV 伏 – 安特性决定，转换电压越高，直流电流转换速度越快。在转换过程中，MOV 吸收回路中存储的能量。

（5）直流转换开关（NBGS）：NBGS 既要满足转换 5000A 电流的要求，同时要满足快速合闸的要求，合闸时间小于 40ms。NBGS 主要包括开断装置、电容器、避雷器、电抗器、绝缘平台和高速隔离开关，如图 2 – 3 – 3 所示。

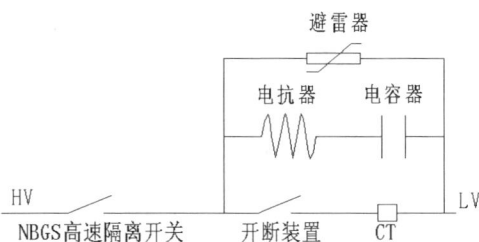

图 2 – 3 – 3　NBGS 拓扑

正常运行时开断装置处于合闸状态，高速隔离开关处于分闸状态，需要接地时高速隔离开关合闸；故障解除后，开断装置先分闸，然后高速隔离开关分闸，最后开断装置再合闸，回到正常运行状态。

（6）直流电流测量装置：电流测量装置在柔直工程中有电子式 CT、光 CT 两种，将数值较大的一次电流值变换为适宜保护装置使用的小电流，用于交直流输电系统的控制保护。

（7）直流电压测量装置：其功能是把数值较大的一次电压通过一定的变比转换为数值较小的二次电压，用于保护、测量。

（8）交流启动电阻：主要作用为在系统启动之前，换流阀 MMC 各功率模块电压为零，换流阀中电子元件处于关断状态，启动电阻限制功率模块电容的充电电流，减少柔性直流系统上电时对交流系统造成的扰动和防止换流阀子模块续流二极管的过流。

（9）直流启动电阻：主要作用与交流启动电阻相同，布置在直流侧。

（10）接地电阻：由接地电阻、中性线接地开关（NBGS）及其刀闸组成柔直站接地装置，连接柔直站内金属母线和大地的接地点，用以保证金属回线运行层的电压钳位。

（11）桥臂电抗器：桥臂电抗器位于换流阀与换流变压器之间，架起了换流阀桥臂单元之间串联连接的桥梁。串联在换流阀桥臂上的桥臂电抗器，主要起到抑制桥臂间环流和抑制短路时上升过快的桥臂故障电流的作用，此外还能控制功率传输、滤波和抑制交流侧电流波动。

（12）极限电抗器：极线电抗器位于直流线路上，为谐波电流提供高阻抗，并在系统中发生故障时降低电流的上升率。

（13）穿墙套管：主要包括极线穿墙套管、桥臂穿墙套管、中性线穿墙套管，用于连接高压直流输电工程的阀厅内与阀厅外设备。

（14）交流耗能装置：交流耗能装置应用在孤岛运行方式下的柔性直流电网，当发生极闭锁或受端严重故障的时候，风电场直流电网系统功率盈余，交流风机机组切除退出系统之前，能装置实时的根据直流电压上升情况将部分能量就地消耗，减小故障穿越期间通过海上换流站进入直流电网的风电功率，维持电网的功率平衡和电压稳定，当故障清除后耗能装置快速退出。

（15）水冷系统：张北工程中换流阀和混合式直流断路器均配置水冷系统，主要作用是为了给运行中的电力电子器件降温，维持换流阀和高压直流断路器稳定运行。

（16）控制系统：张北柔直直流控制系统包括极控制系统、直流站控系统、换流阀控制系统和直流断路器控制系统。

（17）保护系统：直流保护的范围覆盖由阀厅直流侧穿墙套管经阀厅、直流场至直流线路的区域，对保护区域的所有相关的直流设备进行保护。相邻保护区域之间重叠，不存在保护死区。主要由以下几部分组成：直流线路保护，直流母线保护，直流极保护，换流阀保护和高压直流断路器保护。直流保护部分的分区可以分为换流变保护区、阀侧连接线保护区、极母线保护区、中性线保护区、中性母线保护区、直流线路保护区。

第二节　柔性直流输电换流阀的发展

随着能源紧缺和环境污染等问题的日益严峻，风能、太阳能等可再生能源利用规模正在日益扩大，由于其固有的分散性、小型性、远离负荷中心等特点，使得采用交流输电技术或传统的直流输电技术进行电能传输经济性差；一些海上钻探平台、孤立小岛等无源负荷，大都采用价格昂贵的本地发电装置，既污染环境，又不经济；另外，快速增加的城市用电负荷，需要电网容量的不断扩充。但鉴于城市人口膨胀和城区合理规划，一方面要求利用有限的线路走廊输送更多的电能，另一方面要求大量的配电网转入地下，不论是从技术特点还是实际工程的运行情况来看，采用基于可关断型器件的电压源型换流器和脉宽调制（PWM）技术的新型直流输电技术可以很好地解决上述问题。

柔直换流阀是柔性直流输电系统的核心设备。早期的柔直换流阀采用两电平或三电平换流技术，由 IGBT 器件直接串联构成，制造难度大，功率器件开关频率高，损耗大。模块化多电平换流器（Modular Multilevel Converter，MMC）在两电平变换技术的基础上发展而来，子模块多采用半桥结构（Half Bridge Sub-module，HBSM），换流阀由子模块级联构成。MMC 通过多个子模块叠加得到较高的直流电压，其模块化结构可实现上百个电平的电压输出，具有输出交流电压高次谐波小、输出波形更接近正弦波、便于扩容及冗余配置、可省去交流滤波器等众多优点，避免了两电平或三电平电压源换流器中大量 IGBT 串联所引起的技术难题。另外，MMC 还具有开关损耗较低、故障穿越能力强等特点。随着学术界和工程界的不断探索，多种采用不同子模块结构以适应不同应用场合的 MMC 拓扑相继被提出，如子模块为全桥结构的 MMC，以及具备直流故障穿越能力的 MMC 混合拓扑结构。其中 ABB 公司提出了结合自身技术优势及 MMC 拓扑特性的级联两电平（Cascaded Two Level，CTL）结构多电平换流器。MMC 型柔性直流输电系统已成为 VSC-HVDC 领域的发展趋势。

绝缘栅双极晶体管（Insulate-Gate Bipolar Transistor-IGBT）是一种全控型电力电子器件，它的出现和脉宽调制（Pulse Width Modulation，PWM）技术的发展使得由 IGBT 构成的电压源换流器（Voltage Source Converter，VSC）应用于直流输电领域成为可能。加拿大麦吉尔大学的 Boon-TeckOoi 教授等人于 20 世纪 90 年代首次提出了 VSC 技术，其核心为用电压源换流器取代常规 HVDC 中基于半控型晶闸管器件的电流源换流器。

VSC-HVDC 输电应用始于 ABB 公司，由于这种换流器的功能强大、体积较小、可减少无功补偿等设备，减少占地面积，能够简化换流站的结构，因而这一技术被 ABB 公司称为轻型高压直流输电（HVDC-Light），被西门子公司命名为新型高压直流输电（HVDC-Plus）。我国的科研和工程技术人员根据其可灵活应用的特点，将其命名为柔性直流输电（HVDC-Flexibie）。到目前为止，世界上投入运行的 VSC-HVDC 工程已达数十项。

第三节　高压直流断路器的发展

随着未来直流工程的逐步发展，通过直流线路互联形成直流网络已是大势所趋，这将为清洁能源的消纳、送出提供灵活可靠的解决方案，形成高压直流电网首先面临的是直流侧故障隔离问题，通过在直流出线侧配置高压直流断路器，将彻底解决在直流侧发生局部故障时需要整个直流电网陪停的问题，保障了向系统供电的持续性，增强了直流电网的稳定性。截止目前，真正意义上的高压直流断路器在国外柔直工程上的应用鲜有见到，仍停留在研发设计阶段，而国内已在三个柔直工程中得到应用，国产直流断路器的工程制造水平已走在世界前列，本节重点对直流断路器在三个柔直工程的应用情况进行简单介绍。

（一）舟山 ±200kV 五端柔性直流科技示范工程

舟山电网属于典型的海岛型电网，受海岛地理条件限制，岛屿间相互联系较弱，为增强其电网架构，提高海岛的供电能力与可靠性，国家电网公司在舟山建设了 ±200kV 五端柔性直流科技示范工程（以下简称"舟山工程"），工程于 2014 年 7 月投运，采用模块化多电平换流器，伪双极接线，建设有舟定、舟岱、舟衢、舟泗、舟洋 5 座换流站，直流电压等级为 ±200kV，各换流站设计容量为 400、300、100、100、100MW。

模块化多电平换流器在系统发生直流双极短路故障后，由于二极管的续流效应，闭锁后不能切断电流，不能快速实现直流故障的自清除，5 个站之间都是通过隔离开关相连，一旦直流输电线路或者某个换流站内部发生故障，系统中其他几个健全站必须同时陪停，待故障隔离后再重启，无法在柔直系统不停运情况下实现直流故障的快速隔离，致使多端柔性直流输电技术灵活性大大降低，影响了它的发展和推广应用。为解决舟山工程存在直流侧故障无法快速隔离，直流系统无法快速重启动的问题，2016 年国家电网公司在舟定站正负极线路上各加装 1 台直流断路器，探索直流断路器的工程应用能力。

所加装的 2 台直流断路器均采用全桥子模块级联结构的混合式技术路线，

如图 2-3-4 所示，2016 年 12 月舟山在五端柔直示范工程中成功挂网运行，投入商业运行，初步实现了带电投退保护跳闸等功能，具备工业应用的基础。2019 年 5 月 20 日，200kV 高压直流断路器舟山工程舟定换流站成功进行了人工短路试验，其在实际系统短路情况下的性能得到检验，为我国直流短路相关技术积累了经验。

图 2-3-4　应用在舟山多端柔直的 ±200kV 直流断路器

（二）南澳 ±160kV 多端柔性直流输电示范工程

广东省南澳岛风能资源丰富，为破解清洁能源送出难题，中国南方电网公司于 2013 年底建设并投运了世界首个多端柔性直流工程-南澳 ±160kV 多端柔性直流输电示范工程（以下简称"南澳工程"），该工程包括塑城（受端）、金牛（送端）和青澳（送端）3 个换流站，远期将扩建塔屿换流站（送端），变成四端柔性直流工程。已建成的塑城、金牛和青澳站设计容量分别为 200、100MW 和 50MW，采用基于半桥型模块化多电平换流器。工程主要作用是将南澳岛上分散的间歇性清洁风电通过青澳站和金牛站接入并通过塑城站输出。

青汇线为架空输电线路，因此发生单极接地故障的概率较高，在工程设计之初，直流侧线路上并未安装加装可切断直流故障电流的分断设备，在架空线路故障后，只能采取三站全停的策略，工程运行可靠性不高。为破解此难题，2017 年南方电网公司通过在青澳站至金牛站汇流母排之间的极 1 和极 2 线路上加装了 2 台直流断路器，同时对控制保护策略进行改造来实现对线路故障的隔离，保障非故障换流站继续正常运行。

所加装的 2 台直流断路器均采用机械式直流断路器技术路线，解决了机械式直流断路器高压预储能、快速触发、快速分断等技术难题，是世界上首次应用于柔性直流输电工程的机械式直流断路器，改变了以往机械式直流断路器分断缓慢的观念。2017 年 12 月，该机械式高压直流断路器正式投运，如图 2-3-5 所示，在直流线路人工短路试验中，成功开断了直流故障电流，大幅提高了南澳多端柔性直流输电工程运行的灵活性和可靠性。

图 2-3-5　应用在南澳多端柔直的机械式直流断路器

（三）张北可再生能源 ±500kV 柔性直流电网示范工程

2022 年冬奥会将在北京—张家口举行，为推进"绿色奥运""低碳奥运"的理念，国家发改委印发《河北省张家口市可再生能源示范区发展规划》。根据规划，张家口地区 2020 年和 2030 年可再生能源装机规模将分别达到 20GW 和 50GW，外送需求突出。北京地区经济发达，能源需求量大，为满足节能减排要求，需逐步提高外来电比例和可再生能源电量比重。

为解决张家口地区大规模风能、光伏等清洁能源的送出问题，国家电网公司在北京、河北投资建设了世界首个柔性直流电网—张北可再生能源柔性直流电网试验示范工程（以下简称"张北工程"）。

张北工程是集大规模可再生能源的友好接入、多种形态能源互补和灵活消纳、直流电网构建等为一体的重大科技试验示范工程。工程核心技术和关键设备均为国际首创，创造 12 项世界第一，创新引领和示范意义重大。工程在世界上率先对直流电网技术进行了研究，首次建设了四端柔性直流环网，把柔性直流输电电压提升至±500kV，单换流器额定容量提升到 150 万 kW，首次研制并应用直流断路器、换流阀、耗能装置、直流控制保护等直流电网关键设备。

根据地区电网的分布以及发展规划，张北工程总体方案是在河北的张北、康保、丰宁建设中都、康巴诺尔、阜康 3 个±500kV 送端柔性直流换流站，中都、康巴诺尔换流站汇集张家口地区的风能、光伏新能源；阜康站与建设中的丰宁抽水蓄能电站相连，通过张北工程对张家口地区新能源进行汇集和调节，在北京建设延庆±500kV 受端柔性直流换流站，向北京地区供电，如图 2-3-6 所示。

图 2-3-6 张北工程四端直流环网

张北柔性直流电网首次全部采用架空直流输电线路，运行过程中遭受雷击、山火、异物短接等故障概率大大增高，直流故障往往发展速度快，为快速清除、隔离线路故障，避免直流系统全停局面，张北工程中在每条直流线路上加装了 2 台直流断路器，如图 2-3-7 所示，采用直流断路器跳开故障线路，切除故障电流。

张北工程中每个换流站配置 4 台直流断路器，分别采用了混合式（12 台）、机械式（2 台）、负压耦合式（2 台）三种技术路线共计 16 台直流断路器，每台直流断路器均可在 3ms 内分断峰值 25kA 的直流故障电流。2020 年 6 月，张北工程中所安装的 16 台直流断路器全部通过人工接地试验，经受住瞬时短路电流的冲击。张北工程对高压直流断路器技术提出新的挑战，是目前世界上拥有直流断路器最多、技术类型最多、开断能力最强的直流电网工程，极大促进了高压直流断路器在工程中的推广应用和直流电网技术的发展。

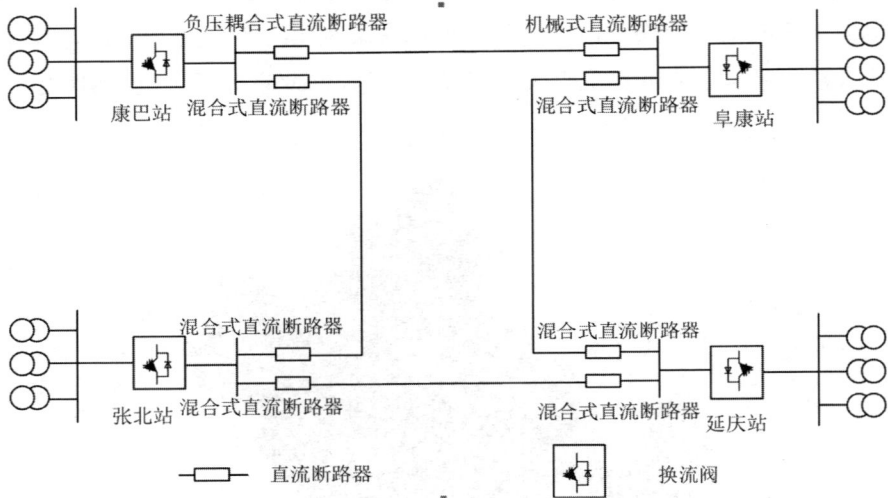

图 2-3-7 张北柔性直流电网及直流断路器

第四节 柔性直流控制保护的发展

柔性直流输电控制保护系统是柔性直流输电系统的大脑，直接关系着柔性直流输电运行的可靠性。目前国内外具有全套柔性直流输电控制保护设备的供货能力，且具有投运业绩的厂家主要有 ABB、SIMENS、南瑞继保、四方股份公司，四家公司占据了柔性直流输电控制保护已投运工程大部分业绩，且四家公司的控制保护系统皆基于其自有的控制保护平台。

ABB 控制保护系统基于 MACH2 平台，软硬件基于工控机系统，已在多个直流工程得到应用。ABB 柔性直流控制保护系统架构包括运行人员控制层、控制保护层和 I/O 层。运行人员控制层为运行人员提供数据采集与监视控制系统；I/O 层完成对交直流设备状态监控、系统运行信息的采集处理等功能；控制保护层主要功能是根据运行人员下发的功率和电压等指令，以及从 I/O 层采集的电流、电压等实时数据，通过高速运算，产生 VSC 换流器所需的调制波，通过电缆或总线协议发送给阀控装置，阀控接收控制保护指令后，按照其投切原则导通相关的 IGBT，最终实现有功功率和无功功率的灵活控制。西门子柔性直流控制保护系统架构分层结构及各层的主要功能与 ABB 控制保护系统基本相同。

张北柔直工程采用的是南瑞继保控制保护系统，该系统基于其成熟可靠的 UAPC（Unified Advanced Platform for Protection and Control）平台，该平台基于嵌入式系统，已在常规直流输电工程和柔性直流工程中得到广泛验证。南瑞继保柔性直流控制保护系统分层架构如图 2-3-8 所示，分层结构及各层的主要功能与 ABB 控制保护系统基本相同。

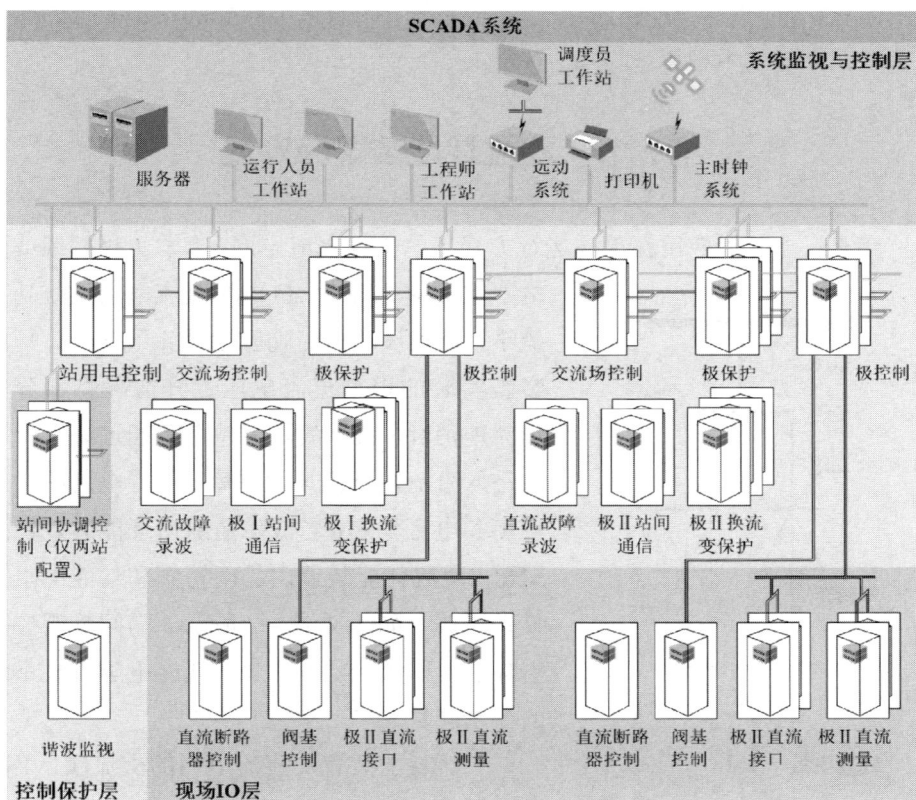

图 2-3-8　南瑞继保柔性直流控制保护系统分层架构

南瑞继保为国内第一个柔性直流输电工程南汇柔性直流输电工程提供了

全套的控制保护系统，工程于 2011 年投运以来，控制保护系统运行良好。为舟山五端柔性直流输电工程提供的五站控制保护系统于 2014 年 7 月投运，运行情况良好。为厦门柔性直流输电工程提供的双极控制保护系统也于 2015 年 12 月成功投运。

四方股份公司基于 ABB 最新的且经过多个工程验证的 DCC800/MACH2.1 平台技术，并结合自身交流保护产品及监控平台的优势，根据国内需求开发了适用于高压直流输电、柔性直流输电的控制保护系统。四方股份的控制保护系统已在国内的南澳多端柔性直流示范工程中成功应用，并且中标了鲁西背靠背工程的控制保护系统，鲁西背靠背工程于 2016 年 6 月投运。

目前，国内外还没有 ±500kV 柔直电网控制保护系统的应用，但已经应用的两端、多端柔性直流输电的控制保护系统，为柔直电网控制保护系统的研制提供了充分的技术积累。

第五节　交流耗能装置的发展

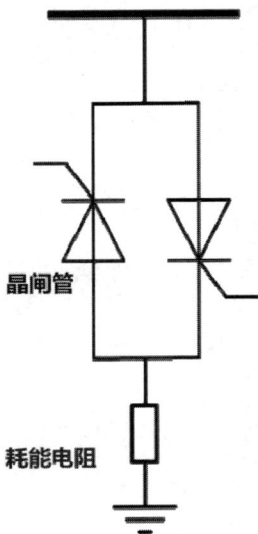

图 2-3-9　交流耗能装置基本结构

交流耗能装置应用在孤岛运行方式下的柔性直流电网，当发生极闭锁或受端严重故障的时候，风电场直流电网系统功率盈余，交流风机机组切除退出系统之前，耗能装置实时的根据直流电压上升情况将部分能量就地消耗，减小故障穿越期间通过海上换流站进入直流电网的风电功率，维持电网的功率平衡和电压稳定，当故障清除后耗能装置快速退出。交流耗能装置由晶闸管阀和耗能电阻等设备组成，如图 2-3-9 所示。晶闸管阀控制着耗能电阻的导通与关断，耗能电阻吸收系统的盈余能量。

交流耗能装置在直流电网的交流侧，主要用于消耗交流电网侧输送到直流电网的盈余功率。交流耗能装置在交流侧布置，较之于直流耗能装置的优点在于，当出现换流阀闭锁的情况时，交流耗能装置不存在退出无作为的情况。通过耗能电阻与 MMC 控制器的配合，整个系统能够穿越交直流故障并快速恢复正常，故障期间耗散电阻和斩波电阻的投切仅需要检测本地信号，不依赖于换流站间的通信，且故障期间风机可以维持正常运行。下面章节将详细介绍交流耗能装置的结构与原理。

张北工程是四端双极环网结构，它采用分组交流耗能装置的策略来与新能源孤岛系统并网。双极换流器接入新能源孤岛系统，采用 VF 控制连接交流系统的母线电压和频率，无法控制输入换流器的功率，在故障情况下可能会出现盈余功率的问题。故障情况分类见表 2-3-1。

表 2-3-1   柔直系统故障情况分类

故障类型	盈余条件	响应类型
孤岛送端单极闭锁/受限	新能源功率大于非故障极功率	非故障极过负荷
受端单极闭锁/受限	送端功率大于受端功率	直流电压升高
直流线路故障	至其他站线路断线	送端直流电压升高

在出现功率盈余时，即新能源送端与受端有功功率出现不平衡，采用切机方式降低送端功率是常用的技术手段，但由于切机延时至少为 150ms，而柔性直流系统的惯性较小，为了保证切机完成前柔性直流系统的直流电压稳定，需要采取合适的措施实现功率平衡，从而实现各种故障情况下接入新能源孤岛系统的双极柔性直流系统的故障穿越。交流耗能电阻投入时，相当于高阻短路故障，新能源功率较小时投入较大容量的交流耗能电阻对系统的扰动较大。另一方面，固定容量的耗能电阻可能引起换流器功率倒送。为避免上述影响，提出采用分组交流耗能电阻的方案，如图 2-3-10 所示。在交流母线上并联多组交流耗能电阻，每个交流耗能电阻通过双向晶闸管阀组控制投退。为了进行电压匹配，多组交流耗能电阻通过降压变压器（简称"降压变"）接入交流母线。

交流耗能电阻的分组数量越多，功率控制精度越高，盈余功率耗散的偏差越小，但造价和占地也相应提高。单个交流耗能电阻大小与切机功率也应进行配合。因此，应综合考虑功率控制精度、切机功率精度、造价和占地来选择交流耗能电阻的数量。根据不同故障类型，交流耗能电阻的允许持续投入时间应满足以下条件。

（1）送端换流器单极闭锁。交流耗能设备允许投入的时间应大于安全稳定控制系统切机的动作时间。

（2）直流线路故障。交流耗能设备允许投入的时间应大于故障检测、去游离和重合闸的时间之和。

（3）受端换流器闭锁。受端换流器闭锁时，需要由安全稳定控制系统执行切机，交流耗能电阻允许投入的时间应大于安全稳定控制系统切机的动作时间。

（4）受端交流系统故障。交流系统保护重合闸动作于永久性故障时，相当于连续发生多次故障。因此，交流耗能设备允许投入的时间应考虑重合闸引起多次故障的功率盈余总时间。

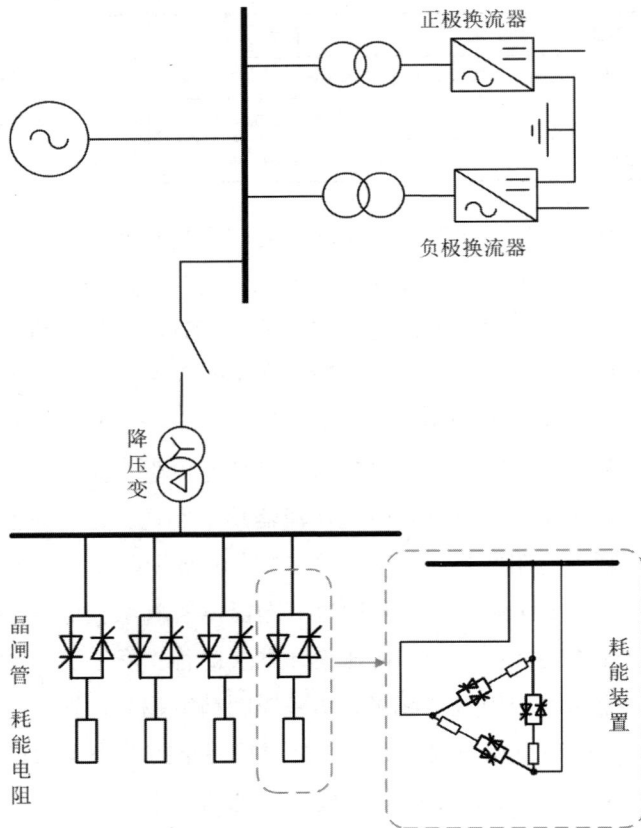

图 2-3-10 分组交流耗能电阻示意图

第三篇

柔性直流换流阀系统

第一章 换流阀的结构原理

换流阀是换流站运行的核心设备，是由多个桥臂组成，子模块是换流阀最小的功能单元，由多个子模块串联构成一个阀组件，多个阀组件共同搭建城一座阀塔，每个桥臂包含多座阀塔。功能单元的关系如图 3－1－1 所示。

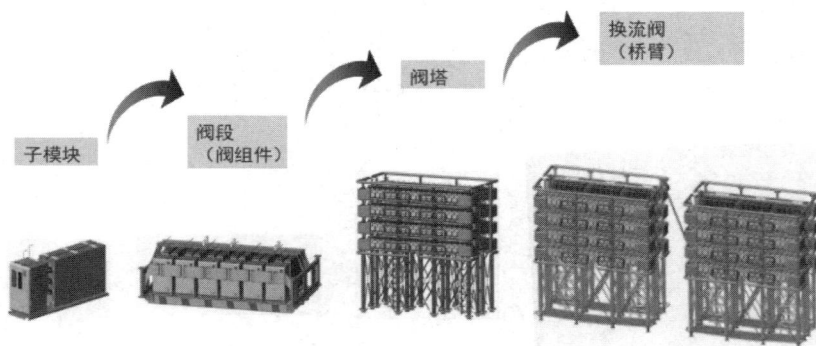

图 3－1－1 换流阀结构图

换流阀子模块采用集成化设计，一次侧安装 IGBT 单元压紧机构、母线；二次侧安装控制盒组件，控制盒组件内安装控制板卡和电源板卡等。子模块控制盒内各板卡可以通过导轨、限位块和端子可实现分别单独插拔。此结构具有通用性好、维护方便、结构紧凑等特点，同时满足电力设备的耐受高压、耐受大电流、耐受强电磁干扰、良好的散热性能，电气接线的可操作性、可维护性等特点。子模块的电气回路经过优化设计，即考虑到对称性，又考虑了寄生参数的影响，对换流阀的性能提供可靠的保证，换流阀子模块结构图如图 3－1－2所示。

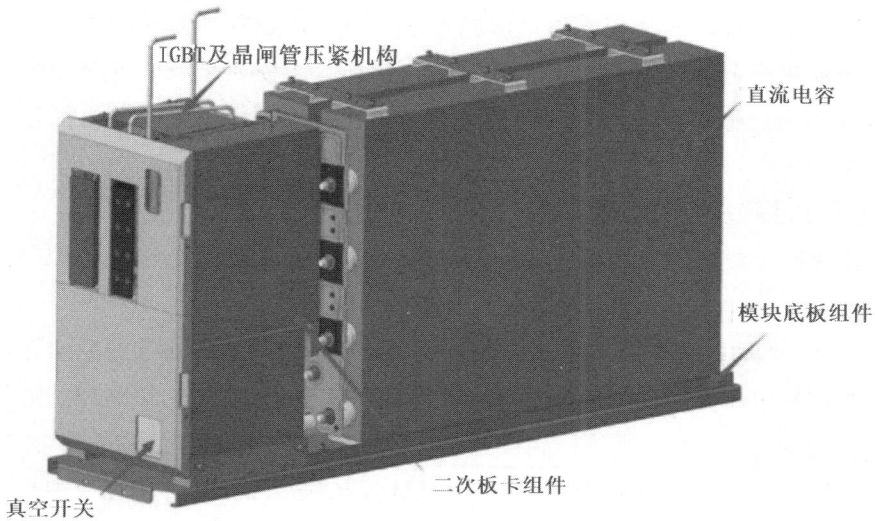

图 3－1－2　换流阀子模块结构图

（一）IGBT/BIGT

子模块主要包括压接式 IGBT 及其压紧机构、母线、控制盒组件、晶闸管、水冷散热器、储能电容、真空接触器等结构件。IGBT/BIGT 作为子模块的核心组件，其具有高输入阻抗和低导通压降两方面优点。

目前，在张北工程中应用的 IGBT 额定电压为 4500V，额定电流 3000A；BIGT 额定电压为 5200V，额定电流 2000A。

（二）旁路开关

子模块中快速旁路开关用于实现运行期间故障子模块的高速旁路隔离，子模块故障发生时通过闭合故障子模块中的快速旁路开关使故障子模块短路，退出运行。

（三）电容器

电容器作为子模块的储能组件，采用干式金属氧化膜电容器。金属氧化膜电容器电性能优良，具有介电强度高、杂散电感低、损耗角正切值小、耐腐蚀等优点，且具有自愈能力和较长的寿命周期。

（四）晶闸管

子模块旁路晶闸管的主要功能是保护子模块 IGBT 器件的续流二极管。晶闸管的通态电阻小于 IGBT 续流二极管的通态电阻，在子模块下管 IGBT 两端并联一个晶闸管，在系统发生直流侧短路故障后，触发导通该晶闸管可以对故障电流进行分流，从而保护二极管不致损坏。子模块选取的旁路晶闸管具有很强的通态浪涌电流能力，要满足暂态电流峰值（通态不重复浪涌电流）的要求。

（五）子模块控制装置

换流阀子模块的控制板卡可分为三类：IGBT 驱动板卡、子模块控制板卡和电源板卡。

IGBT 驱动板卡主要作用是：从子模块控制板卡接收 IGBT 通断命令，通过控制门极电压，实现 IGBT 的导通和关断，以及对 IGBT 的短路和过流故障进行检测和保护，并上报给控制板。短路检测及保护功能是根据 IGBT 的 V–I 特性，发生短路故障时，IGBT 的集电极电流 IC 增大，IGBT 将退出饱和区，集电极与发射机之间的电压 Vce 将增大。驱动板卡通过检测 IGBT 的退饱和电压 Vce，判断 IGBT 是否发生过流或短路。

子模块控制板卡接收阀控装置下发的命令和驱动板板卡返回的信号；接收到的命令通过逻辑处理器解析后下发驱动板卡完成相应的 IGBT 驱动控制；同时将反馈的信号和采集的子模块状态信号发送给阀控装置。控制板卡的具体功能如下：

（1）与阀控装置双向通信。阀控装置通过光纤和子模块控制板卡进行通信。阀控装置下发子模块工作命令给控制板。控制板解码后发出 IGBT、晶闸管、真空开关动作脉冲给相关驱动电路。控制板采集子模块的电容电压、电容压力、子模块温度、IGBT 驱动状态、真空开关状态，由逻辑处理器编码后送给阀控装置。

（2）与 IGBT 驱动板卡通信。控制板卡和驱动板卡之间采用电信号连接。控制板发出 IGBT 开关脉冲信号。驱动板给控制板回报故障状态。

（3）电容电压、子模块温度采集。控制板卡通过板卡的信息采集系统实现子模块电容电压及温度的采集。

（4）子模块过压保护。控制板卡过压保护同时具备软件和硬件两种保护。程序中具有过压保护功能，硬件上也有 BOD 保护电路，且动作门槛更高。当程序正常运行时，过压时会从程序进行保护；当程序异常时，过压时会通过 BOD 进行保护。

（5）晶闸管驱动。当接收到阀控下发晶闸管触发命令后，控制板卡给晶闸管驱动下发晶闸管触发命令，触发导通晶闸管。

（6）旁路开关驱动及开关位置检测。子模块异常时，控制板卡接收到阀控装置下发的旁路命令，通过旁路开关驱动电路合上旁路开关将子模块旁路。如果控制板卡失电，无法和阀控装置通信，在子模块电容电压过高时控制板上BOD电路将发出旁路信号来旁路子模块，防止子模块失控过压损坏。

控制板卡设计有开关位置检测电路，可以将子模块旁路开关位置上送阀控装置。

（7）高压电源状态、电容压力开关位置检测。控制板监测高压电源运行状态和电容压力开关位置。如果发现高压电源异常、电容压力异常则上送异常信号给阀控装置并做出相应动作。

（8）电源转换。控制板卡设计有电源转换电路，将高压电源输出的电源转换为板卡不同电路需要的各种电源。

子模块电源板从高压储能电容取电，产生低压_DC15V 直流电源及 DC400V 直流电源。DC15V 供控制板和驱动板使用，DC400V 供子模块旁路开关使用。电源板具有一路高压电源异常报警的开出节点。

第二章　柔直换流阀的检修技术

一、准备工作

按照表3-2-1准备相关工作。

表3-2-1　　　　　　　　　　换流阀检修工作准备表

准备内容	标准	完成情况
现场勘察	1. 三级及以上作业风险必须勘察，现场勘察主要内容应全面，并编制现场勘察记录。 2. 工作负责人或工作票签发人应参加勘察，在编制"三措"及填写工作票前完成现场勘察。 3. 勘察记录中作业内容与工作票应一致，关键人员应签字。 4. 因停电计划变更、设备突发故障或缺陷等原因导致停电区域、作业内容、作业环境发生变化时，根据实际情况重新组织现场勘察。 5. 现场勘察过程中应核对待检修设备隐患及缺陷，对可能影响现场作业的应制作针对性管控措施	
检修方案	1. 现场勘察辨识的风险点及预控措施，是否纳入施工检修方案、工作票（作业票）、标准化风险控制卡，并保持一致。 2. 严禁执行未经审批的施工、检修方案。检查是否严格履行编制、审核、批准流程。 3. 严格按照已审批的检修方案开展检修工作，根据作业组织分工做好现场作业人员管控	
作业计划	1. 检查周计划、日管控作业计划通过风控系统正式发布。 2. 检查作业计划关键信息（作业时间、电压等级、停电范围、作业内容、作业单位、电网风险、作业风险）应与工作实际相符	
人员要求	1. 检查外包单位安全资质应满足作业要求。 2. 检查各类作业人员安全准入，"三种人"资格及风险监督平台岗位标识，特种作业人员、特种设备作业人员资格证应合格有效。 3. 检查队伍、人员未被纳入安全负面清单或黑名单。 4. 现场工作人员的身体状况、精神状态良好作业辅助人员（外来）必须经负责施教的人员，对其进行安全措施、作业范围、安全注意事项等方面施教后方可参加工作。 5. 特殊作业人员必须持有效证件上岗，特种作业的工作应设置专责监护人所有作业人员必须具备必要的电气知识，基本掌握本专业作业技能及《国家电网国家电网公司电力安全工作规程 变电部分》。 6. 检测人员需具备如下基本知识与能力： （1）了解柔直换流阀的型式、用途、结构及原理。	

续表

准备内容	标准	完成情况
人员要求	（2）熟悉换流站电气主接线及系统运行方式。 （3）熟悉相关检测设备、仪器、仪表的原理、结构、用途及使用方法，并能排除一般故障。 （4）能正确完成现场换流阀检测项目的接线、操作及测量。 （5）熟悉各种影响换流阀检测结论的因素及消除方法。 （6）特殊工种（作业车操作人员、登高作业人员）必须持有效证件上岗	
材料器具准备	1. 对照检修方案所列清单检查安全工器具、机械器具、仪器仪表、备品备件的外观、数量、检测试验合格情况。 2. 确认作业车辆升降、移动等功能操作正常，操作控制器无异常告警。 3. 严禁使用达到报废标准或超出检验期的安全工器具	
承载力分析及应用	1. 编制作业计划前，是否对照各专业承载力分析标准开展分析。 2. 是否应用结果安排人员、机械、器具等，确保满足作业需求。 3. 同进同出人员是否按"五同"管理办法安排到位。 4. 严禁超承载力作业	
工作票准备	1. 是否根据现场勘察，由工作负责人或工作票签发人填票。 2. 是否正确选用票种，规范填写设备双重名称、工作地点、作业内容、安全措施、作业时间等关键信息	
物料要求	1. 专用导电膏； 2. 无水酒精； 3. 细砂纸； 4. 无毛纸； 5. 记号笔； 6. 光纤清洁套装； 7. 防静电手环； 8. 百洁布； 9. 绝缘垫； 10. 变色纸； 11. 手套	
工器具要求	1. 阀功能测试仪； 2. 阀厅平台车； 3. 力矩扳手； 4. 斜口钳； 5. 对讲机； 6. 手电筒； 7. 螺丝刀； 8. 塑料薄膜； 9. 电源盘线； 10. 蒸馏水； 11. 扎带； 12. 密封圈	
仪器仪表要求	1. 阀功能测试仪（低压加压装置）； 2. 直流电阻测试仪； 3. 光纤衰减测试仪； 4. 万用表	
其他所需逐行填写	1. 安全管控平台； 2. 开工前10天，向有关部门上报本次工作的材料计划； 3. 开工前3天，准备好施工所需仪器仪表、工器具、相关材料、相关图纸及相关技术资料； 4. 开工前确定现场工器具摆放位置	

二、风险分析与管控措施

按照表 3-2-2 准备相关工作。

表 3-2-2　　　　　　换流阀检修工作风险分析与管控措施表

序号	关键风险点	风险管控措施
1	触电风险	1. 工作前应确认现场安措，确定阀厅地刀接地并切换至就地位置，关闭电机电源和操作电源，关闭机构箱门并上锁。 2. 检修工作负责人应由有经验的人员担任，检修开始前，工作负责人应向全体工作班成员详细交待检修过程中的危险点和安全注意事项。 3. 严格按已审核批准的施工方案开展施工；工作中保持阀厅清洁；对工作中易受损的元件及时加装防护板并粘贴标识，提醒施工人员注意；检修工作完毕后进行现场清理，不得遗留任何物件。 4. 设备试验工作至少由2人开展，试验前检查仪器完好已接地，试验电源应从试验电源屏或检修电源箱取得，严禁使用绝缘破损的电源线，用电设备与电源点距离超过3m的，必须使用带漏电保护器的移动式电源盘，试验设备和被试设备应可靠接地，设备通电过程中，试验人员不得中途离开，试验完成后立即关闭试验电源。 5. 注意力集中，加强监护，工作人员保持与带电设备足够安全距离。 6. 工作时工作人员严禁穿越围栏，明确现场带电部分及所要工作的任务
2	高坠风险	1. 换流阀检修属于高空作业，严禁无安全带或安全绳进行高空作业；在升降车上应使用安全帽，正确使用安全带，工作人员登上阀塔前必须身着专用工作服，进入阀体前，应取下安全帽和安全带上的保险钩，并不得携带除工具外任何物品进入阀塔，防止金属打击造成元件、光缆的损坏，但应注意防止高处坠落。 2. 工作时不得坐在阀体工作层的边缘，以防高空坠落，不得脚踏电气设备。 3. 工作前对升降车进行检查，确定合格后方可使用，对支脚不在水平位置的进行调平，升降车作业时应可靠接地，安排专人指挥。 4. 禁止将工具及材料上下投掷，应用绳索拴牢传递，传递绳应使用干燥的绝缘绳或麻绳。 5. 工作前对升降车进行检查，确定合格后方可使用，对支脚不在水平位置的进行调平，升降车作业时应可靠接地，安排专人指挥监护
3	物体打击	1. 严禁无安全带或安全绳进行高空作业；在升降车上应使用安全帽，正确使用安全带，工作人员登上阀塔前必须身着专用工作服，进入阀体前，应取下安全帽和安全带上的保险钩，并不得携带除工具外任何物品进入阀塔，防止金属打击造成元件、光缆的损坏，但应注意防止高处坠落。 2. 严格按已审核批准的施工方案开展施工；工作中保持阀厅清洁；对工作中易受损的元件及时加装防护板并粘贴标识，提醒施工人员注意；检修工作完毕后进行现场清理，不得遗留任何物件
4	光缆污染	1. 抽出光缆后及时用光纤帽保护。 2. 更换光纤时要注意光纤转弯半径满足要求，更换时不可直视光源，必要时要带护眼镜；更换后检查备用光纤数量满足，必要时要重新补充。 3. 更换光纤全过程需全程佩戴防静电手环
5	内冷水泄漏	1. 水路拆装时要确保管路内水已排空，防止水洒落在阀塔，回装时更换密封圈。 2. 阀塔注水后要多次静置排气，确保管路中无气泡

续表

序号	关键风险点	风险管控措施
6	主机程序、升级版本错误、违规外联、误出口	1. 工作前应确认现场安措，设备已为退出运行状态，相应安措已布置到位。 2. 程序更新前应核实阀控及对应集控系统的状态，注意对阀控装置的影响。 3. 程序更新应按照厂家规定程序进行，佩戴防静电手环和手套，核对相关信息；更换过程中禁止使用未经批准的调试设备，严禁使用移动存储设备，确保无违规外联。 4. 检修工作完毕后进行现场清理，不得遗留任何物件

三、检修工艺及质量标准

按照表 3-2-3 准备相关工作。

表 3-2-3　　　　　　换流阀检修工艺及质量标准表

序号	检修工序	检修流程与工艺	质量标准	关联风险类别与预控措施
1	阀塔检查	1. 阀塔外观清污、检查； 2. 安装紧固检查； 3. 绝缘子检查； 4. 均压环和均压罩检查； 5. 内冷水管及接口检查； 6. 漏水检测组件检查	1. 外观整洁，无明显放电、击穿痕迹； 2. 外绝缘无碳黑痕迹或者裂纹； 3. 阀塔外观无污秽； 4. 螺钉紧固无松动； 5. 力矩线清晰、规范； 6. 绝缘子伞裙无破损，绝缘子表面无污秽； 7. 光纤连接完好无断裂； 8. 连接完好无漏水	触电风险、高坠风险、物体打击
2	电容检查	1. 外观检查； 2. 接线检查	1. 无变形、变色或损坏或者鼓包，金属部分无锈蚀，无漏气现象； 2. 接线柱表面无破裂、掉瓷现象； 3. 接线牢固、力矩线无便宜、无松动，电容固定可靠	触电风险、高坠风险、物体打击
3	旁路开关检查	1. 外观检查； 2. 位置检查； 3. 主触点可靠性检查	1. 外观正常，无变形或损坏； 2. 位置指示正确； 3. 主触点分闸时可靠断态，合闸位置可靠通态	触电风险、高坠风险、物体打击
4	光纤检查	1. 外观检查； 2. 连接检查	1. 光纤连接可靠，排布整齐，无断裂、无破损、无脱胶； 2. 光纤槽扣板紧固，无变形； 3. 光纤槽安装紧固； 4. 备用光纤安装有保护套； 5. 光纤标识应清晰、准确、规范； 6. 光缆弯曲半径不小于 50mm； 7. 光纤槽的防火封堵无损坏、密封完好	触电风险、高坠风险、物体打击、光缆污染

63

序号	检修工序	检修流程与工艺	质量标准	关联风险类别与预控措施
5	主通流回路接触面检查	1. 逐个制定接头工艺控制表，防止接头遗漏。 2. 逐人开展专项技能培训并考试上岗，严格筛选作业人员。 3. 初测直流电阻，阀厅超过10μΩ的接头进行解体处理。 4. 用规定力矩检查紧固，对不满足要求的接头重新紧固并用记号笔画线标记。检查螺栓防松动措施是否良好。 5. 拆卸接头，精细处理接触面。用150目细砂纸去除导电膏残留，无水酒精清洁接触面，用刀口尺和塞尺测量平面度。 6. 均匀薄涂凡士林。控制涂抹量，用不锈钢尺刮平，再用百洁布擦拭干净，使接线板表面形成一薄层凡士林。 7. 均衡牢固复装。复装时应先对角预紧、再用规定力矩拧紧，保证接线板受力均衡，并用记号笔做标记。 8. 复测直流电阻，不满足要求的应返工。 9. 80%力矩复验。检验合格后，用另一种颜色的记号笔标记，两种标记线不可重合。 10. 专人负责全程监督，关键工序由作业人员和监督人员双签证，责任可追溯	1. 接头外观检查，无过热发黑痕迹，力矩标识线无移位； 2. 初测直流电阻，主通流回路阻值不超过10μΩ； 3. 力矩紧固后进行标记； 4. 对超标的接头进行打磨、清洁处理，紧固后复测	触电风险、高坠风险、物体打击
6	冷却水管	1. 阀塔漏水检查； 2. 阀门位置检查； 3. 电极结垢检查； 4. 内冷水静态加压试验	1. 水管外观无变形、无裂纹、无渗漏、无老化现象，相关连接部位无锈蚀； 2. 水管接头的紧固标识无移位； 3. 等电位电极处无漏水； 4. 水管固定可靠，固定处水管无磨损现象； 5. 阀塔内各分支水管与其他金属部件不接触，若有接触时对水管采取防磨损措施； 6. 对水管接头进行力矩检查； 7. 阀塔进出水阀门、排水阀门位置状态正确； 8. 阀门固定装置无松动； 9. 若抽检电极结垢较为严重，则扩大电极检查范围； 10. 对存在水垢的电极进行打磨处理，有效部分体积减小超过20%时，对电极进行更换；	触电风险、高坠风险、物体打击、内冷水泄漏

续表

序号	检修工序	检修流程与工艺	质量标准	关联风险类别与预控措施
6	冷却水管	1. 阀塔漏水检查； 2. 阀门位置检查； 3. 电极结垢检查； 4. 内冷水静态加压试验	11. 对水冷系统施加 1.2 倍额定静态压力 30 分钟（如制造商有明确要求，按制造商要求执行），对阀冷却系统进行检查；（直流五通） 12. 检查冷却系统加压是否正常：有无压力值突降、回落等现象；有无主水回路渗漏情况； 13. 检查阀塔主水路、冷却水管路、水接头和各个通水元件有无渗漏，做好记录； 14. 若有渗漏情况则须立即停止加压，并进行处理，处理后须重新加压验证； 15. 排水并将压力值恢复至加压前内冷水系统正常压力	触电风险、高坠风险、物体打击、内冷水泄漏
7	阀塔各组件功能性试验	1. 功率模块试验； 2. 漏水检测试验； 3. 备用光纤检测； 4. 阀塔水压试验； 5. 主通流回路电阻测试（十步法）； 6. 子模块电容值抽检； 7. 旁路开关测试； 8. 旁路开关阻值测试	1. 功率试验全功能测试合格； 2. 模拟漏水，后台可以正确上报信号； 3. 检测光纤衰耗值是否在正常范围内； 4. 系统加压至 1.2 倍额定进阀压力，无漏水； 5. 主通流回路电阻小于 10 微欧； 6. 电容值符合要求； 7. 确保投运前旁路开关分闸状态； 8. 抽检子模块旁路开关合闸后阻值正常	触电风险、高坠风险、物体打击、光缆污染、内冷水泄漏、主机程序、升级版本错误、违规外联、误出口
8	子模块更换	1. 拆除子模块外的屏蔽罩和斜拉绝缘子（如有）。 2. 断开子模块连接排和光纤，并做好光纤保护工作。 3. 利用工装取出备用子模块，并对子模块进行功能测试。 4. 断开故障子模块连接水管，使用工装移出故障子模块。 5. 将备用子模块吊装到合适位置，进行子模块安装，恢复光纤连接。 6. 对新子模块进行功能测试，测试通过后使用万用表检查旁路开关位置。 7. 恢复子模块连接，并测量子模块间母排直流电阻应小于 $10\mu\Omega$。 8. 进行水压试验，检查是否有漏水恢复屏蔽罩和斜拉绝缘子。 9. 整理工器具清理现场	1. 子模块功能试验结果正确； 2. 子模块与阀控通信正常； 3. 试验结束后旁路开关位置正确； 4. 连接处电阻测试合格	触电风险、高坠风险、物体打击、光缆污染、内冷水泄漏、主机程序、升级版本错误、违规外联、误出口

续表

序号	检修工序	检修流程与工艺	质量标准	关联风险类别与预控措施
9	阀控屏柜	1. 外观检查； 2. 清灰； 3. 端子排检查； 4. 接地检查	1. 屏柜固定良好，紧固件齐全完好； 2. 外观完好无损伤； 3. 防静电护腕完好； 4. 各类标识清晰、齐全； 5. 屏柜顶部应无通风管道，对于屏柜顶部有通风管道的，屏柜顶部应装有防冷凝水的挡水隔板，挡板无变形、锈蚀情况； 6. 屏柜接地点固定牢固无松动； 7. 端子排应无损坏，固定牢固； 8. 端子应有序号，便于更换且接线方便； 9. 不同截面的两根导线不宜在同一端子上； 10. 屏柜接地铜排应用截面不小于50mm² 的铜缆与保护室内的等电位接地网可靠相连； 11. 电缆屏蔽层应使用截面不小于 4mm² 多股铜质软导线可靠连接到等电位接地铜排上； 12. 屏柜的门等活动部分应使用不小于 4mm² 多股铜质软导线与屏柜体良好连接； 13. 屏内外清洁、无杂物，防火封堵完好，内部无凝水，若有滤网应进行更换	触电风险、物体打击、光缆污染
10	电源回路	1. 电源回路功能检查； 2. 外观检查	1. 屏柜内电源模块运行正常； 2. 单系统电源上电后设备及屏柜工作正常	触电风险、物体打击、光缆污染、主机程序、升级版本错误、违规外联、误出口
11	阀控系统检查	1. 信号回路检查； 2. 正常切换试验检查	1. 信号正常无异常； 2. 系统可以正常切换	触电风险、物体打击、光缆污染、主机程序、升级版本错误、违规外联、误出口
12	定值及软件版本检查	查看阀控系统各机箱/插件的定值、软件版本号及校验码	查看阀控系统各机箱/插件的定值、软件版本号及校验码，与最终提交的定值、软件版本号及校验码相一致	触电风险、物体打击、光缆污染、主机程序、升级版本错误、违规外联、误出口

序号	检修工序	检修流程与工艺	质量标准	关联风险类别与预控措施
13	后台通信试验	1. 检查监控后台的进程与软件是否正常运行，阀控装置信息是否正常上传； 2. 模拟阀控装置通信故障、装置故障等，检查故障信息是否正常上传； 3. 按阀控装置关键信号点表，检查监控后台关键信号是否提供完整	1. 检查监控后台的进程与软件是否正常运行，阀控装置信息是否正常上传； 2. 模拟阀控装置通信故障、装置故障等，检查故障信息是否正常上传； 3. 按阀控装置关键信号点表，检查监控后台关键信号是否提供完整	触电风险、物体打击、光缆污染、主机程序、升级版本错误、违规外联、误出口
14	阀控光纤通信试验	查看阀控机箱的指示灯状态和阀控后台显示的各级通信状态	1. 阀控机箱上指示电源灯、运行、通信、自检指示灯亮，报警和跳闸指示灯灭； 2. 阀控后台上显示的各机箱之间通信状态正常、自检正常，无报警或跳闸等异常指示	触电风险、物体打击、光缆污染、主机程序、升级版本错误、违规外联、误出口
15	故障录波功能试验	检查监视系统故障录波是否正常，录波文件是否正常上送	1. 通过监控后台，手动录波触发，检查录波文件是否正常上送； 2. 模拟阀控系统故障，观察故障录波是否正常触发，录波文件是否正确上送； 3. 检查录波量描述是否清晰，模拟量是否为一次标准量	触电风险、物体打击、光缆污染、主机程序、升级版本错误、违规外联、误出口
16	冗余系统切换试验	检查阀控系统主备切换功能是否正常，无异常告警	1. 阀控系统通过手动切换，进行A、B冗余系统之间的切换，系统切换过程中各装置和板卡指示灯状态正常，监控后台中系统切换事件正确上报，无异常告警； 2. 阀控系统通过模拟故障自动切换等进行A、B冗余系统之间的切换，系统切换过程中各装置和板卡指示灯状态正常，监控后台中系统切换事件正确上报，无异常告警	触电风险、物体打击、光缆污染、主机程序、升级版本错误、违规外联、误出口
17	服务器及主机	1. 外观检查； 2. 主机检查； 3. KVM检查； 4. 磁盘空间检查	1. 设备固定良好，紧固件齐全完好，外观完好无损伤；设备运行正常，无异响，各状态指示灯指示正常。 2. 外观检查，查看主机，指示灯正常，无红灯闪烁；远程登录服务器，查看服务器状态（值班/备用），确保服务器内存容量充足，定期对服务器故障录波文件进行备份和清理。 3. 设备固定良好，紧固件齐全完好，外观完好无损伤；设备运行正常，无异响，与各设备连接正常。 4. 各服务器及主机应具有足够的磁盘空间，清理过期数据	触电风险、物体打击、光缆污染、主机程序、升级版本错误、违规外联、误出口

第三章　柔直换流阀组部件更换介绍

按照表 3-3-1 准备相关工作。

表 3-3-1　　　　　　　　　换流阀典型故障检修处理表

检修工序	检修流程与工艺	质量标准	关联风险类别与预控措施
子模块更换	1. 拆除子模块外干涉的屏蔽罩和绝缘子。 2. 断开子模块连接排和光纤，并做好光纤保护工作。 3. 利用工装取出备用子模块，并对子模块进行功能测试。 4. 断开故障子模块连接水管，使用工装移出故障子模块。 5. 将备用子模块吊装到合适位置，进行子模块安装，恢复光纤连接。 6. 对新子模块进行功能测试，测试通过后使用万用表检查旁路开关位置。 7. 恢复子模块连接，并测量接触电阻应小于 $10\mu\Omega$。 8. 恢复屏蔽照和绝缘子。 9. 进行水压试验，检查是否有漏水。 10. 整理工器具清理现场。	1. 子模块功能试验结果正确； 2. 子模块与阀控通信正常； 3. 试验结束后旁路开关位置正确； 4. 连接处电阻测试合格	触电风险、高坠风险、物体打击、光缆污染
黑模块处理	1. 确认换流阀处于检修状态。 2. 确认黑模块位置，将升降车移至黑模块附近。 3. 检查子模块旁路开关位置，使用万用表确认旁路开关处于合位。 4. 清理现场，确认没有遗留物。 5. 检查换流阀是否有异常报文	子模块旁路开关有效合闸	触电风险、高坠风险、物体打击、光缆污染
中控板更换（如有）	1. 将电源盒处模块连接铜排拆除。 2. 将模块光纤拆除，使用一次性光纤帽防护，并妥善放置。 3. 使用内六角扳手将 PCB 盖板拆除，露出板卡仓。 4. 使用工具将板卡接线与板卡固定螺钉拆除，取出对应板卡。 5. 以同样的步骤将新板卡安装至板卡仓内，并恢复接线。板卡处 M3 螺钉紧固力矩 $0.8N \cdot m$，M4 螺钉紧固力矩 $1.6N \cdot m$，紧固后画线。 6. 使用工具将 PCB 盖板安装，M4 螺钉紧固力矩 $2.5N \cdot m$。 7. 光纤恢复，使用光纤擦拭盒进行清洁。 8. 使用模块测试仪进行功能测试。 9. 使用工具将模块连接铜排恢复。	1. 检修全过程防静电； 2. 光纤弯曲半径符合要求	触电风险、高坠风险、物体打击、光缆污染

第四章　柔直换流阀典型故障处理

第一节　子模块故障处理

一、换流阀子模块大量旁路问题案例

（1）故障特征。自 2020 年 6 月张北柔直工程投运至 2020 年 12 月，某±500kV 换流站柔直换流阀发生 40 起同类型子模块旁路事件，故障发生时，张北柔直工程处于带电调试阶段，每次发生故障后均及时对模块进行了更换，故障子模块返厂后分析原因均为同类型通信故障。

（2）监测手段。远程视频监视，OWS 后台监视。

（3）案例。自 2020 年 6 月张北柔直工程投运至 2020 年 12 月，某±500kV 换流站柔直换流阀发生 40 起同类型子模块旁路事件，具体事件报文如图 3－4－1 所示。

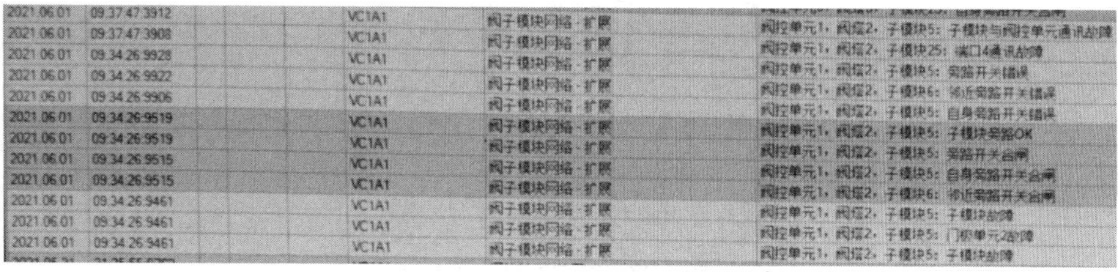

图 3－4－1　旁路子模块报文

（4）分析诊断方法。

1）录波检查情况。发生子模块旁路故障后，分析故障录波，经过细致的排查和对比，发现导致通信故障的根源在于负责中控板和门极板之间通信的光收发器的 Tx 发送端出现问题。发现了收发器发送端的光信号进行监测短时间 <1ms 的间歇性中断，如图 3－4－2 所示。

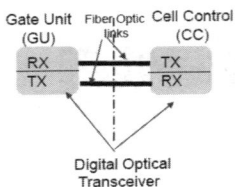

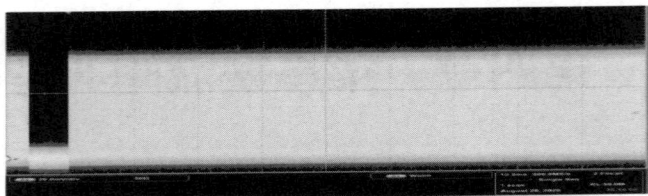

图 3-4-2　收发器发送端的光信号检测图

2）故障原因分析。经子模块返厂分析该子模块中控板与驱动板卡（也称为单个 BIGT 的门级单元）之间有短时的通信中断现象。子模块电子电路板 PS300，共三块板卡，如图 3-4-3 所示，左侧为门极单元 GU1，中间为门极单元 GU2，右侧为中控板 CC，CC 与 GU 之间以光纤通信，根据阀控系统的报文信息，所有故障子模块均为同一现象，即 PS300 门极单元 GU 与中控板单元通信故障，并导致当前子模块旁路开关动作。进一步对 PS300 板卡上的各个部件进行检查，主要包括如下方面：

图 3-4-3　换流站子模块控制板卡图

时钟和晶振、FPGA、电源部分、光纤及端口、运输环节、信号完整度、软件逻辑及通信验证等。

具体过程如下：

将故障子模块控制板回厂分析后，厂内人员使用示波器和分光器，监测光模块从 PCB 板卡收到的电信号，和光模块发出的光信号，将两者进行比较，发现输出信号存在幅值的间断性衰减，如图 3-4-4 所示。从而定位故障器件为光模块。

图 3-4-4　使用示波器探针，以及光信号测量器，排查故障位置

然后，将光模块发给器件厂家进行进一步检查。器件厂家将光模块从板卡上切割下来，放在专用的器件测试台架上，经过长期测试，确认器件的 Tx 发送端发生偶发性的功率中断，如图 3-4-5 所示。

图 3-4-5　光模块进行进一步检查测试图

综上调查，导致中控板和门极板通信偶发性故障的位置，是光模块本身，如图 3-4-6 所示。

图 3-4-6 光模块图

除此之外，通过对组装工艺调查发现，部分光模块的粘合剂的应用存在变化，见图 3-4-7。如果粘合剂与绝缘表面接触，可能会导致光功率下降。

图 3-4-7 X 光照片显示多余的粘合剂，用黄色圈起来

（5）处置方法。由于某±500kV 换流站柔直换流阀子模块中控板与门极单元通信故障具有偶发性、间歇性和自恢复性，为解决由此引发的子模块旁路数量较多的问题，在软件方面提出了子模块"暂时性旁路"控制策略处理方案，子模块"暂时性旁路"控制策略如图 3-4-8 所示，并考虑了以下基本原则：

1）对一次硬件设备无任何负面影响；

2）对系统性能无任何负面影响；

3）在子模块执行暂时性旁路功能的同时，仍然能处理可能发生的一次硬件或二次硬件问题；

4）不影响换流阀本体正常运行。

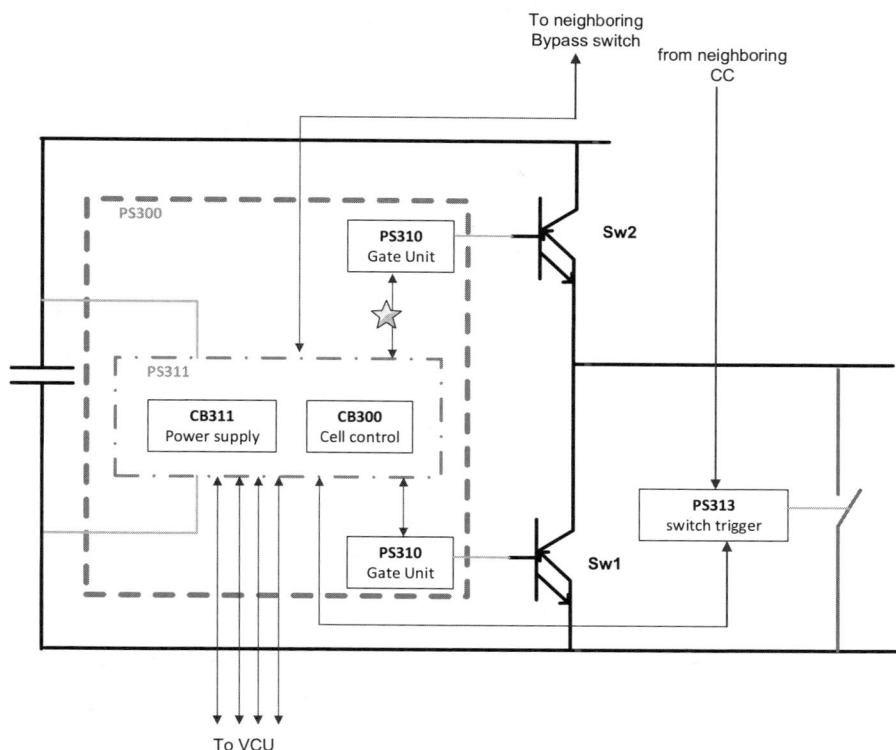

图 3-4-8　子模块"暂时性旁路"控制策略

　　换流阀运行过程中，当子模块中控板（CB300）与门极单元（PS310）之间发生通信故障时：该子模块电子电路板（PS300）通过门极单元（PS310）将上管（SW2）关断，下管（SW1）导通；此时，该子模块处于"暂时性旁路"状态，该子模块电子电路板（PS300）仍然可以通过电容取能，进行子模块与阀控系统之间的实时通信，该子模块被认为处于旁路状态，换流阀运行过程中不再参与子模块"投/切"运算，直至中控板与门极单元通信恢复正常。

　　若处于"暂时性旁路"状态的子模块由于某些原因，如 BIGT 故障、电容故障等严重故障时，电子电路板（PS300）仍然能够通过旁路开关控制板（PS313）触发机械旁路开关，使得该子模块处于永久旁路状态，从而不影响换流阀正常运行。

　　对加入子模块"暂时性旁路"功能的阀控系统及子模块进行了大量试验，试验结果表明本软件修改方案适用于解决子模块中控板与通信板短时通信故障。

（6）预防措施。在光模块生产过程中，过量导电胶是导致部分器件发生故障的硬件原因，在以后的光模块生产过程中，将设计特殊的生产工装，控制涂胶边缘的高度。同时，每一个器件出厂前，对导电胶高度进行视觉检查，筛除不符合要求的器件，确保新更换的子模块符合要求。

二、换流阀子模块过压问题案例

（1）故障特征。2021年2月3日，在新能源线路的功率降至零附近时，某换流站连续报网侧交流电压畸变，正极先后发生3例子模块过压旁路事件。

（2）监测手段。远程视频监视，OWS后台监视。

（3）案例。2021年2月3日，某±500kV换流站正极换流阀由解锁运行正常操作至停运，在新能源线路的功率降至零附近时（此时带有7条新能源线路），某换流站连续报网侧交流电压畸变，正极先后发生3例子模块过压旁路事件，旁路子模块为B相下桥臂塔1第118号、B相下桥臂塔2第116号、B相下桥臂塔1第115号。其中B相下桥臂塔1第115号子模块在18:43:47.208 VBC上送子模块过压故障，18:43:47.214 VBC上送子模块事件IGBT1驱动电源故障、欠压故障、开关合位信号。

（4）分析诊断方法。

1）故障检查。阀厅转检修后，对B相下桥臂塔1第115号子模块检查，检查发现子模块的IGBT的阻抗异常，呈现低阻抗状态，子模块返厂检查。返厂检查时发现115子模块的IGBT呈现短路状态，器件短路失效。该子模块的IGBT为中车公司IGBT器件。

2）故障分析。换流阀交流侧发生振荡时，波形畸变严重，如图3-4-9所示。故障发生时柔直带新能源空线路运行，桥臂电流较小、存在严重的波形畸变及谐波（约900Hz），如图3-4-10所示，一方面波形畸变桥臂电流带有偏置使得子模块放电的时间变短，另一方面谐波导致阀控系统桥臂电流的方向判断不准确，引起个别子模块投退不正常，应切除子模块持续投入，造成子模块持续充电，最终模块过压旁路。

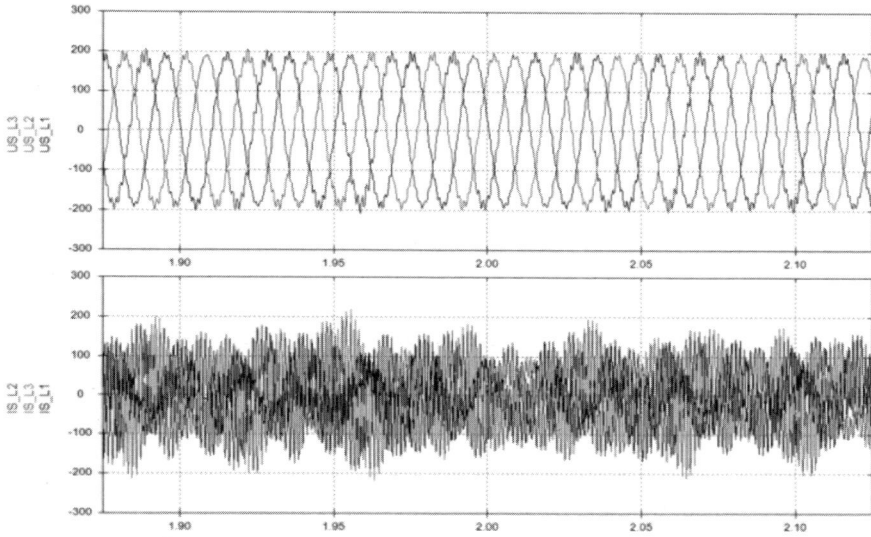

图 3-4-9　换流阀交流侧发生振荡时波形图

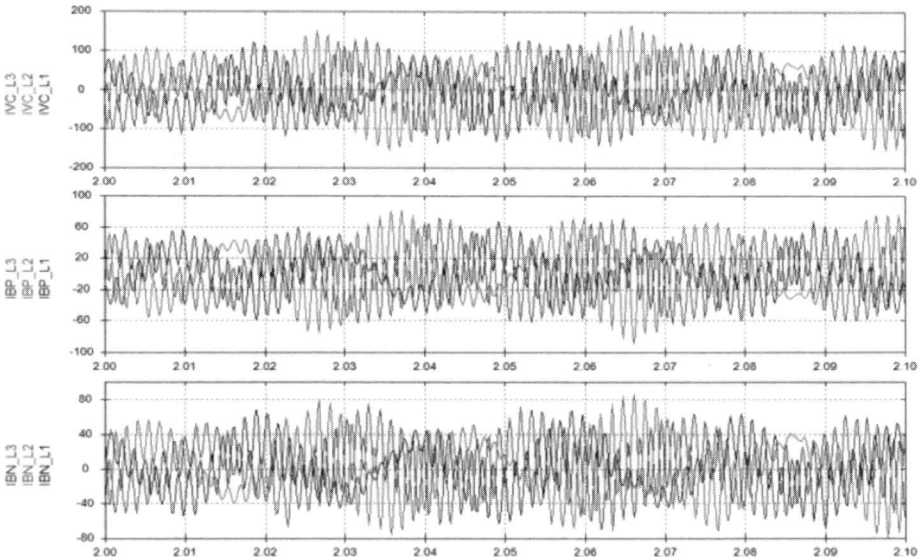

图 3-4-10　B 相下桥臂电流波形图

B 相下桥臂塔 1 的 115 号子模块返厂检查子模块的 IGBT 均发生失效。运行中，上下管在驱动脉冲上已经有限制措施，不会同时触发上下管的 IGBT，上下管同时发生失效的可能性较低，分析器件应为其中一只器件发生失效引起另一只器件失效。若运行中子模块下管先发生失效时，子模块的旁路开关合闸后，上管应为正常状态；若运行中子模块上管因过压出现失效，旁路开关合闸后将造成电容经上管和旁路开关的短路放电，同时下管将流过短路放电产生的振荡电流，从会使下管 IGBT 也发生失效。对返厂检查时，反馈上管的外壳变形较为明显，因此分析该例故障为上管先发生失效。

为进一步排查问题，对中车子模块的过压情况进行了试验验证。子模块的过压保护定值为 3200V，若子模块处于闭锁状态，子模块 IGBT 器件的电压等于子模块直流电压为 3200V；若该电压下子模块处于开关状态，因子模块回路的杂散电感，IGBT 两端会产生关断尖峰电压。对中车 IGBT 器件的子模块在 3200V 条件下进行了的脉冲开通和关断试验，上管 IGBT 在 3200V 电压下关断 3000A 的电流时，IGBT 两端的关断尖峰电压约为 3650V，IGBT 的关断尖峰电压小于器件可耐受的 4500V。本次发生故障时刻系统的电流已经比较小，IGBT 的 CE 间的电压应该小于在 3000A 关断时的电压，应该在器件的可耐受范围内。本次子模块 IGBT 器件失效分析与器件本身有关，为器件个例失效。

（5）处置方法。更换故障旁路子模块。

（6）预防措施。某 ±500kV 换流站换流阀停运过程中正极系统交流侧发生振荡时，换流阀桥臂波形畸变严重，造成 B 相下桥臂塔 1 第 115 换流阀子模块投退异常，子模块出现过压故障，子模块过压条件下上管 IGBT 出现失效，建议器件厂家在出厂时提高设备管控工艺，提高器件质量。

三、换流阀子模块电阻失效问题案例

（1）故障特征。2021 年 5 月 6 日，高压电源输出反馈采样回路电阻异常，导致高压电源输出电压异常，在换流阀停运过程中发生旁路开关闭合的问题。

（2）监测手段。远程视频监视，OWS 后台监视。

（3）案例。2021 年 5 月 6 日，张北柔直工程某 500kV 换流站负极换流阀充电进入预检模式后，报出 B 相上桥臂 1 号阀塔 1 层 3 号组件 1 号子模块故障产生，如图 3-4-11 所示。

查看子模块故障时刻电压值约为 0V，模块状态中显示欠压故障，旁路开关误动故障。

图3-4-11　负极B相上桥臂10号模块故障报文

（4）分析诊断方法。查看子模块录波，换流阀充电时刻故障录波显示 B 相上桥臂电压一直为 0V，证明子模块电容从开始就未充进电。旁路开关状态在中控板带电后即显示为闭合，由此判断该模块上电前旁路开关已闭合。

查阅前期录波文件，发现 4 月 7 日负极 B 相上桥臂 10 号模块产生异常录波。录波信息显示如图 3-4-12 所示，子模块发生本地电源模块告警信号，表明 B 相上桥臂 10 号子模块高压电源输出异常。

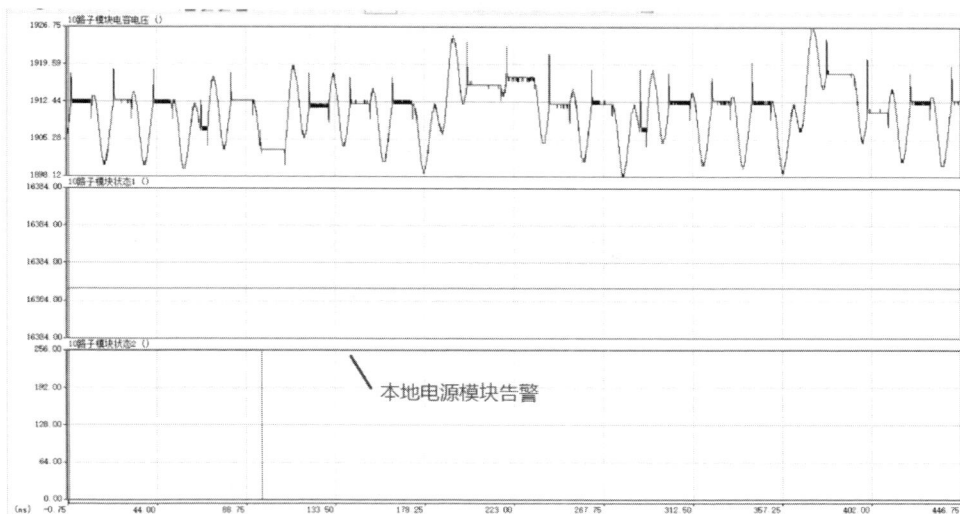

图3-4-12　负极B相上桥臂10号模块电源异常录波

1）现场检查。5 月 17 日利用负极换流阀停电间隙，对负极 B 相上桥臂 10 号子模块进行检查及消缺处理。对模块进行低压加压测试，发现子模块电容电压上电后中控板卡指示灯亮一下后迅速熄灭，子模块预检测试不合格。对负极 B 相上桥臂 10 号子模块高压电源进行了更换，更换后重新对本级模块进行低压加压测试，测试结果合格，5 月 22 日，负极换流阀上电运行，负极 B 相上桥臂 10 号子模块运行正常，未再报出故障或产生异常录波。

2）返厂分析。故障高压电源返厂后开展了测试，发现该电源在空载状态下加压存在工作异常的情况，如图 3-4-13 所示。给高压电源输入施加约 1000V 直流电压，电源上电后输出指示灯亮起，输出电压上升至 230V 左右，然后缓慢下跌至 0V，指示灯逐渐熄灭，且未再重启。

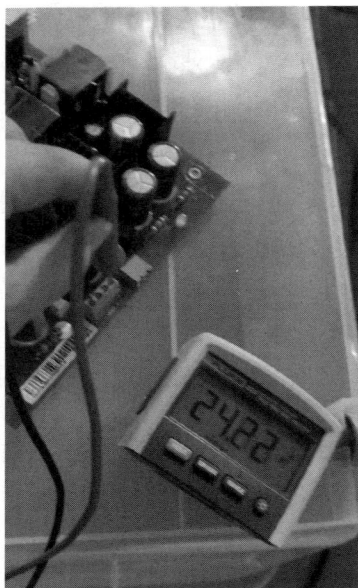

图 3-4-13 返厂高压电源空载输出测试

根据电源故障的现象，分析其原因可能为电压反馈回路或者过压保护回路异常。对电压反馈回路元器件进行逐个测量发现，高压电源控制板 220V 采样入口处电阻 R74 存在电阻阻值漂移，标称阻值约为 47Ω，实测值约为 200kΩ，高压电源控制板异常电阻位置如图 3-4-14 所示。

图 3-4-14　返厂高压电源控制板异常电阻位置示意图

根据以上故障排查情况可知，高压电源输出反馈回路采样电阻异常，导致 220V 反馈给高压电源输出控制芯片的电压值与实际存在偏差，进而造成稳压电路的调节偏差，导致电源上电后输出电压持续走低，直至电源不再工作。目前该换流站仅发现该例高压电源存在此问题，应属元器件早期失效的个例问题。

（5）处置方法。更换故障子模块电源板卡。

（6）预防措施。根据上述分析以及测试情况，负极 B 相上桥臂模块的故障原因为高压电源输出反馈采样回路电阻异常，导致高压电源输出电压异常，在换流阀停运过程中发生旁路开关闭合的情况。该问题为电阻元器件早期失效的个例问题，建议在年检过程中对全站子模块进行低压加压测试，确保投入运行子模块安全可靠。

第二节　阀控故障处理

一、换流阀桥臂自检故障问题案例

（1）故障特征。2021 年 5 月 11 日，阀控板卡光模块故障导致控制系统 VBC_OK 信号无效，负极柔直阀控 B 系统自检故障。

（2）监测手段。远程视频监视，OWS 后台监视。

（3）案例。2021 年 5 月 11 日，张北柔直工程某±500kV 换流站负极阀控 B 系统上报紧急故障，B 系统 VBC_OK 信号无效，负极柔直阀控 B 系统自检故障,查看换流阀阀控后台,15:28:04.039 上报负极 B 系统 C 相下桥臂 FCK502 接收 1 号 FCK503 通信故障产生,如图 3-4-15 所示。

图 3-4-15 许继阀控后台报文图

(4)分析诊断方法。

1)现场检查。现场查看负极 B 系统 C 相下桥臂 FCK502 桥臂控制机箱,"1#接口通信"指示灯灭,表示 FCK502 接收 1#FCK503 通信故障,和后台故障对应,如图 3-4-16 所示。

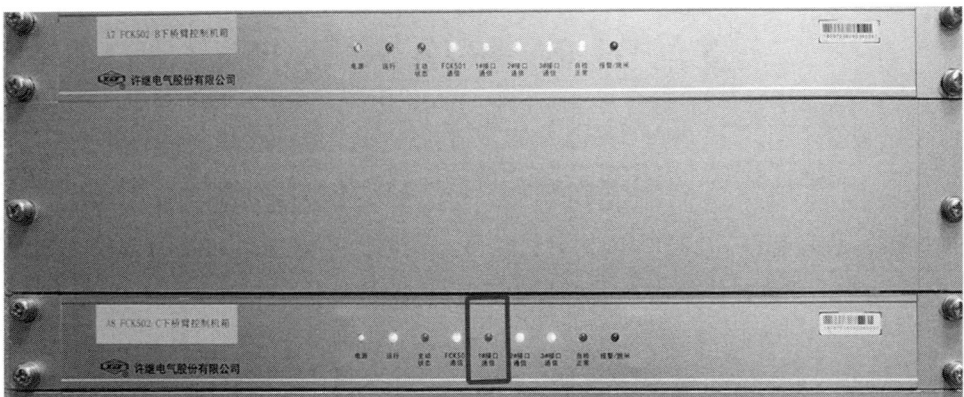

图 3-4-16 负极 C 相下桥臂 FCK502 桥臂控制机箱指示灯

查看负极 B 系统 C 相下桥臂 1#FCK503 子模块接口机箱，B 系统"通信 1"指示灯灭：代表 FCK503 接收 FCK502 通信故障产生，因 AURORA 通信为双工，当一端有通信故障，另外一端通信也会故障，故后台只上报了 FCK502 接收 FCK503 通信故障产生。故障现象和后台能够对应，如图 3－4－17 所示。

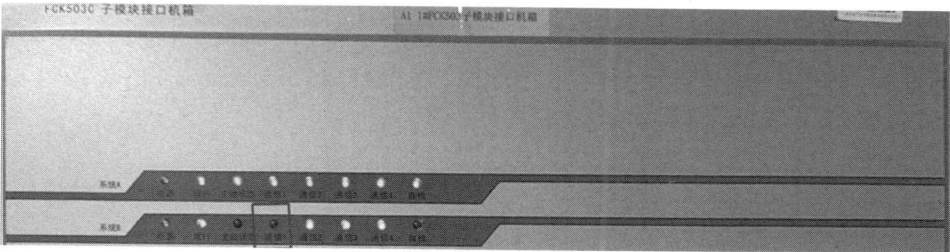

图 3－4－17　FCK503 机箱指示灯

现场查看负极 B 系统 C 相下桥臂 1#FCK503 子模块接口机箱后端，FCK503COMM 板指示灯中间指示灯灭，说明 B 系统 C 相下桥臂 1#FCK503COMM 板接收 FCK502 通信故障产生，如图 3－4－18 所示。

图 3－4－18　FCK503 机箱 COMM 板指示灯

现场检查负极 B 系统 C 相下桥臂 1#FCK503COMM 板 M1 接口光纤拔下后观察 R 光纤有红光，但查看 M1 口发送端无光（COMM 板正常工作时 M1 发送端有清晰的可见光），定位为 COMM 板 M1 位置通信光模块故障导致，如图 3-4-19 所示。

图 3-4-19　FCK503 机箱 COMM 板
M1 光口发送端无光

2）板卡更换返厂检查分析。光模块发送光口异常，原因包括：供电电源异常、驱动电路异常和光模块异常。厂内分别进行如下测试：

① 供电电源测试。对故障 1#FCK503COMM 光模块回路测试，电源电压约为 3.21V，供电电源电压正常，如图 3-4-20 所示。

② 光模块发送驱动电路测试。对光模块发送管脚眼图进行测试，眼高 595mV，眼宽 745ps，如图 3-4-21 所示，满足光模块输入眼图波形要求，说明光模块发送电路功能正常。

③ 光模块测试。使用光纤将该板卡光模块发送光口和正常板卡光模块的光接收端口短接，使用示波器测试接收模块接收到的信号眼图，如图 3-4-22 所示。眼高 6mV，眼宽 483ps，信号不能被正确识别。

综上，说明光模块供电电源和驱动电路均正常，故障原因为光模块发光通道故障，属于个例问题。

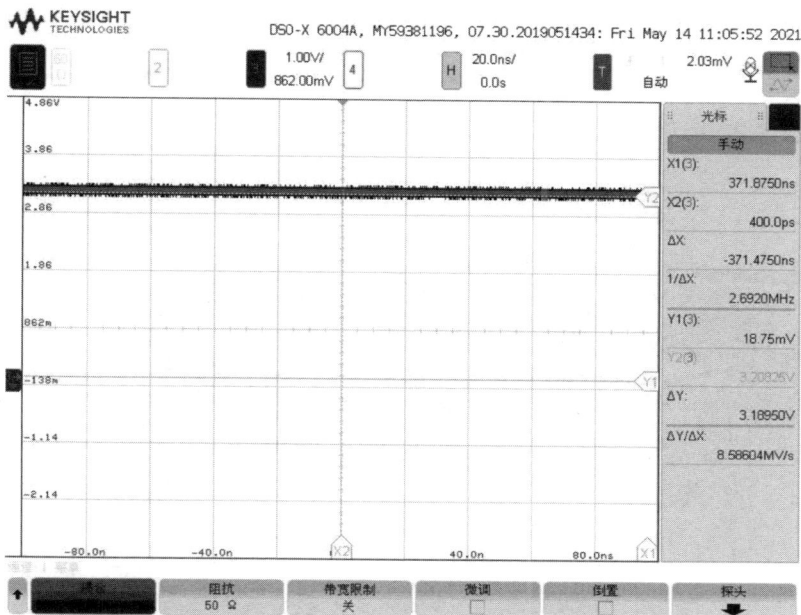

图 3-4-20 供电电源测试图

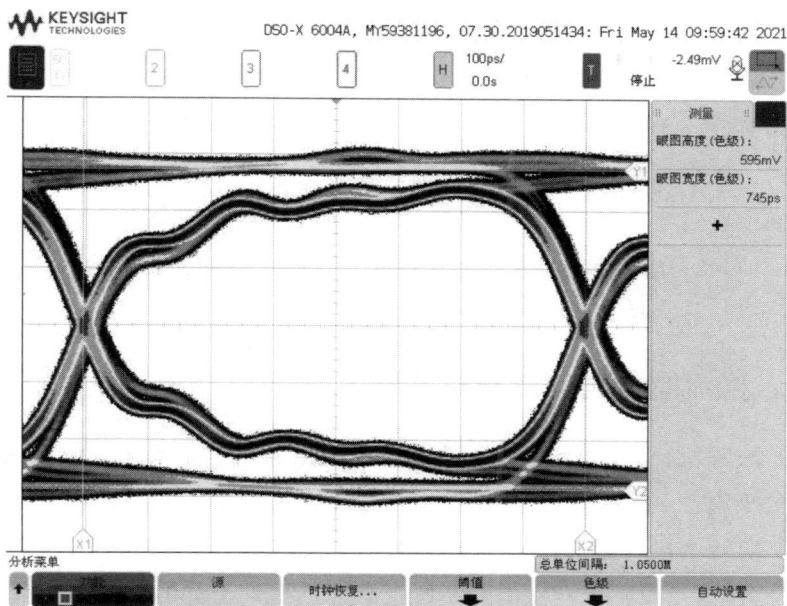

图 3-4-21 光模块发送驱动电路眼图

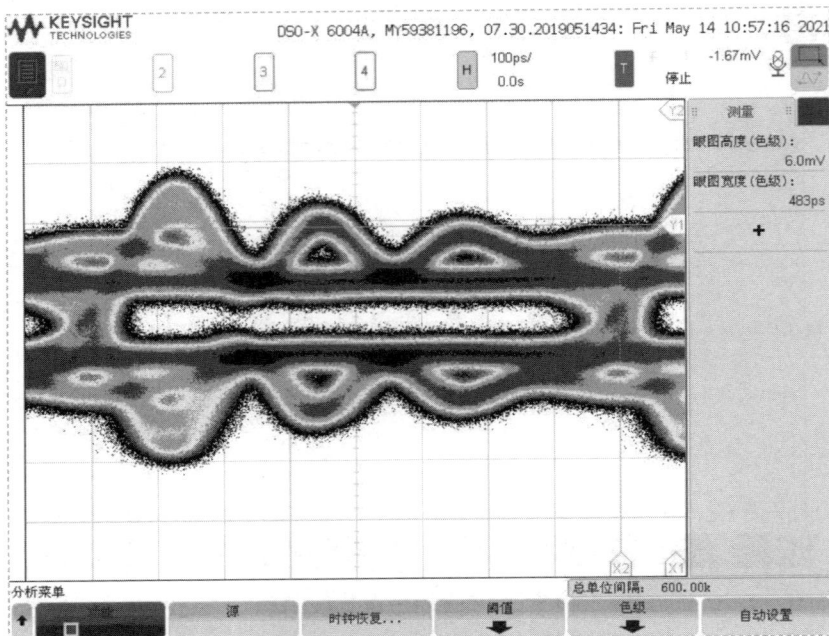

图 3-4-22　光模块收发短接后的眼图

（5）处置方法。负极系统带电运行工况下，更换负极 B 系统 C 相下桥臂 1#FCK503COMM 板后，负极 B 系统 C 相下桥臂 FCK502 接收 1#FCK503 通信故障消失，B 系统阀控自检故障消失。

（6）预防措施。在光模块生产过程中，加强对质量的管控。同时，每一个器件出厂前，对光模块功能进行进一步检查，筛除不符合要求的器件，确保新更换的子模块符合要求。

二、换流阀桥臂自检异常问题案例

（1）故障特征。2021 年 7 月 3 日，张北柔直工程某±500kV 换流站阀控后台报负极阀控 A 系统 B 相下桥臂自检故障，引起主备切换。

（2）监测手段。远程视频监视，OWS 后台监视。

（3）案例。2021 年 7 月 3 日，张北柔直工程某±500kV 换流站阀控后台报负极阀控 A 系统 B 相下桥臂自检故障，引起主备切换。现场故障报文如图所示,具体位置在 2 号 FCK503 机箱的 10 号 LER 板与通信板的背板 LVDS 通信。

（4）分析诊断方法。

1）现场录波分析。通过录波分析如图，定位是 10 号 LER 板接收通信板通信故障频繁产生消失，消失时间未达到复归通信故障时间，导致 A 系统自检故障产生。进一步分析，通过现场示波器及在线监视，确认是 10 号 LER 板发送端问题，如图 3-4-23 所示。

图 3-4-23　通信故障录波波形图

2）现场问题复现及回厂仿真验证。连接负极 A 系统 2#FCK503 机箱后台，通信板接收 LER10 通信故障位在闪烁，故障计数在增加。和录波情况一致。如图 3-4-24 所示。

对接收到的数据进行离线校验，接收模块自己计算的校验正常，但是与发送模块发送的校验位不一致，说明 LER 板发送模块发送的数据存在异常。如图 3-4-25 所示。

在发送端校验模块中，将数据 RAM 某一位进行置位处理，然后在接收端进行仿真验证。发现故障现象和现场故障现象能够吻合，说明 FPGA 内部发送校验模块数据 RAM 存在某一位异常（如维持一个状态不变）导致通信故障频繁产生消失的可能。仿真故障现象如图 3-4-26 所示。

图 3-4-24　FCK503 后台结案是界面

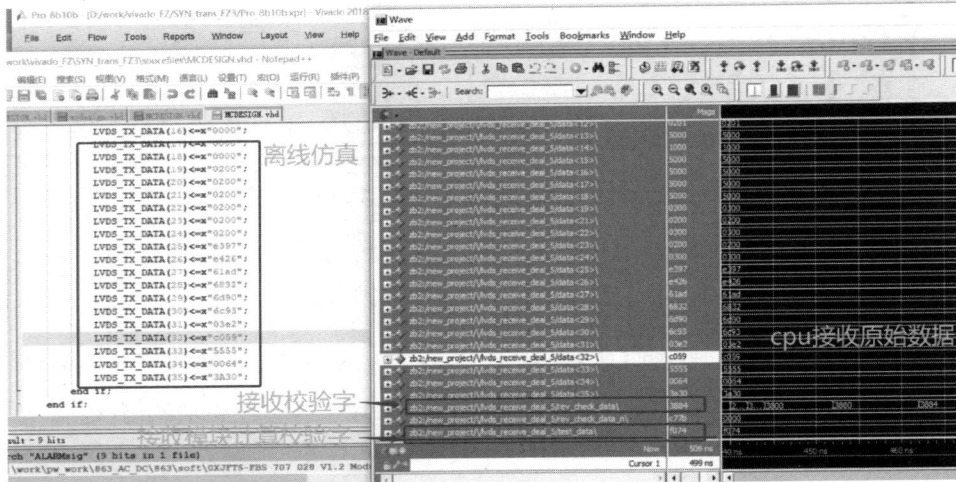

图 3-4-25　LER 板发送校验位和离线校验位不一致图

现场对 LER 板 FPGA 程序进行重置后，故障计数不再增加，进一步说明现场通信故障原因可能为 FPGA 内部发送校验模块数据 RAM 某一位异常（如维持一个状态不变）导致。

（5）整改措施。根据现场分析测试及厂内故障现象仿真复现结果，可确定现场报 LER 板接收 CPU 通信故障频繁产生消失故障原因为 10 号 LER 板发送端异常导致，LER 板通信发送端数据异常原因为 FPGA 内部个别数据位异常导致，而 FPGA 其他功能均正常，外部接口信号均正常，因此判断原因为 FPGA 器件部分功能弱化导致，为个例情况。

（6）预防措施。在后续工作中，将加强子模块级器件选型，确保设备稳定运行。

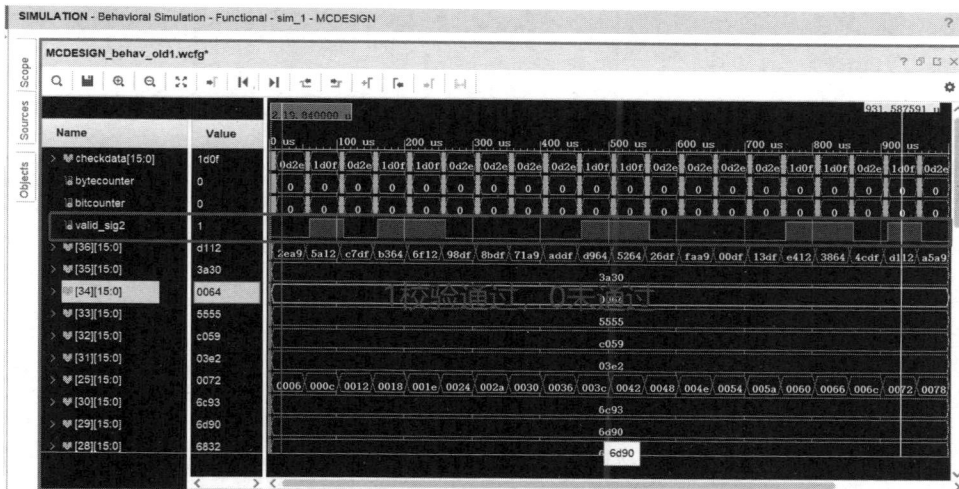

图 3-4-26　在 CRC 计算模块中置位某一位后的通信校验仿真结果图

三、换流阀桥臂 LER 板故障问题案例

（1）故障特征。桥臂接口机箱 LER 板通信故障引起换流阀阀控 B 系统故障反复产生消失。

（2）监测手段。远程视频监视，OWS 后台监视。

（3）案例。2021 年 9 月 11 日，张北柔直工程某±500kV 换流站换流阀阀控 B 系统 A 相下桥臂 2#FCK503 接口机箱 8#LER 内部通信故障反复产生消失，现场报文如图 3-4-27 所示。

（4）分析诊断方法。现场对屏柜进行断电重启，重启后观察自检灯状态，大约 20min 后，后台监控再次报 A 相下桥臂 2#FCK503 机箱 8#LER 故障，现场更换 A 相下桥臂 2#FCK503 机箱 8#LER 板卡后故障消失。

1）录波分析。通过录波分析如图，进一步确认 A 相下桥臂 2#FCK503 机箱 8#LER 板卡通信故障位置为 LER 板发送端通信不稳定，导致通信故障反复产生消失，如图 3-4-28 所示。

图 3-4-27 后台事件截图

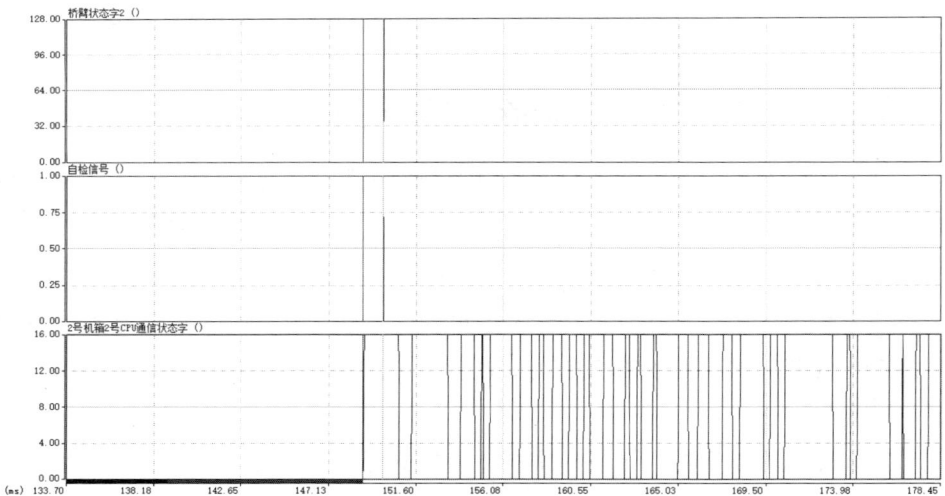

图 3-4-28 通信故障录波波形

故障位置位于负极 B 系统 A 相下桥臂 2 号 FCK503 机箱通信板与 8#LER 板之间的 A 系统背板通信，如图 3-4-29 所示。

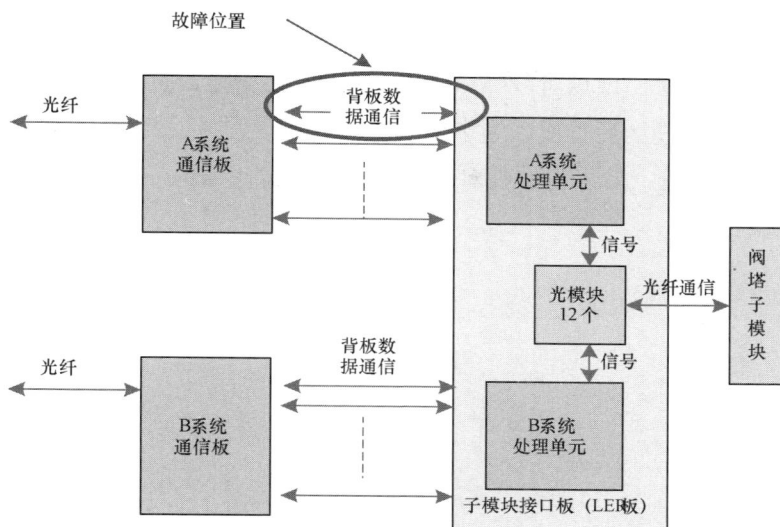

图 3-4-29 子模块接口机箱信号连接示意图

其中子模块接口板（LER）上面有电路 A 和电路 B，有两个处理器芯片两路总线通信，分别由 A、B 两路电源供电；子模块接口板（LER）的光模块部分为 A、B 系统共用，由 A、B 两路电源共同供电。

厂内搭建实验环境，模拟现场运行工况，通过测试后台监视 FCK503 机箱内部通信，连续运行 72 小时，未发现通信故障计数增加。

2）高温老化试验。在高温箱内搭建实验环境，模拟现场运行工况，放置 4 块正常 LER 板卡和 1 块现场故障板卡，同时与通信板进行通信，采用测试后台监视通信板和这 5 块 LER 板的通信结果。

设置高温箱运行温度为 60℃，运行至 9 个半小时时，发现现场返回故障 LER 板与通信板之间通信故障计数增加，而其他正常 LER 板均工作正常。降低温度至室温后，现场返回故障 LER 板与通信板之间通信故障计数不再增加。

根据故障板卡厂内分析测试结果，可以得出以下结论：FCK503 机箱内部 LER 板与通信板通信故障频繁产生消失故障原因为 8 号 LER 板发送端异常导致，该故障板卡在厂内室温环境下功能正常，不能复现现场故障现象。通过高温老化试验，可以复现现场 LER 板与通信板通信故障，而正常 LER 板在高温环境下工作正常，确定该 LER 板通信异常。进一步排查发现该板卡通信接口电路 TVS 管失效，TVS 管用于通信通道保护，失效后，导致通信信号质量下

89

降，最终引起通信故障。

（5）处置方法。现场对故障 8#LER 板卡进行更换，更换后问题消失，该类型故障为工程投运后首次，为个例情况。

（6）预防措施。后续将加强对换流阀子模块器件筛选，确保换流阀子模块可靠运行。

第四篇

柔性直流高压直流断路器

第一章　混合式高压直流断路器

第一节　混合式高压直流断路器原理结构

直流断路器拓扑设计满足张北四端柔性直流电网的运行需求,本节介绍了模块级联混合式直流断路器的基本结构和原理。混合式直流断路器包含主支路、转移支路和耗能支路,能够关合、承载和分断高压直流输电系统中的运行电流,并能在规定的时间内关合、承载和分断直流系统故障电流的设备。主支路由快速机械开关及主支路电力电子模块串联,转移支路由多组转移支路子单元串联,耗能支路为避雷器,用于断路器合闸于故障时吸收能量。

(1)主支路。由主支路快速机械开关和主支路电力电子开关串联构成,主要用于导通直流系统负荷电流。

(2)转移支路。由多组转移支路电力电子模块串联构成,能够承受直流断路器全压的电流支路。在混合式直流断路器分闸时,主支路断开时,电流换流到转移支路。再通过转移支路闭锁建立电压,将电流再次换流至耗能支路。

(3)耗能支路。限制直流断路器转移支路闭锁电流产生的过电压和吸收直流系统短路能量的作用。

一、混合式直流断路器基本结构

混合式直流断路器阀塔依照功能模块,分别包括了主支路半导体组件、转移支路半导体组件、高速机械开关组、耗能 MOV 组、光 CT、通流母排、冷却水管、均压屏蔽结构件、漏水检查装置、供能系统组件、阀塔支架、光纤及附属支承件等。采用模块化、分层、分功能区域设计思路实现支撑式双列阀塔结构集成设计。

级联混合式直流断路器整体阀塔包括主支路、转移支路和耗能支路。

主支路包括快速机械开关和少量电力电子开关，其中主支路快速机械开关采用若干断口串联式一体化设计，是 500kV 高压直流断路器的核心组部件之一。单个断口由开关本体、储能及控制单元以及均压回路构成，快速机械开关主要应用于柔性高压直流输电系统中的直流断路器，其作用是在断路器正常合闸运行中耐受负荷电流，当线路发生故障时，快速机械开关要在极短的时间内提供足够的绝缘开距，该开距应能耐受直流断路器在开断过程中的暂态恢复电压。

作为直流断路器核心模块的快速机械开关，需在极短时间内（<2ms）分闸到能承受暂态恢复电压的位置。一般来说，传统断路器驱动机构难以满足此时间要求，目前，各厂家均采用新型的电磁斥力机构作为快速机械开关的驱动机构。由于直流断路器的直流耐受电压较高，因此在直流断路器中需采用多台快速机械开关模块串联来实现其功能，为保持可靠性，需要设置 1 台作为冗余。所有快速开关模块分层应布置于直流断路器阀塔的高电位上。快速机械开关结构如图 4-1-1 所示。

主支路电力电子开关包括 IGBT 阀组、旁路系统、主支路避雷器、供能设备、冷却系统和相关结构件等。每个 IGBT 阀组包括 IGBT 组件、RCD 回路、驱动板单元和供能线圈。IGBT 阀组可以采用 IGBT 组件不同的串并联组合。主支路电力电子开关缓冲电路 RCD 电路拓扑结构如图 4-1-2 所示，主支路电力电子开关 IGBT 的缓冲电路能有效抑制开关过程中的电压、电流冲击，保证 IGBT 直流串联的均压特性，保证器件安全。RCD 回路含有二极管 D1、电阻 R1 和电容 C1。在阀组断开期间，对缓冲电容 C1 充电，随后通过电阻 R1 放电。

对于直流断路器主支路电力电子

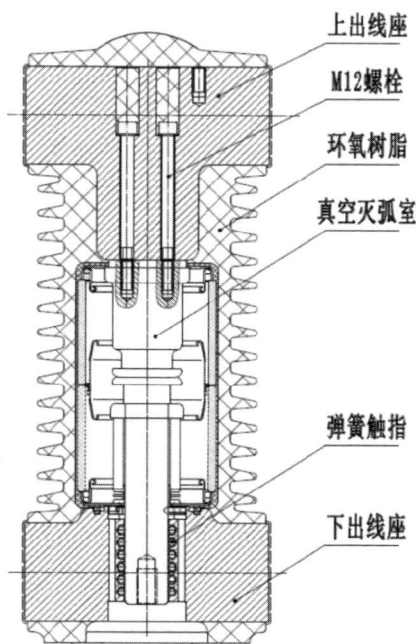

图 4-1-1 快速机械开关结构图

上出线座

M12螺栓

环氧树脂

真空灭弧室

弹簧触指

下出线座

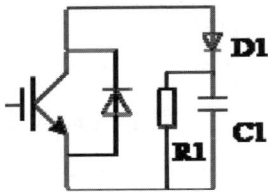

图 4-1-2 主支路电力电子
开关 RCD 缓冲回路原理图

开关，阀单元组件是核心单元。阀单元组件由结构相同的若干组阀单元并联组成，每个阀单元由若干 IGBT 串并联组成的阀串、旁路开关组件、适配器组件、控制主板组件组成。驱动板单元控制 IGBT 组件的开通关断，由于驱动板处于高电位，所以采用电磁隔离供能，同时可采用激光供能作为冗余措施，以保证供能可靠性。旁路系统包括旁路开关、触发单元和供能线圈等，当 IGBT 或驱动单元出现故障时，可及时合上旁路开关，切除故障 IGBT。

直流断路器内部只有主支路电力电子开关需要冷却，一般将主支路电力电子开关放置在主支路阀塔的第一层，主支路电力电子开关水冷系统冷却液若发生泄漏，则冷却液流入阀底，避免损坏其他设备。

转移支路电力电子开关由若干子单元串联组成。子单元包括 IGBT 阀组、二极管阀组以及避雷器单元，将 IGBT 阀组和二极管阀组按照一定的电位关系，组成一个电力电子开关子单元。转移支路电力电子开关需要转移主支路电流至耗能支路，需要承受和关断较大的故障电流。由于整个转移支路所承受的电压等级非常高，结构框架比较复杂，因此在考虑阀层内部和层间的各部分电位差，以及电流在阀塔内部的流向非常关键，转移支路的框架电位及各层间的电位要严格控制，保证足够的距离满足电气间隙和爬电距离。从阀塔结构布置和电气灵活性角度出发，一般转移支路电力电子开关分解成若干个模块子单元，通过子单元串联构成转移支路电力电子开关。单个子单元结构如图 4-1-3 所示。

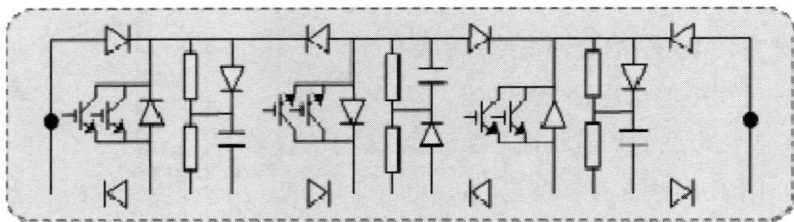

图 4-1-3 转移支路电力电子开关结构图

《B3441417G001-CG-18 直流断路器技术规范（通用部分）》对避雷器的能量配置原则要求如下：

（1）对于直流线路故障且主保护正常动作的情况，避雷器能量（不含热备用）需满足直流断路器单次开断及重合于故障下再次开断的总吸收能量，并应在此基础上考虑 1.2 倍安全裕度。

（2）直流断路器避雷器吸收能量仿真需考虑换流站避雷器配置对其的影响。

（3）对于直流线路单极接地故障且主保护拒动的情况，避雷器能量（不含热备用）需满足直流断路器单次开断及重合于故障下再次开断所需的总吸收能量，并应在此基础上考虑 1.2 倍安全裕度。

（4）对于直流线路单极对金属回线短路故障且主保护拒动的情况，避雷器能量（不含热备用）需满足直流断路器单次开断及重合于故障下再次开断所需的总吸收能量。

（5）对于直流线路双极短路接地（或不接地）故障且主保护拒动的情况，避雷器能量（不含热备用）需满足直流断路器单次开断及重合于故障下再次开断所需的总吸收能量。

根据上述要求，结合张北电网各类故障情况下的仿真分析，得出最大吸收能量为 123MJ，考虑 1.2 倍安全裕度，现场实际设计最大吸收能量为 150MJ。

直流断路器耗能支路与转移支路子单元并联，也分为 10 个子单元。由于故障电流较大，吸收能量较多，耗能支路一般采用分柱并联的方式。避雷器子单元结构如图 4-1-4 所示。

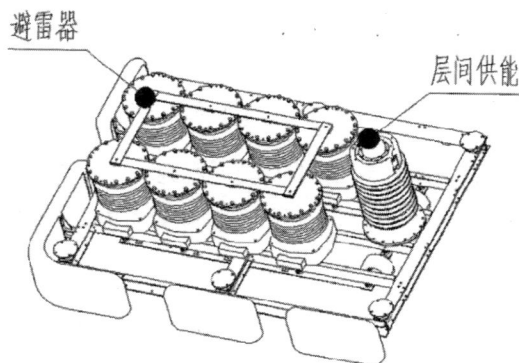

图 4-1-4　避雷器子单元结构图

二、混合式直流断路器基本原理

主支路由 1 组快速机械开关和 IGBT 级联构成的电力电子开关组成,用于导通系统运行电流和转移支路电流;转移支路由二极管、IGBT 模块级联构成的电力电子开关组成,用于关断各种暂稳态工况下电流;耗能支路由多个 MOV 单元串联构成,用于抑制断路器暂态分断电压和吸收感性元件储存能量。

桥式整流型混合式高压直流断路器的拓扑结构如图 4-1-5 所示。该拓扑主要由主支路、转移支路和耗能支路三个部分组成。

主支路包括快速机械开关和少量器件串联的电力电子开关,承受线路电流。转移支路由多个电力电子开关子单元串联而成,包括大规模二极管阀组、IGBT 阀组,构成桥式整流拓扑结构,实现故障电流的双向分断。耗能支路由多个避雷器串并联组成,抑制开断过电压,吸收系统故障能量。

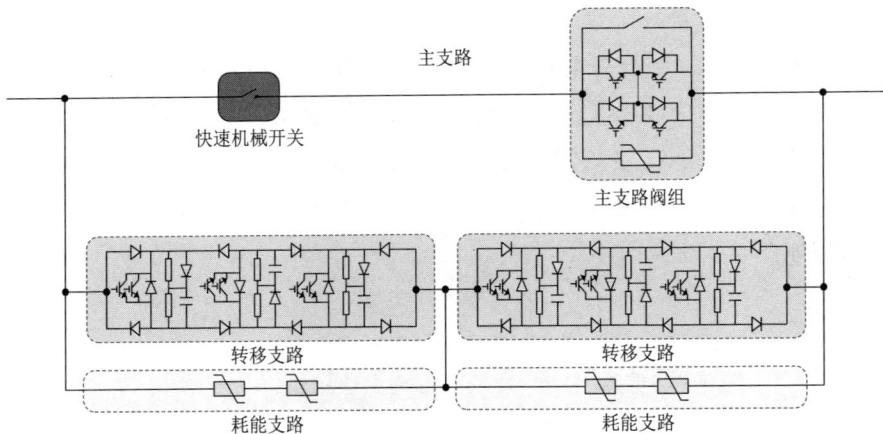

图 4-1-5 整流型混合式高压直流断路器拓扑图

根据拓扑结构,直流断路器处于导通状态时,主支路电力电子开关处于导通状态,快速机械开关处于合位,转移支路电力电子开关处于关断状态,此时系统电流全部流过主支路。如图 4-1-6 所示。

当系统发生线路故障或遥控分闸时,直流断路器接收到分断信号后,导通转移支路电力电子开关,同时闭锁主支路电力电子开关,阀组两端电压迅速上升,导致主支路阻抗远大于转移支路阻抗,电流从主支路转移到转移支路,此过程为强迫换流过程。如图 4-1-7 所示。

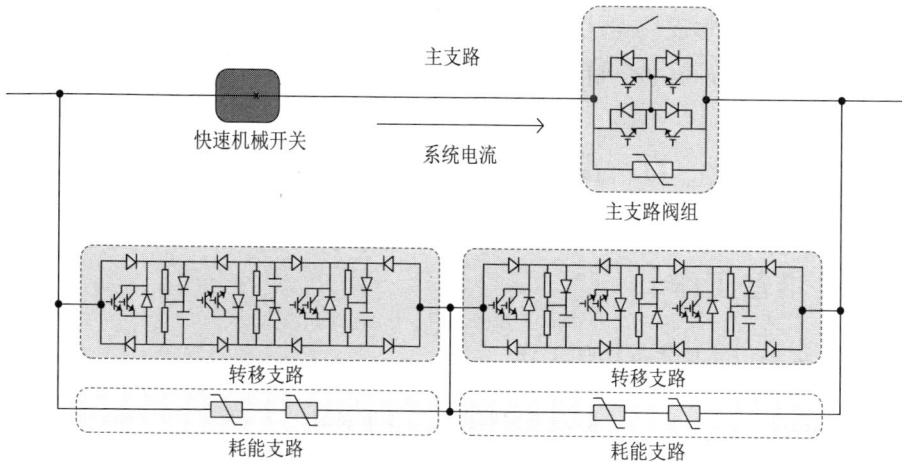

图 4-1-6　正常通流模式

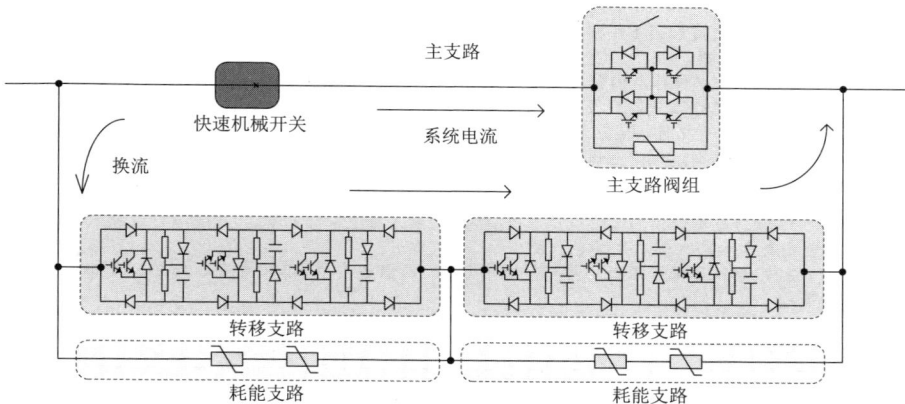

图 4-1-7　换流过程

当主支路电流完全转移到转移支路，此时打开主支路快速机械开关，实现快速机械开关的无弧分断。快速机械开关分断到位后，闭锁转移支路电力开关。电流转移至避雷器中直至线路故障电流被耗尽至零，至此直流断路器分断完成。

当直流断路器接收到合闸或重合闸信号后，首先逐级导通转移支路电力电子开关，线路电流通过转移支路电力电子开关，如果合于故障、保护动作，则立即执行分闸动作，闭锁转移支路电力电子开关，电流从转移支路电力电子开关换流至避雷器。如果线路正常，执行下一步合闸步骤，主支路的快速机械开关和电力电子开关合闸，电流从转移支路换流至主支路。线路电流完全转移至主支路后，闭锁转移支路电力电子开关，直流断路器处于正常合位和通流状态，至此直流断路器合闸/重合闸完成。

第二节 混合式直流断路器检修技术

一、准备工作

按照表 4-1-1 准备相关工作。

表 4-1-1 　　　　　　　　　　直流断路器检修工作准备表

准备内容	标准	完成情况
现场勘察	1. 三级及以上作业风险必须勘察，现场勘察主要内容应全面，并编制现场勘察记录。 2. 工作负责人或工作票签发人应参加勘察，应在编制"三措"及填写工作票前完成现场勘察。 3. 勘察记录中作业内容与工作票应一致，关键人员应签字。 4. 因停电计划变更、设备突发故障或缺陷等原因导致停电区域、作业内容、作业环境发生变化时，根据实际情况重新组织现场勘察。 5. 现场勘察过程中应核对待检修设备隐患及缺陷，对可能影响现场作业的应制作针对性管控措施	
检修方案	1. 现场勘察辨识的风险点及预控措施，应纳入施工检修方案、工作票（作业票）、标准化风险控制卡，并保持一致。 2. 严禁执行未经审批的施工、检修方案。检查是否严格履行编制、审核、批准流程。 3. 严格按照已审批的检修方案开展检修工作，根据作业组织分工做好现场作业人员管控	
作业计划	1. 检查周计划、日管控作业计划通过风控系统正式发布。 2. 检查作业计划关键信息（作业时间、电压等级、停电范围、作业内容、作业单位、电网风险、作业风险）应与工作实际相符	
人员要求	1. 检查外包单位安全资质应满足作业要求。 2. 检查各类作业人员安全准入，"三种人"资格及风险监督平台岗位标识，特种作业人员、特种设备作业人员资格证应合格有效。 3. 检查队伍、人员未纳入安全负面清单或黑名单。 4. 现场工作人员的身体状况、精神状态良好作业辅助人员（外来）必须经负责施教的人员，对其进行安全措施、作业范围、安全注意事项等方面施教后方可参加工作。 5. 特殊作业人员必须持有效证件上岗，特种作业的工作应设置专责监护人所有作业人员必须具备必要的电气知识，基本掌握本专业作业技能及《国家电网国家电网公司电力安全工作规程 变电部分》。 6. 检测人员需具备如下基本知识与能力： （1）了解直流断路器的型式、用途、结构及原理。 （2）熟悉换流站电气主接线及系统运行方式。 （3）熟悉相关检测设备、仪器、仪表的原理、结构、用途及使用方法，并能排除一般故障。	

续表

准备内容	标准	完成情况
人员要求	（4）能正确完成现场直流断路器检测项目的接线、操作及测量。 （5）熟悉各种影响直流断路器检测结论的因素及消除方法。 （6）特殊工种（作业车操作人员、登高作业人员）必须持有效证件上岗	
材料器具准备	1. 对照检修方案所列清单检查安全工器具、机械器具、仪器仪表、备品备件的外观、数量、检测试验合格情况。 2. 确认作业车辆升降、移动等功能操作正常，操作控制器无异常告警。 3. 严禁使用达到报废标准或超出检验期的安全工器具	
承载力分析及应用	1. 编制作业计划前，应对照各专业承载力分析标准开展分析。 2. 应用结果安排人员、机械、器具等，确保满足作业需求。 3. 同进同出人员应按"五同"管理办法安排到位。 4. 严禁超承载力作业	
工作票准备	1. 应根据现场勘察，由工作负责人或工作票签发人填票。 2. 应正确选用票种，规范填写设备双重名称、工作地点、作业内容、安全措施、作业时间等关键信息	
物料要求	1. 专用导电膏。 2. 无水酒精。 3. 细砂纸。 4. 无毛纸。 5. 记号笔。 6. 光纤清洁套装。 7. 水管电极。 8. 密封圈。 9. 绝缘垫。 10. 变色纸。 11. 毛巾。 12. 小水桶。 13. 防静电手环	
工器具要求	1. 阀检测装置。 2. 阀厅平台车。 3. 阀厅行车。 4. 斜口钳。 5. 对讲机。 6. 手电。 7. 螺丝刀。 8. 接地线。 9. 电源盘线。 10. 蒸馏水。 11. 扎带。 12. 密封圈。 13. 塑料薄膜。 14. 力矩扳手	
仪器仪表要求	1. 直流断路器专用测试仪。 2. 直流电阻测试仪。 3. 光纤衰减测试仪。 4. 万用表。 5. 电动葫芦。 6. 电感测试仪。 7. 游标卡尺	

续表

准备内容	标准	完成情况
其他所需逐行填写	1. 安全管控平台。 2. 开工前 10 天，向有关部门上报本次工作的材料计划。 3. 开工前 3 天，准备好施工所需仪器仪表、工器具、相关材料、相关图纸及相关技术资料。 开工前确定现场工器具摆放位置	

二、风险分析与管控措施

按照表 4-1-2 准备相关工作。

表 4-1-2　　　　直流断路器检修工作风险分析与管控措施表

序号	关键风险点	风险管控措施
1	触电风险	1. 工作前应确认现场安措，确定阀厅地刀接地并切换至就地位置，关闭电机电源和操作电源，关闭机构箱门并上锁。 2. 检修工作负责人应由有经验的人员担任，检修开始前，工作负责人应向全体工作班成员详细交待检修过程中的危险点和安全注意事项。 3. 严格按已审核批准的施工方案开展施工；工作中保持阀厅清洁；对工作中易受损的元件及时加装防护板并粘贴标识，提醒施工人员注意；检修工作完毕后进行现场清理，不得遗留任何物件。 4. 设备试验工作至少由 2 人开展，试验前检查仪器完好且接地，试验电源应从试验电源屏或检修电源箱取得，严禁使用绝缘破损的电源线，用电设备与电源点距离超过 3m 的，必须使用带漏电保护器的移动式电源盘，试验设备和被试设备应可靠接地，设备通电过程中，试验人员不得中途离开，试验完成后立即关闭试验电源。 5. 注意力集中，加强监护，工作人员保持与带电设备足够安全距离。 6. 工作时工作人员严禁穿越围栏，明确现场带电部分及所要工作的任务
2	高坠风险	1. 换流阀检修属于高空作业，严禁无安全带或安全绳进行高空作业；在升降车上应使用安全帽，正确使用安全带，工作人员登上阀塔前必须身着专用工作服，进入阀体前，应取下安全帽和安全带上的保险钩，并不得携带除工具外任何物品进入阀塔，防止金属打击造成元件、光缆的损坏，但应注意防止高处坠落。 2. 工作时不得坐在阀体工作层的边缘，以防高空坠落，不得脚踏电气设备。 3. 工作前对升降车进行检查，确定合格后方可使用，对支脚不在水平位置的进行调平，升降车作业时应可靠接地，安排专人指挥。 4. 禁止将工具及材料上下投掷，应用绳索拴牢传递，传递绳应使用干燥的绝缘绳或麻绳。 5. 工作前对升降车进行检查，确定合格后方可使用，对支脚不在水平位置的进行调平，升降车作业时应可靠接地，安排专人指挥监护
3	物体打击	1. 严禁无安全带或安全绳进行高空作业；在升降车上应使用安全帽，正确使用安全带，工作人员登上阀塔前必须身着专用工作服，进入阀体前，应取下安全帽和安全带上的保险钩，并不得携带除工具外任何物品进入阀塔，防止金属打击造成元件、光缆的损坏，但应注意防止高处坠落。 2. 严格按已审核批准的施工方案开展施工；工作中保持阀厅清洁；对工作中易受损的元件及时加装防护板并粘贴标识，提醒施工人员注意；检修工作完毕后进行现场清理，不得遗留任何物件

序号	关键风险点	风险管控措施
4	光缆污染	1. 抽出光缆后及时用光纤帽保护。 2. 更换光纤时要注意光纤转弯半径满足要求，更换时不可直视光源，必要时要带护眼镜；更换后检查备用光纤数量满足，必要时要重新补充。 3. 更换光纤全过程需全程佩戴防静电手环。
5	内冷水泄漏	水路拆装时要确保管路内水已排空，防止水洒落在阀塔，回装时更换密封圈；阀塔注水后要多次静置排气，确保管路中无气泡
6	主机程序、升级版本错误、违规外联、误出口	1. 工作前应确认现场安措，设备已为退出运行状态，相应安措已布置到位。 2. 程序更新前应核实阀控及对应集控系统的状态，注意对阀控装置的影响。 3. 程序更新应按照厂家规定程序进行，佩戴防静电手环和手套，核对相关信息；更换过程中禁止使用未经批准的调试设备，严禁使用移动存储设备，确保无违规外联。 4. 检修工作完毕后进行现场清理，不得遗留任何物件
7	SF_6中毒窒息（如有）	断路器进行气体检测时人员应站在充气口的侧面或上风口
8	SF_6漏气（如有）	户内气体检测时，作业人员应进行不间断巡视，随时查看气体检测仪是否正常，并检查通风装置运转是否良好、空气是否流通，如有异常，立即停止作业，组织作业人员撤离现场

三、检修工艺及质量标准

按照表 4-1-3 准备相关工作。

表 4-1-3 　　　　　　直流断路器检修工艺及质量标准表

序号	检修工序	检修流程与工艺	质量标准	关联风险类别与预控措施
一、转移支路				
1	整体检查	目视检查阀组件硅堆压力正常、无松动，各器件和结构件无异样、螺钉无松动，光纤无松动或脱落	1. 阀组件硅堆压力检查，阀组件硅堆压力正常，碟簧尺寸和顶杆位置正确，无松动。若发现松动，用专用工装对硅堆进行压力调整至正常范围； 2. 绝缘拉环和绝缘拉杆无明显裂纹、断裂； 3. IGBT、散热器、快恢复二极管、缓冲电容、均压电阻、缓冲电阻、分光器、取能线圈、驱动模块形态完好，无变形、变色痕迹，接线无脱落，表面清洁、无积污、无放电痕迹	高坠风险、物体打击

序号	检修工序	检修流程与工艺	质量标准	关联风险类别与预控措施
2	线缆检查	使用绝缘摇表检查供能变底部线缆	供能电缆及其线缆安装固定可靠、绝缘层完好	触电风险、物体打击
3	电力电子器件测试	使用专用测试仪进行测试。测试时应正确接线	1. 中控板通信应正常，各状态信号正确上送； 2. 测试仪后应无异常告警信号； 3. 电力电子模块开通关断测试通过	触电风险、高坠风险、物体打击
4	缓冲吸收电路的电容器容值测量	使用电容表进行测试。测试时应正确接线	缓冲吸收电路的电容容值相比于初始值的变化不超过±5%	触电风险、高坠风险、物体打击
二、耗能支路				
1	整体检查	1. 载流排安装可靠，无螺钉松动，搭接面无明显过热变色现象，并清洁； 2. 外观表面无裂痕缺损，伞裙表面无裂纹和闪络痕迹，表面清洁无积污	耗能支路阀层，避雷器铝排连接正常、无松动，避雷器外观完好、伞裙无缺失	高坠风险、物体打击
2	端间绝缘电阻测量	使用绝缘电阻表对避雷器进行测量	使用绝缘电阻测试仪，在避雷器两端施加电压，测量绝缘电阻，每层避雷器绝缘电阻测量值应不低于350MΩ	触电风险、高坠风险、物体打击
3	避雷器防爆装置检查	逐个外观检查，检查防爆装置喷口是否有堵塞	防爆口无堵塞	触电风险、高坠风险、物体打击
三、主支路快速机械开关				
1	整体检查	目视检查载流排安装可靠，无螺钉松动，搭接面无明显过热变色现象，并清洁	1. 快速机械开关、触发回路和层间供能外观完好，无变形、变色痕迹； 2. 接线无脱落	高坠风险、物体打击
2	主通流电阻测试	1. 在合闸状态下，测量进、出线之间的主回路电阻； 2. 测量电流可取直流100A 到额定电流之间的任一值； 3. 测量方法按照"十步法"要求开展	主通流回路电阻小于 $10\mu\Omega$	触电风险、高坠风险、物体打击
3	分合闸时间测试	通过后台置数下发分合闸指令，通过后台录波查看时间	1. 每台快速机械开关进行不少于 3 次分闸试验，每次记录分闸至有效距离的时间 t_O，应满足 $1.8 \leqslant t_O \leqslant 2ms$； 2. 每台快速机械开关进行不少于 3 次合闸试验，每次记录合闸到位时间 t_C，应满足 $0.65t_N \leqslant t_C \leqslant 1.35t_N$，$t_N$ 为额定合闸到位时间	触电风险、高坠风险、物体打击

序号	检修工序	检修流程与工艺	质量标准	关联风险类别与预控措施
4	储能电容容值测量	使用电容表进行测量,测量时应正确接线	储能电容容值 C_B,应满足 $C_{BN} \leqslant C_B \leqslant (1+3\%) C_{BN}$。$C_{BN}$ 为储能电容容值的额定值	触电风险、高坠风险、物体打击
5	储能电容充电电压检查	1. 储能及充电电容电压达到稳定状态; 2. 后台监控各断口电容电压	各电容充电电压值应在设计基准值的5%范围内	触电风险、高坠风险、物体打击
四、主支路电力电子开关				
1	整体检查	目视检查: 1. 主通流支路阀层,阀组件硅堆压力正常、无松动,各器件和结构件无异样; 2. 内部螺钉无松动、无脱落、无缺失; 3. 驱动模块和分光器光纤连接正确,外观完好,无变色,无光纤松动或脱落	1. 阀组件硅堆压力正常、无松动; 2. 各器件和结构件无异样、螺钉无松动; 3. 光纤无松动或脱落	高坠风险、物体打击
2	避雷器	目视检查	阀层避雷器外观完好、伞裙无缺失	高坠风险
3	电力电子器件测试	使用专用测试仪进行测试。测试时应正确接线	1. 中控板通信应正常,各状态信号正确上送; 2. 测试仪后台应无异常告警信号; 3. 电力电子模块开通关断测试通过	触电风险、高坠风险、物体打击
4	缓冲吸收电路的电容器容值测量	使用电容表进行测量,测量时应正确接线	实测容值相比于初始值的变化不超过±5%	触电风险、高坠风险、物体打击
5	旁路开关合闸测试	通过后台置数下发合闸指令	对所有主支路旁路开关进行合闸试验,向旁路开关发送合闸指令,观察是否能够正常合闸	触电风险、高坠风险、物体打击
五、供能系统				
1	整体检查	目视检查	1. 主供能外观完好,无变形、变色痕迹,接线无脱落,伞裙表面无裂纹和闪络痕迹,表面清洁无积污; 2. SF$_6$ 气体压力检查,压力指示正常	高坠风险、物体打击
2	供能变压器直流电阻测量	对主供能、层间供能变压器进行初级绕组和次级绕组的直阻测量	测量值与同温度下的出厂试验数据进行对比,变化不超过±5%	触电风险、高坠风险、物体打击
3	SF$_6$ 漏气检查（如有）	使用保鲜膜将变压器元器件及变压器自身的安装附件,包括出线孔、压力表连接处、焊缝、充气孔、所有端板、法兰连接处等包裹紧实,静置 24 小时,使用 SF$_6$ 气体检漏仪检查是否漏气	对于充 SF$_6$ 气体的主供能变,检验变压器四周是否漏气,重点检验变压器元器件及变压器自身的安装附件,包括出线孔、压力表连接处、焊缝、充气孔、所有端板、法兰连接处等。检查变压器套管硅橡胶四周是否有明显的异常凸起或裂痕	高坠风险、物体打击、SF$_6$ 中毒窒息、SF$_6$ 漏气

序号	检修工序	检修流程与工艺	质量标准	关联风险类别与预控措施
4	微水测试（如有）	使用精密露点仪进行测试；测试时应接紧连接头，防止 SF_6 泄漏	气体含水量应满足要求	SF_6 中毒窒息、SF_6 漏气
5	非电量保护动作校验（如有）	操作 SF_6 气表时应先将阀门关闭，严禁试验时气表与气室连通	三段保护应正确动作	SF_6 中毒窒息、SF_6 漏气

六、光 CT

序号	检修工序	检修流程与工艺	质量标准	关联风险类别与预控措施
1	整体检查	目视检查	1. 外观完好、无锈蚀；2. 光 CT 外观完好、光纤连接无松动	高坠风险、物体打击
2	光纤回路	热备用模块检查	模块完好，功能正常	触电风险、高坠风险、物体打击、光缆污染
3	主机屏柜	1. 清灰；2. 端子紧固检查	清洁无积污；对各个端子进行紧固检查	触电风险、主机程序、升级版本错误、违规外联、误出口
4	光 CT 注流试验	电流一般选取 100A，接线时注意 CT 极性	控制保护装置中观察到的电流采样值正确	触电风险、高坠风险主机程序、升级版本错误、违规外联、误出口

七、阀整体外观

序号	检修工序	检修流程与工艺	质量标准	关联风险类别与预控措施
1	阀光纤外观及松动整体检查	目视检查，使用光源、光功率计检查备用光纤光衰	1. 阀光纤形态完整、光纤管弯曲合理、无断裂、无黑色放电痕迹，光纤连接位置正确、光纤连接头正常、无松动；2. 对备用光纤进行抽查检测	高坠风险、物体打击、光缆污染
2	光缆槽检查	目视检查	光缆槽形态完整、无破损，封堵严密，卡扣无松动，光纤排列整齐，弯曲正常，防火包放置整齐，无破损	高坠风险、物体打击
3	主机屏柜阀塔内所有载流排、管母连接部分整体检查	1. 所有连接部分无过热变色痕迹；2. 所有连接部分接触电阻在合格范围之内；3. 管母外观完整、清洁，无松动、变形	主支路载流铜排、转移支路连接铜排、主支路与转移支路连接铜排、阀层内软连接等阀塔内部分流母排和管母形态完整，无变色，无放电痕迹，紧固螺钉无松动，力矩线无偏移	高坠风险、物体打击
4	支撑绝缘子及拉杆整体检查	目视检查	1. 绝缘子（阀基支柱绝缘子、层间绝缘子、支撑绝缘子、塔间绝缘子）形态完整、裙片无破损，表面清洁无积污、无放电痕迹；2. 支撑连接部位正常，无破损、变形、松动；3. 拉杆外观完整、清洁，两端金属部件光亮，无变形、松动	触电风险、高坠风险、物体打击

续表

序号	检修工序	检修流程与工艺	质量标准	关联风险类别与预控措施
5	斜拉绝缘子检查	目视检查	1. 斜拉绝缘子形态完整、裙片无破损，表面清洁无积污、无放电痕迹； 2. 两端金属部件光亮，无变形、松动	触电风险、高坠风险、物体打击
6	均压环和均压罩检查	目视检查	1. 均压环、屏蔽罩、管母形态完整，表面清洁、光亮，无明显划痕，无放电痕迹，无变形、松动； 2. 阀层水平度符合要求	触电风险、高坠风险、物体打击
7	散热器进出水管检查	目视检查	主通流支路阀组散热器进出水管形态完整，无破损、无渗水、无水迹	触电风险、高坠风险、物体打击
8	层间水管检查	目视检查	主通流支路层间水管形态完整、无裂纹或破损，表面光洁、无积污，连接处无渗水、无水迹，活接螺母紧固无松动，力矩线无偏移	触电风险、高坠风险、物体打击
9	主水管检查	目视检查	阀塔主水管形态完整、无裂纹或破损，表面光洁、无积污，无渗水、无水迹，螺栓连接处无锈迹，无松动，力矩线无偏移	触电风险、高坠风险、物体打击
10	水电极检查	1. 水电极探针检查，有无腐蚀结构，逐年滚动进行； 2. 水电极密封圈的检查； 3. 水电极连接线的检查	水电极探针表面光洁，无结垢和腐蚀，密封圈形态完整，有弹性、无腐蚀，连接线形态完整，安装正确	触电风险、高坠风险、物体打击
11	漏水检测组件检查	目视检查	1. 漏水检测装置安装良好； 2. 汇流盘外观良好，无松动，整洁光亮	触电风险、高坠风险、物体打击
12	进出线连接检查	使用专用力矩扳手紧固	阀塔进出线形态一致，表面无破损、无放电痕迹，连接处颜色无变化，连接螺栓无松动，力矩线无偏移	触电风险、高坠风险、物体打击
13	绝缘梁连接检查	目视检查	阀层上绝缘梁表面无破损、无裂纹，两端连接螺栓紧固无松	触电风险、高坠风险、物体打击
14	拆换连接检查	使用专用力矩扳手紧固	检查进行过拆卸或更换的导线、连接件等连接是否正确	触电风险、高坠风险、物体打击
15	清污	进行直流断路器各组件（转移支路、耗能支路、主支路、快速机械开关、供能设备）、屏蔽环、均压罩、管母、支撑绝缘子、连接铜排、光纤槽、水管、绝缘梁及其他边角沟槽部位等阀塔部件的清污工作，用医用抹布和酒精进行擦洗，用吸尘器对阀的各个部位进行除尘	阀塔上无杂物、无灰尘	触电风险、高坠风险、物体打击

序号	检修工序	检修流程与工艺	质量标准	关联风险类别与预控措施
16	水压试验	对直流断路器水冷系统进行水压试验	对水冷系统施加 1.2 倍额定静态压力 30min（如制造商有明确要求，按制造商要求执行），对断路器冷却系统进行检查	高坠风险、物体打击

八、二次屏柜

序号	检修工序	检修流程与工艺	质量标准	关联风险类别与预控措施
1	各机箱工作电源符合要求	目视检查	装置双电源无电源告警，接线可靠无松动，无发黑等迹象	触电风险
2	采集参数检查	重点查看光强水平，有无异常计数	对光学电流互感器采集单元查看参数在正常范围	触电风险
3	风扇检查	目视检查	检查风扇运转无杂音，运转正常	触电风险
4	照明检查	目视检查	照明灯正常亮，灯泡无发黑等异常	触电风险
5	外观检查及除尘	采用吸尘器除尘	装置及滤网无灰尘	触电风险
6	光纤检查	非必要不插拔光纤，注意光纤防护	光纤形态完整、光纤管弯曲合理、无断裂、无黑色放电痕迹，光纤连接位置正确、光纤连接头正常、无松动，装置无丢帧告警	光缆污染
7	信号回路检查	目视检查	装置无信号丢失告警	主机程序、升级版本错误、违规外联、误出口
8	定值核对、版本号核对	检查定值和程序版本号	定值与程序版本号需与归档一致	主机程序、升级版本错误、违规外联、误出口
9	断路器SCADA监控系统CPU负荷率及硬盘检查	查看服务器CPU负载及硬盘处于合格范围内，硬盘工作正常	服务器CPU负载及硬盘处于合格范围内，硬盘工作正常	主机程序、升级版本错误、违规外联、误出口

九、供能 UPS 系统

序号	检修工序	检修流程与工艺	质量标准	关联风险类别与预控措施
1	外观检查及除尘	采用吸尘器除尘	装置及滤网无灰尘	触电风险
2	风扇检查	检查风扇运转无杂音，运转正常	风扇运转无杂音，运转正常	触电风险
3	电压参数检查	检查输入输出电压幅值正常	查看UPS有无告警	触电风险
4	UPS系统切换试验检查	断开UPS检查激光供能是否正常开启	检查激光供能驱动电流	触电风险
5	开关柜检查	开断空气开关	空气开关可以正常开断	触电风险
6	蓄电池检查	目视检查	蓄电池接线无松动	触电风险

第三节　混合式直流断路器组部件更换技术

按照表 4-1-4 准备相关工作。

表 4-1-4　　　混合式直流断路器检修工作组部件更换作业表

序号	检修工序	检修流程与工艺	质量标准	关联风险类别与预控措施
1	避雷器更换	1. 避雷器检修成组检修，每四个为一组。布置检修踏板，拆除避雷器连接铜排、管母的连接件。 2. 安装避雷器吊具，穿入吊绳。在吊具中间正上方隔层的避雷器支撑梁处悬挂手扳葫芦。在上层框架安装导轨组件（避雷器上方），导轨组件安装在吊具上方上层框架下端面并紧贴上层避雷器连接铜排外侧。 3. 完成吊具及导轨安装后可拆除避雷器底部安装的螺栓，检修过程器件底板不随器件移出，拆除过程注意防护底板与避雷器支撑横梁间平垫片与绝缘垫块，防止其散落。取出安装螺栓后销入加强角钢进行加强。 4. 提升避雷器检修吊装单元，同时在手扳葫芦挂钩连接的 1m 吊绳加装卸扣，继续提升使卸扣销轴可以与导轨组件板车吊孔对接，这时再缓慢降下挂钩改由导轨板车悬挂检修吊装单元。检修吊装单元连同导轨板车可沿导轨方向移动并绕卸扣旋转，当板车移至外侧金属梁下方时，将与吊具连接的 4m 吊绳从导轨组件的单元移出方向侧与行车挂钩连接。缓慢旋转并调整检修吊装单元使其由垂直于框架金属梁方向调整至平行于框架金属梁方向，在此过程同时还需完成由导轨板车悬挂到行车吊装的转换。缓慢移动避雷器直至移出。 5. 避雷器恢复是移出的反过程	1. 更换完成后测量避雷器端间绝缘电阻，绝缘电阻测量值不低于 350MΩ。 2. 检查确保阀层内无螺钉或工具遗漏	触电风险、高坠风险、物体打击
2	快速机械开关更换	1. 拆除线缆、铜排等与快速机械开关连接件。注意光纤头拆下后需及时套光纤帽防护，同时用塑封袋包裹好。 2. 在器件顶部安装吊环螺钉，将手扳葫芦悬挂在钢架上，与器件连接，准备起吊。 3. 拆除快速机械开关底部固定螺钉，慢慢将快速机械开关吊起，起吊过程中注意底部气阀的防护。 4. 移出阀塔。 5. 器件恢复是吊起的反过程，注意先在开关底部安定位螺杆，用于器件对孔	1. 铜排恢复后测量接触电阻不得大于 10μΩ。 2. 恢复后对快速机械开关进行分合闸测试： a. 每台快速机械开关进行不少于 3 次分闸试验，每次记录分闸至有效开距的时间 t_O，应满足 $1.8 \leqslant t_O \leqslant 2\text{ms}$； b. 每台快速机械开关进行不少于 3 次合闸试验，每次记录合闸到位时间 t_C，应满足 $0.65tN \leqslant t_C \leqslant 1.35 t_N$，$t_N$ 为额定合闸到位时间	触电风险、高坠风险、物体打击

序号	检修工序	检修流程与工艺	质量标准	关联风险类别与预控措施
3	储能及控制单元更换	1. 拆除触发回路与层间供能、机械开关间的信号线和光纤连接，拆除前需做好标记，同时光纤头拆除后需及时套光纤帽防护，同时用塑封袋包裹好，避免端子出现脏污。 2. 安装吊具，导轨。拆除触发回路连接螺钉。 3. 利用行车将触发回路缓慢吊起，移出阀塔。 4. 恢复是移出的反过程。	恢复完成后检查后台数据是否正确	触电风险、高坠风险、物体打击
4	IGBT更换	1. 在对应支路前后子单元之间安装检修踏板。组装加压千斤顶、IGBT检修撑开器。所有接触IGBT的操作均应佩戴防静电手套。 2. 拆下待更换IGBT的适配器及连接同轴跳线，放入气包袋进行防护。拆除驱动板的固定螺钉，并将驱动板向两侧转动一定角度。 3. 在需要更换的IGBT下方穿过IGBT拉紧带：一名检修在上方将收紧带两端从IGBT两侧穿下，另一名检修员在下方将拉紧带打结。 4. 将撑开器的两个千斤顶安装到待换IGBT两侧，无同步器的一端靠近光缆槽，保证撑开器定位组件与绝缘拉杆表面刚好接触且金属油管处于竖直状态，注意油管走向。将配套的液压泵放置在合适位置（电容器盖板或踏板上），对撑开器缓慢加压至2t（即示数12MPa）。注意若检修主支路IGBT硅堆时，可以旋转千斤顶上部的活接头，避免千斤顶顶头在散热器水道上，千斤顶顶头方向应该对称朝内。 5. 打开节流阀，锁紧泄压阀，用硅堆加压千斤顶将硅堆加压力负载加压至12t（即压力表示数120kN，或读取43MPa），用定制扳手松开顶杆螺母至一定距离（为便于松开螺母可适当增大千斤顶压力，但最大不能超过130kN，如仍难以扳动则需观察千斤顶与顶杆是否对中）；接着调节泄压旋钮，将硅堆缓慢泄压8t（即压力表示数80kN，或读取28.5MPa）。 6. 将IGBT检修撑开器加压至为8t（即示数48MPa，可适当增大），确保撑开宽度达5mm以上，即保证IGBT两侧无压力。接着用锁紧带将IGBT向正上方缓慢拉出，若提拉过程困难，可沿接触面小幅度晃动后拉出。 7. 用无毛擦拭纸喷酒精清洁散热器表面，如散热器与IGBT接触面出现腐蚀（在运行多年的设备上可能出现），必须小心地将IGBT从散热器上分离，当分开这两部时IGBT镀层可能会堆积在散热器上，必须去掉这些堆积物才能安装新的IGBT。 8. 用无毛擦拭纸喷酒精清洁IGBT表面后，用棉签在IGBT表面均匀涂覆硅油，大平面涂覆0.18ml（即：移液器转动36个刻度，约18滴），每个小平面涂覆0.015ml（约1滴）。 9. 将处理完的新IGBT放入安装位置，轻轻下压至IGBT刚好与底座限位螺柱接触，并记录更换的IGBT编号并进行替换登记，此过程需避免触碰IGBT的端子。	1. 检查硅堆加压压力值正确。 2. 检查适配器与IGBT门极连接牢固，且IGBT门极不受力。 3. 检查适配器连接的同轴跳线安装到位，不松动。 4. 检查确保阀层内无螺钉或工具遗漏。 5. 使用专用测试仪进行测试通过	触电风险、高坠风险、物体打击

续表

序号	检修工序	检修流程与工艺	质量标准	关联风险类别与预控措施
4	IGBT更换	10. 缓慢旋开节流阀使撑开器的压力缓慢下降止零。接着旋紧节流阀，并从正上方将撑开器缓慢取出，注意不要划伤器件。 11. 使用加压千斤顶对硅堆加压至12t（即示数为120kN）后，保压2min（注意此过程中需不时观察压力表示数，确保压力没有减小），随后用定制扳手紧固锁紧螺母，保证锁紧螺母完全旋紧。 12. 调节节流阀使硅堆加压千斤顶缓慢卸压至零，锁紧节流阀后取出，并将硅堆加压工装拆卸。 最后将驱动板恢复至原位；将适配器恢复到阀塔并插上同轴跳线；将检修踏板及其工装拆除	1. 检查硅堆加压压力值正确。 2. 检查适配器与IGBT门极连接牢固，且IGBT门极不受力。 3. 检查适配器连接的同轴跳线安装到位，不松动。 4. 检查确保阀层内无螺钉或工具遗漏。 5. 使用专用测试仪进行测试通过	触电风险、高坠风险、物体打击
5	二极管更换	1. 前后子单元之间利用绝缘子拉耳孔架设检修踏板。拼装千斤顶、二极管检修撑开器。 2. 采用定制工具将带检修二极管上方的定位螺钉拆除，并将硅堆端部屏蔽环拆除。 3. 在待更换二极管下方穿过拉紧带，并将拉紧带两端打结，放置于硅堆上方，注意收紧带需穿过底部RC组件之间。 4. 一名检修员将撑开器从正方上置入二极管两侧（注意如硅堆上方有管母，则撑开器需从上方跨过管母），保证定位块两定位面与两侧绝缘拉杆贴合。另一名检修员将配套的液压泵放置在合适位置（登高车上或阀塔上），并对撑开器缓慢加压至4t（即示数为36MPa，读取压力表MPa）。 5. 安装硅堆加压工装。将硅堆加压千斤顶缓慢加压至7.5t（即示数为75kN，27MPa），用定制扳手松开顶杆螺母一段距离（为便于松开螺母可适当增大千斤顶压力，但不可超过80kN）。接着调节千斤顶卸压旋钮，将硅堆缓慢卸压至5t（即示数为50kN，18MPa）。 6. 将撑开器千斤顶缓慢加压至5t（即示数45MPa，可适当增大），此时保证二极管两侧无压力，且提升收紧带处于受力状态，注意避免收紧带挂住定位螺钉。利用收紧带将二极管从正上方缓慢拉出，若提拉过程困难，可沿接触面小幅度晃动后拉出。 7. 用无毛擦拭纸喷洒精洁清洁散热器表面，如散热器与二极管接触面出现腐蚀（在运行多年的设备上可能出现），必须小心地将二极管从散热器上分离，当分开这两部分时二极管镀层可能会堆积在散热器上，必须去掉这些堆积物才能安装新的二极管。 8. 用无毛擦拭纸喷洒精洁清洁二极管表面，并用不吸油棉签在二极管两极表面均匀涂覆适0.01ml硅油。 9. 将处理完成的新二极管从正发上方缓慢放入安装位置，缓慢下压二极管保证其与各限位螺钉刚好接触。	1. 检查硅堆加压压力值正确。 2. 检查硅堆加压及撑开千斤顶节流阀及截止阀已锁紧，并存储好。 3. 检查确保阀层内无螺钉或工具遗漏。 4. 使用专用测试仪进行测试通过	触电风险、高坠风险、物体打击

序号	检修工序	检修流程与工艺	质量标准	关联风险类别与预控措施
5	二极管更换	10. 调节节流阀将撑开器缓慢泄压至零。接着，旋紧节流阀及截止阀，从正上方将撑开器缓慢取出，如果取出困难时，可沿硅堆轴向前后轻微晃动撑开器。 11. 使用硅堆加压千斤顶对硅堆加压至 7.5t（即示数为 75kN，27MPa），保压 2min，随后用定制扳手紧固锁紧螺母。拆开器拆除及加压工序可以交替进行，确保过程平稳。 12. 调节节流阀将硅堆加压千斤顶分缓慢卸压至零，锁紧节流阀及截止阀后取出，并将硅堆加压工装拆卸。 最后将硅堆屏蔽罩恢复至阀段，并打力矩 80Nm，画双紧固线；将检修踏板及其工装拆除	1. 检查硅堆加压压力值正确。 2. 检查硅堆加压及撑开千斤顶节流阀及截止阀已锁紧，并存储好。 3. 检查确保阀层内无螺钉或工具遗漏。 4. 使用专用测试仪进行测试通过	触电风险、高坠风险、物体打击
6	层间供能变压器更换	1. 将层间供能变压器将上部屏蔽罩拆除及信号线拆除。根据层间变压器位置确定检修路径。如开关塔侧层间供能变压器从层间供能安装槽钢平行方向并指向转移支路阀塔侧移出；耗能支路侧层间供能变压器检修可从耗能支路与开关塔间直接移出。 2. 采用隔层起吊的方案，即吊具固定在上一层空间的上部横梁。1.5m 吊绳搭在上层间供能支撑横梁上，与手扳葫芦连接，安装时手扳葫芦应位于两根横梁中间，避免左右偏移。4m 吊绳一端捆绑于供能器上端，另一端扣入手扳葫芦的下挂钩实现手扳葫芦与供能相连。6m 吊绳一端也捆绑于供能器上端，另一端与行车相连，实现供能器与行车相连。 3. 确保吊具安装稳固后，拆除层间供能底部固定螺钉，扳动手扳葫芦将主供能缓慢吊起，此时 4m 吊绳受力处于拉紧状态，6m 吊绳处于松弛状态。当层间供能与支撑横梁完全分离时，起吊完成。层间供能完全吊起后，180° 翻转朝向，使其倾斜方向由向内侧倾斜变为向外侧倾斜。行车开始起吊，6m 吊绳逐渐拉紧，手板葫芦缓慢释放，层间供能向外拉出，直至 6m 吊绳垂直，4m 吊绳不再受力，层间供能移出完成。 4. 恢复是移出的反过程	检查确保阀层内无螺钉或工具遗漏	触电风险、高坠风险、物体打击、SF₆ 中毒窒息、SF₆ 漏气
7	主供能变压器更换	1. 拆除顶部信号线，安装吊具，通过行车、吊绳、卸扣把主供能固定防止倾倒，随后拆卸底部固定螺钉，将液压车推入底座工装的检修空间，要求供能主体位于前轮和后挡板之间，以确保顶升过程中主体平稳，操作液压车手柄将器件底面缓慢顶升至距离底座约（2~3）mm 处；将器件匀速缓慢牵引出底座安装面，确保牵引过程器件平稳移动。 2. 恢复是移出的反过程	检查确保阀层内无螺钉或工具遗漏	触电风险、高坠风险、物体打击、SF₆ 中毒窒息、SF₆ 漏气

第四节　混合式直流断路器典型故障案例

一、直流断路器耗能支路避雷器动作误报案例

1. 故障特征

光 CT 输出数据扰动问题导致直流断路器在直流系统没有启动的工况下，后台报出避雷器动作和避雷器击穿故障的现象。

2. 监测手段

远程视频监视，OWS 后台监视。

3. 案例

2020 年 7～12 月间，直流断路器在直流系统没有启动的工况下，后台报出避雷器动作和避雷器击穿故障的现象，初步分析如下：总支路光 CT 采样受到外部扰动，产生峰值较小的电流，从而导致避雷器动作和击穿故障产生。

4. 分析诊断方法

张北工程极线断路器上，为了监视避雷器状态，分别在其总支路和分支路上配置了光 CT，可监视避雷器是否动作和是否发生击穿故障。避雷器动作如下：

避雷器动作：总电流＞动作电流门槛。

5. 处置方法

为解决避雷器光 CT 输出数据扰动问题，直流断路器 CT 采集单元 PCS-220GC 进行了程序升级。升级后的采集单元程序支持倍频调制模式运行，有助于解决浪涌干扰时采集单元输出数据扰动问题。装置设有"频率系数"定值，该参数设置为 1 时，装置在倍频调制模式下运行；该参数设置为 0 时，装置在非倍频调制模式下运行。

根据装置升级要求，S2 换流站断路器的各避雷器 CT 应在倍频调制模式下工作，采集单元中"频率系数"定值应设置为 1。现场装置程序升级完成后，复核了现场所有避雷器 CT 参数设置情况，发现极 1 中诺线断路器 5 号避雷器

CT2 的 B 套采集单元的"频率系数"设置值为 0，设置值错误。因此申请将该定值修改为 1。

6. 预防措施

后续加强对直流断路器软件程序逻辑的验证，要求各厂家完善软件修改程序测试，避免出现软件程序问题导致故障动作的问题。

二、直流断路器主供能变压器漏气故障案例

1. 故障特征

主供能变压器套管意外受力导致换流站 0511D 高压直流断路器报出正极 3 号保护主供能变压器压力低告警。

2. 监测手段

远程视频监视，OWS 后台监视。

3. 案例

2020 年 7 月 28 日 23:00 左右，张北柔直工程 S4 换流站 0511D 高压直流断路器报出正极 3 号保护主供能变压器压力低告警。经现场人员排查，该直流断路器正极供能变发生低气压报警（额定气压 0.45MPa，低气压报警设定值为 0.4MPa），后台压力表显示的最低压力为 0.399MPa。

4. 分析诊断方法

现场人员第一时间对供能变进行漏气检查，在套管顶部向下数第 15 个大伞裙的上面约 2cm 处发现直径约 1cm 的破损，现场图片如图 4-1-8 所示，用 SF_6 气体检测仪检测，发现该处有气体泄漏。

本供能变压器安装有 3 只气体密度仪，现场人员将三只表计投运以来该主供能变的压力变化数值统计如表 4-1-5 所示，根据表 4-1-5 的数值绘制压力变化曲线如图 4-1-9 所示。从压力变化曲线可以看出，供能变压器的压力从 2019 年 9 月充气完成至 2020 年 4 月 29 日之间气压值是处于正常范围内的，4 月 29 日左右开始，气体压力发生了异常，气压值发生了明显的下降，且呈线性下降趋势。

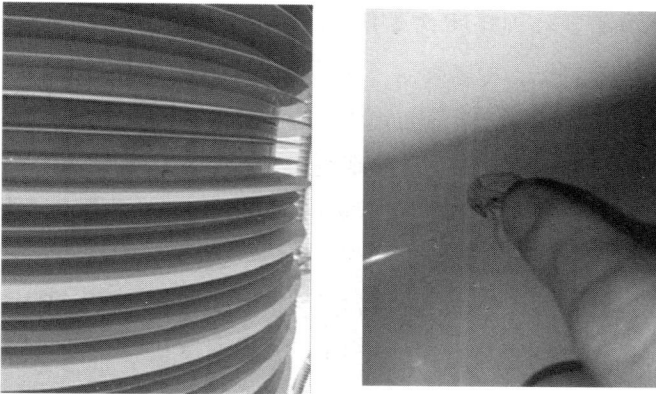

图 4-1-8 泄漏点及其位置现场照片

表 4-1-5 正极直流断路器主供能变 SF_6 气体压力历史记录表

时间	1#保护压力值	2#保护压力值	3#保护压力值
2019 年 12 月 18 日	0.469	0.472	0.462
2020 年 3 月 20 日	0.481	0.483	0.47
2020 年 4 月 29 日	0.480	0.482	0.472
2020 年 5 月 13 日	0.468	0.470	0.460
2020 年 5 月 29 日	0.453	0.455	0.445
2020 年 6 月 7 日	0.447	0.449	0.439
2020 年 6 月 20 日	0.436	0.438	0.428
2020 年 7 月 8 日	0.422	0.424	0.415
2020 年 7 月 28 日	0.406	0.408	0.399

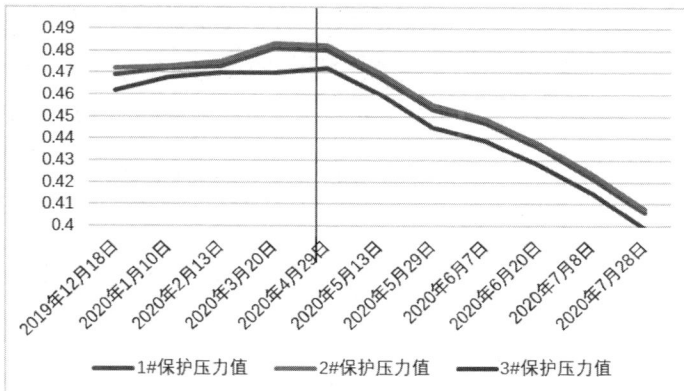

图 4-1-9 正极直流断路器主供能变 SF_6 气体压力变化历史曲线

故障原因分析：经现场核查 4 月 29 日现场没有作业，具体漏气原因依据现有现场情况无法判断，可以确定阜延线正极高压直流断路器 SF_6 气体压力低告警是由于该供能变套管漏气造成的，具体泄漏点可定位于套管顶部向下第 15 个大伞裙根部破损处，由于目前现场条件限制，无法对套管内部进行进一步排查，难以准确定位故障点，需拆解后进一步查找分析故障原因。

5. 处置方法

依据现场运行情况，现场人员临时给该漏气供能变补气到正常压力范围，以保障柔直调试工作继续运行；8 月 10 日开始对其进行现场拆除作业，11 日 18 点，完成阀厅内拆除工作并移出换流阀，该直流断路器采用临时旁路措施，换流站得以继续调试工作。漏气供能变返厂后进行拆解，更换新的套管后，完成所有出厂试验，于 9 月 10 日到达 S4 换流站现场，并于 9 月 13 日晚 22 点完成现场安装以及全部现场试验项目，具备复电条件。截至目前，该台功能变运行压力稳定，无异常漏气现象。

6. 漏气原因分析

（1）问题供能变拆解。8 月 15 日，对问题套管进行拆解，对漏气原因进行初步分析。同步开展器身内部干燥、清理、检查工作。解剖漏气点周围的硅橡胶，没有发现异常；解剖漏气点的硅橡胶时，发现绝缘筒表面有一根凸起的玻璃丝，与之对应的硅橡胶内表面有明显凹进去的玻璃丝痕迹。去掉硅橡胶后，绝缘筒外表面无其他可视异常，如图 4-1-10 所示。

图 4-1-10 供能变套管漏气点硅橡胶图（左侧为漏气点硅橡胶表面图）

把套管两端封闭，内部充气，硅橡胶破裂的地方喷肥皂水，检查气密性，发现绝缘筒凸起玻璃丝下方部位有漏气点，如图 4-1-11 所示。

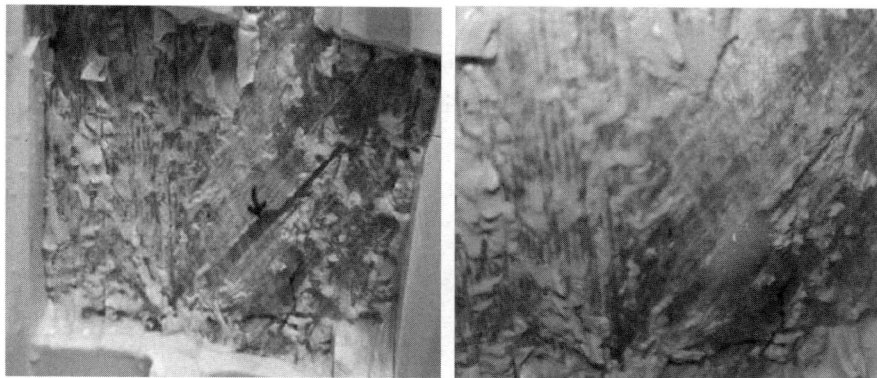

图 4-1-11 供能变套管漏气点玻璃丝图（图中的箭头是漏气点和漏气泡沫）

由于外部存在漏气点，为了更加直观地找到漏气原因，试验人员把套管两端封闭，内部抽真空，在外部漏气位置涂品红溶液，查找漏气路径，但是由于内部真空压力与外部大气压无法达到内部充气的压力，漏气路径并不能显现出来，故无法通过此方法找到具体故障原因。

（2）问题分析专家会。2020 年 9 月 3 日，特高部组织相关单位以及特邀专家在江苏常州召开《张北工程许继极线断路器功能变问题分析暨专家见证工作会》，会议认为是外力造成套管漏气，但未明确何种外力在什么时间造成的。

7. 预防措施

鉴于本次供能变漏气事故，建议在生产、试验、运输、安装阶段加强对充气设备的保护，避免碰撞；另外，在年度检修期间，对于充 SF_6 气体的主供能变，检验变压器四周是否漏气，重点检验变压器元器件及变压器自身的安装附件，包括出线孔、压力表连接处、焊缝、充气孔、所有端板、法兰连接处等；加强检查变压器套管硅橡胶四周是否有明显的异常凸起或裂痕。

三、直流断路器机械开关触发回路故障

1. 故障特征

快速机械开关断口储能回路故障导致直流断路器禁止合闸。

2．监测手段

远程视频监视，OWS 后台监视。

3．案例

2020 年 10 月 11 日，某站正极中诺线直流断路器后台事件报快速开关 10 号断口"储能回路故障"，同时直流断路器的"合闸允许""重合闸允许"消失。如图 4－1－12 所示。

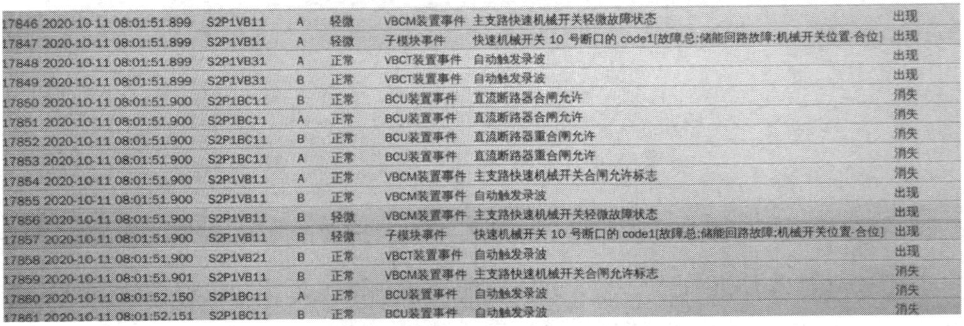

17846 2020-10-11 08:01:51.899	S2P1VB11	A	轻微	VBCM装置事件 主支路快速机械开关轻微故障状态	出现
17847 2020-10-11 08:01:51.899	S2P1VB11	A	轻微	子模块事件 快速机械开关 10 号断口的 code1[故障总:储能回路故障:机械开关位置:合位]	出现
17848 2020-10-11 08:01:51.899	S2P1VB31	A	正常	VBCT装置事件 自动触发录波	出现
17849 2020-10-11 08:01:51.899	S2P1VB31	B	正常	VBCT装置事件 自动触发录波	出现
17850 2020-10-11 08:01:51.900	S2P1BC11	A	正常	BCU装置事件 直流断路器合闸允许	消失
17851 2020-10-11 08:01:51.900	S2P1BC11	A	正常	BCU装置事件 直流断路器合闸允许	消失
17852 2020-10-11 08:01:51.900	S2P1BC11	A	正常	BCU装置事件 直流断路器重合闸允许	消失
17853 2020-10-11 08:01:51.900	S2P1BC11	A	正常	BCU装置事件 直流断路器重合闸允许	消失
17854 2020-10-11 08:01:51.900	S2P1VB11	A	正常	VBCM装置事件 主支路快速机械开关合闸允许标志	消失
17855 2020-10-11 08:01:51.900	S2P1VB11	B	正常	VBCM装置事件 自动触发录波	出现
17856 2020-10-11 08:01:51.900	S2P1VB11	B	轻微	VBCM装置事件 主支路快速机械开关轻微故障状态	出现
17857 2020-10-11 08:01:51.900	S2P1VB11	B	轻微	子模块事件 快速机械开关 10 号断口的 code1[故障总:储能回路故障:机械开关位置:合位]	出现
17858 2020-10-11 08:01:51.900	S2P1VB21	B	正常	VBCT装置事件 自动触发录波	出现
17859 2020-10-11 08:01:51.901	S2P1VB11	B	正常	VBCM装置事件 主支路快速机械开关合闸允许标志	消失
17860 2020-10-11 08:01:52.150	S2P1BC11	A	正常	BCU装置事件 自动触发录波	消失
17861 2020-10-11 08:01:52.151	S2P1BC11	B	正常	BCU装置事件 自动触发录波	消失

图 4－1－12 直流断路器储能回路故障事件图

快速开关 10 号断口的分闸电容电压维持在 1376V，其他电压从正常 750V 缓慢自放电。如图 4－1－13 所示。

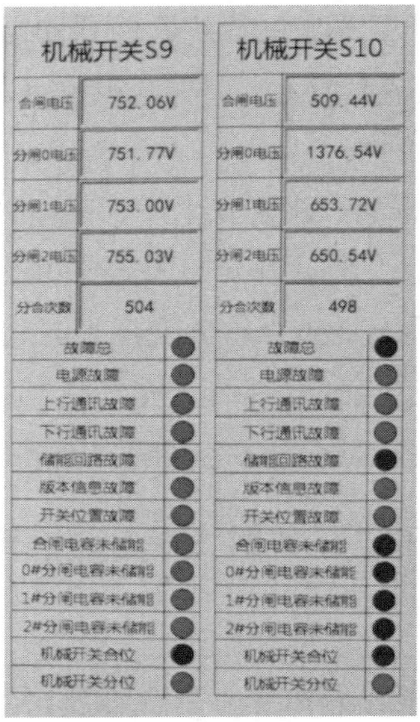

图 4－1－13 直流断路器快速开关 10 号断口状态信息

根据上述信息初步判断，快速开关 10 号断口的储能及控制单元分闸充电回路故障。现场于 10 月 19～20 日停电消缺期间完成储能及控制单元更换及调试工作，恢复断路器正常功能。故障储能及控制单元发回厂家进行解体检查。

4. 分析诊断方法

故障储能及控制单元设备型号为：PCS - 8300 - TU - 535。储能及控制单元的工作原理如图 4 - 1 - 14 所示。

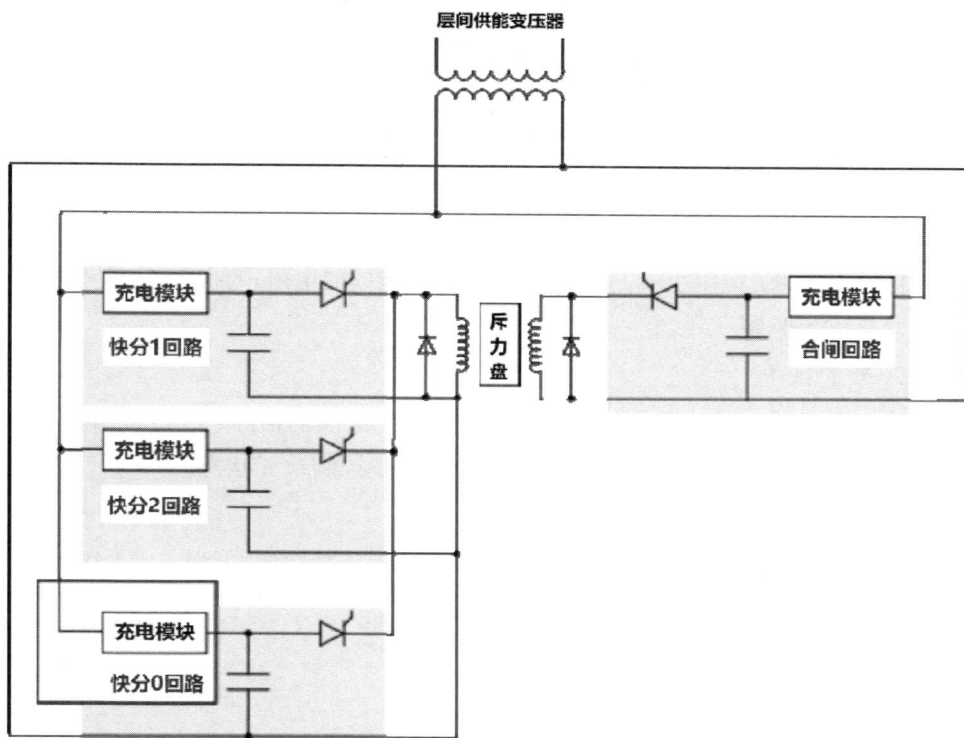

图 4 - 1 - 14　直流断路器快速开关 10 号断口储能和控制回路原理图

2020 年 10 月 29 日对故障模块进行解体检查。打开均压罩，目视驱动板卡及电源板卡无明显异常。使用万用表通断档测量分闸充电 IGBT 模块 CE 极间状态，发现 CE 之间短路故障。目视检查发现与 IGBT 模块并联的 RC 板卡上电阻引脚根部有黑糊痕迹，如图 4 - 1 - 15 所示。

图 4-1-15 直流断路器快速开关 10 号断口充电 IGBT 模块并联 RC 板卡

剥开紧固胶层后发现引脚断裂。测量断裂电阻本体阻值,无异常。故障原因为板卡上的 R1 电阻引脚是因受外力碰撞而造成的电阻根部受伤,受伤部位长期发热引起断裂。

5. 处置措施

现场已对故障储能及控制单元进行了更换,故障已消除。经过分析,该问题属于个例,在后续运行中持续监测开关储能及控制单元状态。

6. 预防措施

年检期间增加对直流断路器机械开关的充放电回路检查,发现异常及时处理。

第二章　负压耦合式高压直流断路器

第一节　负压耦合式高压直流断路器原理结构

负压耦合式混合直流断路器通流支路只包含机械开关，通态损耗低，无需水冷散热，节省空间，可靠性高，运行维护成本低；快速机械开关采用电磁斥力操动结构和电磁缓冲机构，结构简单，可靠性高；通过负压耦合装置实现换流，不存在小电流情况下换流时间长的问题，可控性强；转移支路电力电子开关采用交叉桥式单元串联结构，可实现全电流范围内关断，可靠性高，可控性强；能量吸收支路避雷器与转移支路整体并联，冗余更加灵活，可靠性高。

负压耦合式混合直流断路器的拓扑结构由 3 个并联支路组成，包括用于导通直流系统电流的主支路，用于短时承载并关断直流系统短路电流和建立瞬态开断电压的转移支路，用于抑制开断过电压和吸收线路及限流电抗储能的耗能支路。

主支路：仅由 8 个快速机械开关串联组成，通态损耗极低，可采用自然冷却，无需水冷系统。快速机械开关采用真空灭弧室，电磁斥力操动机构，电磁缓冲机构和双稳态弹簧保持机构，能够实现毫秒级快速分断并恢复足够的绝缘强度。

转移支路：主要由电力电子开关和负压耦合装置串联组成。其中电力电子开关由二极管桥式整流子模块串联构成，能够实现毫秒级导通短路电流并关断耐压；负压耦合装置为可控电压源，在直流断路器开断时，可以产生瞬时反向电压，毫秒内强迫电流从主支路换流至转移支路，并保证不同转移电流的一致性和可靠性。电力电子开关整体设计方案和主要参数如下。使用交叉桥式单元作为电力电子开关串联子模块，串联数量为 320 个，其中冗余数量为 10%。整个转移支路由 5 个子单元串联而成，每个子单元由 64 模块串联。每个模块中，选用 2 个 IEGT 并联作为主开关器件,选用 4 个普通整流二极管导通双向电流,并使用加速电流衰减的缓冲支路和避雷器实现动态均压和过压保护,使用静态均压电阻实现静态直流均压。负压耦合装置包括预充电电容 C1,原边线圈 L1,副边线圈 L2,晶闸管 SCR 及反并联二极管。晶闸管采用 13 串 4 并的形式。每个串联支路的晶闸管冗余数为 1。

耗能支路:有 5 层,每层由 10 个避雷器单元并联组成,其电压等级和吸收能量由系统参数决定。

一、负压耦合式直流断路器基本结构

负压耦合式混合直流断路器整体结构如图 4-2-1 所示,长 × 宽 × 高的尺寸为 18m × 9m × 15.5m。整体主要分为:过渡层、负压耦合装置、耗能避雷器塔、机械开关塔、隔离变塔、阀塔、500kV 隔离变压器。各部分固定在由多种支撑绝缘子搭建而成的支撑框架内。

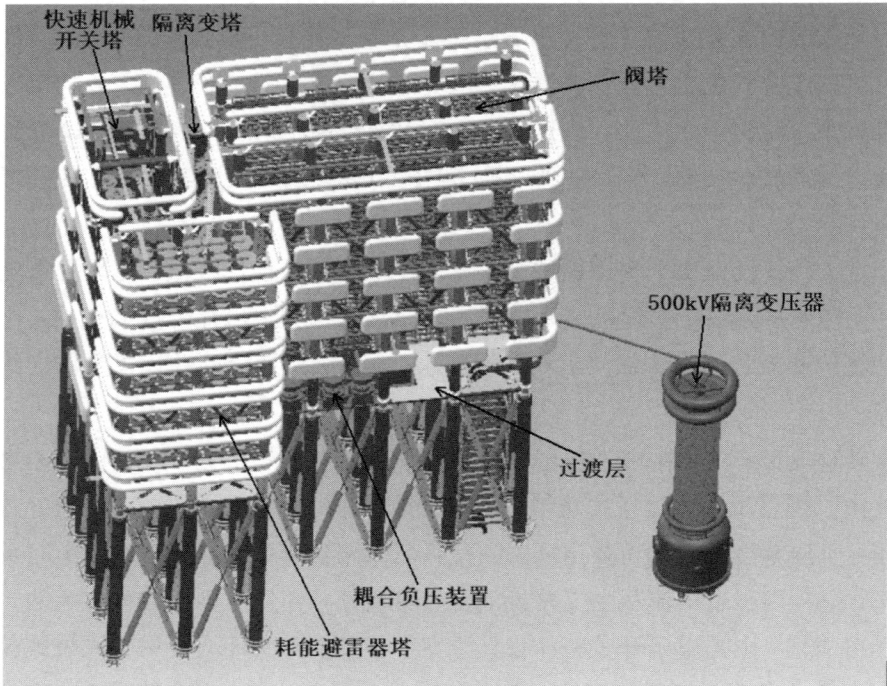

图 4-2-1 负压耦合式直流断路器整体结构

过渡层主要由底部支撑绝缘子和过渡层的垫板及两组入地光纤槽架组成，其中底部支撑绝缘子包括 500kV 绝缘子和斜拉绝缘子。

负压耦合装置主要由负压耦合电抗器和负压耦合装置组成。

耗能避雷器塔主要有 5 层，每层由 10 个避雷器单元并联组成。

快速机械开关塔主要由 8 个快速机械开关模块组成，按"之"字型布置方式串联组成。

阀塔主要有五层，共计 40 个阀段串联而成。每层的 8 个阀段按左右两列分布，每层与每层之间使用铜排连接。

供能模块主要由断路器外侧地基上的 1 台 500kV 隔离变压器、2 套一级隔离变、多套二级隔离变、高压供能电缆和取能磁环等组成。

除以上各部分外，断路器中还包含与二次保护设备连接的光纤和电缆、各器件之间的等位线及各部分外围的屏蔽罩等。

二、负压耦合式直流断路器基本原理

负压耦合式混合直流断路器运行工况可归纳为合闸过程、分闸过程及重合闸过程。三种过程的工作原理如下。

（一）合闸过程

首先开通电力电子开关，若直流系统无故障，则关合机械开关，随后关断电力电子开关，机械开关导通稳态电流，通态损耗极低；否则，若直流系统存在故障，则迅速关断电力电子开关，期间快速机械开关不动作。

（二）分闸过程

负压耦合式直流断路器利用主支路、转移支路及耗能支路三部分在一定时序下进行内部换流，创造电流零点实现直流开断。首先，导通转移支路电力电子开关，并分闸快速真空开关，待触头开距达到一定距离时，负压耦合装置被触发并在转移支路中产生瞬时反向电压，强迫电流从快速真空开关转移至电力电子开关，如图 4-2-2 所示。当快速真空开关电流过零点后，触头熄弧。由于触头间电压为电力电子开关的导通电压和负压耦合装置的瞬时负压，远低于直流系统，因此触头不会重燃。

随后，快速真空开关触头继续做分闸运动，待触头间隙能够承受系统瞬态恢复电压后，转移支路电力电子开关关断，电流转移至能量吸收支路，如

图 4-2-3 所示。断路器端间电压被能量吸收支路限制，同时电流逐渐下降至零。期间负压耦合装置不再产生反向电压，在换流回路中仅等效为电感。

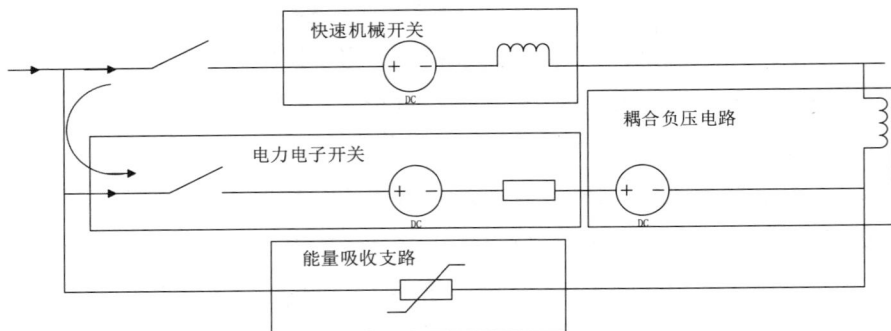

图 4-2-2　电流从主支路换流至转移支路的过程示意图

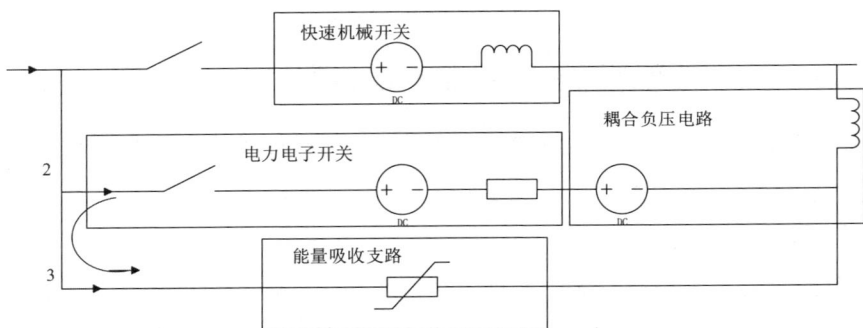

图 4-2-3　电流从转移支路换流至耗能支路的过程示意图

（三）负压耦合式直流断路器重合闸过程

分闸操作完成后，负压耦合式直流断路器可执行重合闸操作。类似于合闸过程，首先开通电力电子开关，若直流系统故障消除，则关合机械开关，随后关断电力电子开关，机械开关导通稳态电流；否则，若直流系统故障未消除，则迅速关断电力电子开关，期间快速机械开关不动作。

第二节　负压耦合式直流断路器检修技术

1. 准备工作

按照本文第四篇第一章第二节表 4-1-1 准备相关工作。

2. 风险分析与管控措施

按照本文第四篇第一章第二节表 4-1-2 准备相关工作。

3. 检修工艺及质量标准

按照表 4-2-1 准备相关工作。

表 4-2-1　　　　　　　　直流断路器检修工艺及质量标准表

序号	检修工序	检修流程与工艺	质量标准	关联风险类别与预控措施
一、转移支路				
1	外观检查	阀组件外观正常、无松动，各器件和结构件无异样、螺钉无松动，光纤无松动或脱落	1. 阀组件外观检查，碟簧尺寸和顶杆位置正确，无松动。如有松动用专用工装对阀组件进行压力调整至正常范围； 2. 绝缘拉环和绝缘拉杆无明显裂纹、断裂； 3. 阀段 IEGT、散热器、快恢复二极管、缓冲电容、均压电阻、缓冲电阻、避雷器、驱动模块形态完好，无变形、变色痕迹，接线无脱落、表面清洁、无积污、无放电痕迹。 4. 负压耦合回路晶闸管、散热器、二极管、缓冲电容、均压电阻、避雷器、驱动模块、变压器、充电机形态完好，无变形、变色痕迹，接线无脱落，表面清洁、无积污、无放电痕迹	高坠风险、物体打击
2	线缆检查	供能电缆及其线缆安装固定可靠、绝缘层完好	供能电缆及其线缆安装固定可靠、绝缘层完好	触电风险、高坠风险、物体打击
3	电容检查	连接排安装固定可靠，电容值满足要求	连接排安装固定可靠，电容值满足要求	触电风险、高坠风险、物体打击
4	转移支路 IEGT 功能测试	使用专用测试仪进行测试，测试时正确接线	转移支路 IEGT 能够正常导通关断	触电风险、高坠风险、物体打击
二、耗能支路				
1	整体检查	耗能支路阀层，避雷器铝排连接正常、无松动，避雷器外观完好、伞裙无缺失	1. 载流排安装可靠，无螺钉松动，搭接面无明显过热变色现象，并清洁； 2. 外观表面无裂痕缺损，伞裙表面无裂纹和闪络痕迹，表面清洁无积污； 3. 防爆装置喷口无堵塞现象	触电风险、高坠风险、物体打击

续表

序号	检修工序	检修流程与工艺	质量标准	关联风险类别与预控措施
2	绝缘电阻检查	绝缘电阻测量值应大于1000MΩ	绝缘电阻测量值应大于1000MΩ	触电风险、高坠风险、物体打击

三、快速机械开关

序号	检修工序	检修流程与工艺	质量标准	关联风险类别与预控措施
1	整体检查	1. 快速机械开关、触发回路和层间供能外观完好，无变形、变色痕迹； 2. 接线无脱落； 3. 伞裙表面无裂纹和闪络痕迹，表面清洁无积污	1. 载流排安装可靠，无螺钉松动，搭接面无明显过热变色现象，并清洁； 2. 接线无脱落； 3. 外观表面无裂痕缺损，伞裙表面无裂纹和闪络痕迹，表面清洁无积污	高坠风险、物体打击
2	电容检查	1. 电容器外壳无变形； 2. 所有线缆、连接排安装可靠，无螺钉松动现象； 3. 测量电容值，电容值满足要求	1. 电容器外壳无变形； 2. 所有线缆、连接排安装可靠，无螺钉松动现象； 3. 电容值满足要求	触电风险、高坠风险、物体打击
3	主通流回路电阻测试	1. 在合闸状态下，测量进、出线之间的主回路电阻； 2. 测量电流可取直流100A到额定电流之间的任一值； 3. 测量方法按照"十步法"要求开展	主通流回路电阻小于10μΩ	触电风险、高坠风险、物体打击
4	分合闸功能试验	通过后台置数下发分合闸指令，通过后台录波查看时间	对快速机械开关整机进行零电流分合闸试验，要求快速机械开关能正常分合闸。合格标准：对于分闸试验，开距时间＜2ms，偏差＜0.2ms。对于合闸试验，合闸时间＜30ms	触电风险、高坠风险、物体打击

四、主供能

序号	检修工序	检修流程与工艺	质量标准	关联风险类别与预控措施
1	整体检查	1. 主供能外观完好，无变形、变色痕迹，接线无脱落，伞裙表面无裂纹和闪络痕迹，表面清洁无积污； 2. SF_6气体压力检查，压力指示正常； 3. SF_6表计校验（全检），3个表计的压力读值无明显差异	1. 主供能外观完好，无变形、变色痕迹，接线无脱落，伞裙表面无裂纹和闪络痕迹，表面清洁无积污； 2. SF_6气体压力检查，压力指示正常； 3. SF_6表计校验（全检），3个表计的压力读值无明显差异	触电风险、高坠风险、物体打击、SF_6中毒窒息、SF_6漏气
2	主供能变试验	主供能变气体压力、微水和气体组分满足要求	气体组分及含水量应满足要求	触电风险、高坠风险、物体打击、SF_6中毒窒息、SF_6漏气
3	非电量保护动作校验	操作SF_6气表时应先将阀门关闭，严禁试验时气表与气室连通	三段保护应正确动作	触电风险、高坠风险、物体打击、SF_6中毒窒息、SF_6漏气

续表

序号	检修工序	检修流程与工艺	质量标准	关联风险类别与预控措施
五、层间供能				
1	整体检查	1. 层供能外观完好，无变形、变色痕迹，接线无脱落，伞裙表面无裂纹和闪络痕迹，表面清洁无积污； 2. SF_6 气体压力检查，压力指示正常； 3. SF_6 表计校验（全检），每台层供能的 SF_6 表计与密度变送器的压力读值无明显差异	1. 层供能外观完好，无变形、变色痕迹，接线无脱落，伞裙表面无裂纹和闪络痕迹，表面清洁无积污； 2. SF_6 气体压力检查，压力指示正常； 3. SF_6 表计校验（全检），每台层供能的 SF_6 表计与密度变送器的压力读值无明显差异	触电风险、高坠风险、物体打击、SF_6 中毒窒息、SF_6 漏气
2	层间供能变试验	层间供能变（包括机械开关支路和转移支路）气体压力、微水和气体组分满足要求	气体组分及含水量应满足要求	触电风险、高坠风险、物体打击、SF_6 中毒窒息、SF_6 漏气
3	非电量保护动作校验	操作 SF_6 气表时应先将阀门关闭，严禁试验时气表与气室连通	三段保护应正确动作	触电风险、高坠风险、物体打击、SF_6 中毒窒息、SF_6 漏气
六、光 CT				
1	整体检查	1. 外观完好、无锈蚀； 2. 光 CT 外观完好、光纤连接无松动	1. 外观完好、无锈蚀； 2. 光 CT 外观完好，光纤连接牢靠、无脱落	触电风险、高坠风险、物体打击
2	各采集单元机箱工作电源符合要求	装置双电源无电源告警，接线可靠无松动，无发黑等迹象	装置双电源无电源告警，接线可靠无松动，无发黑等迹象	触电风险、高坠风险、物体打击
3	外观检查及除尘	采用吸尘器除尘	装置及滤网保持洁净	触电风险、高坠风险、物体打击
4	光纤检查	非必要不插拔光纤，注意光纤防护	光纤无松动，装置无丢帧告警	触电风险、高坠风险、物体打击、光缆污染
5	信号回路检查	装置无信号丢失告警	装置无信号丢失告警	高坠风险、物体打击
6	光 CT 注流试验	电流一般选取 200A，接线时注意 CT 极性	控制保护装置中观察到的电流采样值正确	触电风险、高坠风险、物体打击
七、负压耦合装置				
1	负压耦合回路电容检测	1. 使用数字电容表测量电容器的电容。 2. 通过负压耦合装置液晶屏监视充电电流的大小，并记录装置的充电时间	1. 电容器的电容值与出厂值的偏差不大于±5%。 2. 负压耦合装置充电电流不大于设定值，充电时间不超过 15min	触电风险、高坠风险、物体打击

序号	检修工序	检修流程与工艺	质量标准	关联风险类别与预控措施
八、阀整体外观				
1	光纤整体检查	阀光纤形态完整、光纤管弯曲合理、无断裂、无黑色放电痕迹，光纤连接位置正确、光纤连接头正常、无松动	1. 阀光纤形态完整、光纤管弯曲合理、无断裂、无黑色放电痕迹，光纤连接位置正确、光纤连接头正常、无松动；2. 对备用光纤进行检测	触电风险、高坠风险、物体打击
2	光缆槽检查	光缆槽形态完整、封堵严密，光纤排列整齐，弯曲正常，防火包放置整齐，无破损	光缆槽形态完整、无破损，封堵严密，卡扣无松动，光纤排列整齐，弯曲正常	触电风险、高坠风险、物体打击
3	载流排整体检查	1. 所有连接部分无过热变色痕迹；2. 所有连接部分接触电阻在合格范围之内；3. 铜排外观整洁、清洁，无松动、变形	主支路载流铜排、转移支路连接铜排、主支路与转移支路连接铜排、阀层内软连接等阀塔内部导流母排形态完整，无变色，无放电痕迹，紧固螺钉无松动，力矩线无偏移	触电风险、高坠风险、物体打击
4	支撑绝缘子整体检查	1. 绝缘子形态完整、裙片无破损，表面清洁无积污、无放电痕迹；2. 支撑连接部位正常，无破损、变形、松动	1. 绝缘子（阀基支柱绝缘子、层间绝缘子、支撑绝缘子、塔间绝缘子）形态完整、裙片无破损，表面清洁无积污、无放电痕迹；2. 支撑连接部位正常，无破损、变形、松动	高坠风险、物体打击
5	斜拉绝缘子检查	1. 斜拉绝缘子形态完整、裙片无破损，表面清洁无积污、无放电痕迹；2. 两端金属部件光亮，无变形、松动	1. 斜拉绝缘子形态完整、裙片无破损，表面清洁无积污、无放电痕迹；2. 两端金属部件光亮，无变形、松动	高坠风险、物体打击
6	均压环和均压罩整体检查	均压环、屏蔽罩形态完整，表面清洁、光亮，无明显划痕，无放电痕迹，无变形、松动	均压环、屏蔽罩形态完整，表面清洁、光亮，无明显划痕，无放电痕迹，无变形、松动	高坠风险、物体打击
7	连接整体检查	进出线形态完整，表面无破损、无变色、无放电痕迹	阀塔进出线形态一致，表面无破损、无放电痕迹，连接处颜色无变化，连接螺栓无松动，力矩线无偏移	高坠风险、物体打击
8	绝缘梁连接检查	阀层上绝缘梁表面无破损、无裂纹，两端连接螺栓紧固无松动	阀层上绝缘梁表面无破损、无裂纹，两端连接螺栓紧固无松	高坠风险、物体打击
9	拆换连接检查	检查进行过拆卸或更换的导线、连接件等连接是否正确	检查进行过拆卸或更换的导线、连接件等连接是否正确	高坠风险、物体打击
九、清污				
1	整体检查	阀塔上无杂物、无灰尘	进行直流断路器各组件（转移支路、耗能支路、主支路、快速机械开关、供能设备）、屏蔽环、均压罩、支撑绝缘子、连接铜排、光纤槽、绝缘梁及其他边角沟槽等阀塔部件的清污工作，用医用抹布和酒精进行擦洗	高坠风险、物体打击

续表

序号	检修工序	检修流程与工艺	质量标准	关联风险类别与预控措施
十、供能 UPS 系统				
1	外观检查及除尘	装置清灰采用吸尘器除尘	屏柜保持清洁	触电风险、物体打击
2	风扇检查	检查风扇运转无杂音，运转正常	风扇运转无杂音，运转正常	触电风险、物体打击
3	电压参数检查	检查输入输出电压幅值正常	查看 UPS 有无告警	触电风险、物体打击
4	UPS 系统切换试验检查	UPS 系统各回路切换正常	UPS 各供电回路之间切换正常，符合切换逻辑，能正常切换旁路，不产生导致输出中断的情况	触电风险、物体打击
5	开关柜	1.检查开关柜输入输出电压、各开关位置光子牌显示是否正常；2. 回路电阻满足要求；3. 绝缘电阻满足要求；4. 变压器绕组直流电阻满足要求	1.开关柜输入输出电压在正常范围内、光子牌显示正常；2. 回路电阻满足要求；3. 绝缘电阻满足要求；4. 变压器绕组直流电阻满足要求	触电风险、物体打击
6	蓄电池	检查蓄电池外观有无异常鼓包、异常发热、蓄电池充电电压是否正常	蓄电池外观正常无鼓包、异常发热、充电电压在正常范围内	触电风险、物体打击
十一、二次屏柜				
1	各机箱工作电源符合要求	注意屏柜内用电安全	装置双电源无电源告警，接线可靠无松动，无发黑等迹象	触电风险、物体打击
2	采集参数检查	重点查看光强水平，采集参数是否正常	对各控保及采集单元查看采集参数在正常范围	触电风险、物体打击
3	风扇检查	检查风扇运转无杂音，运转正常	风扇运转无杂音，运转正常	触电风险、物体打击
4	照明检查	照明灯正常亮	照明灯正常亮，灯泡无发黑等异常	触电风险、物体打击
5	外观检查及除尘	清除装置及滤网灰尘	采用吸尘器除尘	触电风险、物体打击
6	光纤检查	光纤无松动，装置无丢帧告警	非必要不插拔光纤，注意光纤防护	触电风险、物体打击、光缆污染
7	信号回路检查	装置无信号丢失告警，无信号告警指示灯点亮	装置无信号丢失告警，无信号告警指示灯点亮	主机程序、升级版本错误、违规外联、误出口
8	定值核对、版本号核对	对各个控保设备定值参数进行检查	确保各控保设备定值与定值确认单一致	主机程序、升级版本错误、违规外联、误出口

127

续表

序号	检修工序	检修流程与工艺	质量标准	关联风险类别与预控措施
9	控制系统切换试验检查	断路器控制系统正常切换	确保控制系统能够正常切换，符合切换逻辑	主机程序、升级版本错误、违规外联、误出口
10	SCADA监控系统外观检查及除尘	检查鼠标键盘等工作正常	检查鼠标键盘等工作正常	物体打击
11	CPU负荷率及硬盘检查	查看服务器CPU负载及硬盘处于合格范围内，硬盘工作正常	服务器CPU负载及硬盘处于合格范围内，硬盘工作正常	物体打击
12	服务器维护	服务器清灰	服务器清灰	物体打击

第三节　负压耦合式直流断路器组部件更换技术

按照表4-2-2准备相关工作。

表4-2-2　　　　负压耦合直流断路器检修组部件更换作业表

序号	检修工序	检修流程与工艺	质量标准	关联风险类别与预控措施
1	机械开关更换	1. 明确设备的重量，以及与接线排、电缆和光纤等连接情况。 2. 维护人员携带力矩扳手、防静电手套等工具进入升降车工作平台，系好安全带，按动操作按钮将平台上升到指定的作业高度。工作人员进入机械开关塔内时应尽量避免对绝缘子、屏蔽罩、光纤槽、电缆槽等相关设备进行踩踏。 3. 将问题设备与其他设备之间的螺栓、光纤、电缆和导电排拆除。拆除过程中不允许有螺栓、平垫、弹垫掉下。同时拆除移动光纤电缆和导电排时，注意对光纤、电缆和其他器件的进行保护。 4. 与地面操作吊车的人员进行沟通，将需要更换的设备用对应重量的起吊缆绳紧固后，从左右两机械开关塔中间的空隙，吊出断路器。注意过程中一定要将问题设备的所有连接断开，并且防止起吊设备时与其他物体之间的磕碰。 5. 维护人员使用同样的方法，将备用设备安装到机械开关塔内。 6. 将所有连接安装好后，离开机械开关塔。注意所有光纤和电缆及导电排是否已经连接好，螺栓是否已经按要求紧固完成，离开时不要将维修工具和其他杂物遗留在塔上	1. 铜排恢复后测量接触电阻不得大于10μΩ。 2. 恢复后对快速机械开关进行分合闸测试，对于分闸试验，开距时间<2ms，偏差<0.2ms。对于合闸试验，合闸时间<30ms	触电风险、高坠风险、物体打击

续表

序号	检修工序	检修流程与工艺	质量标准	关联风险类别与预控措施
2	IEGT更换	1. 首先确认故障阀段及 IEGT 位置，记录相应的阀段及 IEGT 序号。 2. 维护人员携带检修平台、力矩扳手、防静电手套等工具进入升降车工作平台，系好安全带，按动操作按钮将平台上升到指定的作业高度。工作人员进入阀塔内时应尽量避免对绝缘子、屏蔽罩、光纤槽、电缆槽等相关设备进行踩踏。铺设检修通道。 3. 拆卸 IEGT 前，应先将该 IEGT 单元所对应的驱动单元拆除。首先记录光纤与驱动、驱动与 IEGT 引出线相连接的位置，特别注意其中一个 IEGT 的引出线是穿过驱动电源固定板中心孔后与驱动相连接的，记录该 IEGT 位置及其引出线的穿孔方向，后期 IEGT 单元更换完成后需按照此方向穿孔连接驱动。驱动拆除过程中要注意对光纤头进行保护。 4. 拆除被更换 IEGT 单元与对应二极管单元相连接的铜排。拆除过程中不允许有螺栓、平垫、弹垫掉下。 5. 记录 IEGT 阀串导套露出固定板的长度并用记号笔在导套上划线标记，由于 IEGT 阀串压装时有 60±6kN 的压力，进行更换时，首先使用力矩扳手松动 IEGT 阀串顶栓，直至压装阀串 IEGT 单元两侧松动为止（顶栓与圆锥板不可分离）。 6. 将 IEGT 单元整体取出（包含两个 IEGT、三片散热器、六个定位销），拆除连接 IEGT 单元两侧散热器的铜排，取出故障 IEGT。用无毛纸蘸取无水酒精擦拭散热器及全新 IEGT 两面，装配 IEGT 单元，将该 IEGT 单元按照拆卸前方向整体放入阀串内，对 IEGT 阀串进行对正，最后使用力矩扳手紧固 IEGT 阀串顶栓，直至步骤 5 中导套划线位置与固定板平齐。 7. 安装 IEGT 单元与二极管单元相散热器相连接铜排，即步骤 4 中所拆卸铜排。 8. 恢复 IEGT 驱动单元。首先按照步骤 3 中记录将 IEGT 引出线与驱动连接，固定驱动装置，然后恢复光纤，最后将 IEGT 短接铜排拆除，完成更换	1. 阀段的电力电子模块组件，绝缘杆等无明显灰尘。 2. IEGT 组件及二极管组件外观完好，叠层压接状态无异常。 3. 电气连接、光纤连接、机械连接等无脱落或断线	触电风险、高坠风险、物体打击
3	二极管更换	1. 首先确认故障阀段及二极管位置，记录相应的阀段及二极管序号。 2. 维护人员携带力矩扳手、防静电手套等工具进入升降车工作平台，系好安全带，按动操作按钮将平台上升到指定的作业高度。工作人员进入阀塔内时应尽量避免对绝缘子、屏蔽罩、光纤槽、电缆槽等相关设备进行踩踏。 3. 拆卸二极管前，应首先将二极管阀串上方光纤槽或电缆槽进行拆卸，拆卸过程中应对槽内光纤或电缆进行保护，光纤槽或电缆槽拆卸后将光纤或电缆向 IEGT 阀串侧放置，移动过程中注意对光纤、电缆的保护。 4. 拆除被更换二极管单元与对应 IEGT 单元相接的铜排。拆除过程中不允许有螺栓、平垫、弹垫掉下。	1.阀段的电力电子模块组件，绝缘杆等无明显灰尘。 2. IEGT 组件及二极管组件外观完好，叠层压接状态无异常。 3. 电气连接、光纤连接、机械连接等无脱落或断线	触电风险、高坠风险、物体打击

序号	检修工序	检修流程与工艺	质量标准	关联风险类别与预控措施
3	二极管更换	5. 记录二极管阀串导套露出固定板的长度并用记号笔在导套上划线标记，由于二极管阀串压装时有24～60kN的压装力，所以维修时，首先使用力矩扳手松动二极管阀串的顶栓，直至压装阀串二极管两侧松动为止（顶栓与圆锥板不可分离）。 6. 将故障二极管单元整体取出（包含四个二极管、五片散热器、十个定位销），拆除连接二极管单元散热器的铜排，取出故障二极管。用无毛纸蘸取无水酒精擦拭散热器及全新二极管两面，装配二极管单元，将该二极管单元按照拆卸前方向整体放入阀串内，对二极管阀串进行对正，最后使用力矩扳手紧固IEGT阀串顶栓，直至步骤5中导套划线位置与固定板平齐。 7. 安装IEGT单元与二极管单元相散热器相连接铜排，即步骤4中所拆卸铜排。 8. 恢复二极管阀串上方光纤槽或电缆槽，恢复过程中注意对光纤或电缆进行保护，完成更换	1. 阀段的电力电子模块组件，绝缘杆等无明显灰尘。 2. IEGT组件及二极管组件外观完好，叠层压接状态无异常。 3. 电气连接、光纤连接、机械连接等无脱落或断线	触电风险、高坠风险、物体打击
4	避雷器更换	1. 拆除需更换避雷器所在位置的屏蔽环。 2. 拆除需更换避雷器所在位置屏蔽环支座板，避免在更换避雷器过程中损坏支座板。 3. 拆除支架交叉绝缘拉筋。 4. 拆除避雷器连接导电排，便于更换避雷器。 5. 将拆卸避雷器工装固定在绝缘子支架横担上，利用拆卸避雷器工装滑板撑起避雷器，拖着避雷器滑出避雷器支撑架。然后用吊车吊起需更换的避雷器，放到地面，完成避雷器拆卸。 6. 将新的避雷器用吊车吊起，放到拆卸避雷器工装滑车上，固定避雷器，用花车将避雷器运到安装位上，固定避雷器。拆除工装滑车。 7. 恢复避雷器连接导电排，恢复安装支架交叉绝缘拉筋，恢复安装电晕环支座，恢复安装避雷器所在位置的屏蔽环		触电风险、高坠风险、物体打击
5	110kV隔离变更换	1. 明确设备的重量，以及与接线排、电缆和光纤等连接情况，使用升高设备攀爬到对应问题设备的位置。 2. 维护人员携带力矩扳手、防静电手套等工具进入升降车工作平台，系好安全带，按动操作按钮将平台上升到指定的作业高度。工作人员进入机械开关塔时应尽量避免对绝缘子、屏蔽罩、光纤槽、电缆槽等相关设备进行踩踏。 3. 因为隔离变尺寸较大，因此更换某一层设备时，需要拆除当前层及上方需要拆除的所有器件及设备。包括外侧屏蔽罩、导电排、接线排、光纤、电缆、支座、横梁、连接件、绝缘子、光纤槽等。拆除过程中不允许有螺栓、平垫、弹垫掉入。同时拆除和移动光纤电缆和导电排时，注意对光纤、电缆和其他器件的保护。 4. 将隔离变使用起吊工具吊出断路器，放到地面。	检查确保阀层内无螺钉或工具遗漏	触电风险、高坠风险、物体打击、SF$_6$中毒窒息、SF$_6$漏气

续表

序号	检修工序	检修流程与工艺	质量标准	关联风险类别与预控措施
5	110kV 隔离变更换	5. 将新的避雷器用起吊工具吊起，吊至安装位置安装。再逐层安装已拆除的隔离变塔，恢复至完整状态。 6. 将所有连接安装好后，离开隔离变塔。注意所有光纤和电缆及导电排是否已经连接好，螺栓是否已经按要求紧固完成，离开时不要将维修工具和其他杂物遗留在塔上	检查确保阀层内无螺钉或工具遗漏	触电风险、高坠风险、物体打击、SF$_6$ 中毒窒息、SF$_6$ 漏气
6	负压耦合装置更换	1. 维修人员仔细阅读本说明书，明确设备的重量，以及电缆和光纤等连接情况。 2. 维护人员携带力矩扳手、防静电手套等工具进入升降车工作平台，系好安全带，按动操作按钮将平台上升到指定的作业高度。工作人员进入过渡层内时应尽量避免对绝缘子、屏蔽罩、光纤槽、电缆槽等相关设备进行踩踏。 3. 将问题设备与其他设备之间的螺栓、光纤和电缆拆除。拆除过程中不允许有螺栓、平垫、弹垫掉下。同时拆除移动光纤电缆时，注意对光纤、电缆和其他器件的进行保护。 4. 与地面操作吊车的人员进行沟通，将需要更换的设备用对应重量的起吊缆绳紧固后，从断路器侧面吊出断路器。注意过程中一定要将问题设备的所有连接断开，并且防止起吊设备时与其他物体之间的磕碰。如果断路器侧面的屏蔽罩对拆卸存在阻碍，可将屏蔽罩一同拆除，再检修完成后再安装回原位置。 5. 维修人员使用同样的方法，将备用设备安装到负压耦合装置处。 6. 将所有连接安装好后，离开过渡层。注意所有光纤和电缆是否已经连接好，螺栓是否已经按要求紧固完成，离开时不要将维修工具和其他杂物遗留在塔上	检查确保阀层内无螺钉或工具遗漏	触电风险、高坠风险、物体打击
7	高电位板卡更换	1. IEGT 控制驱动单元（ICU） （1）确保隔离变完全断电； （2）拆掉取能电缆； （3）使用短连线短接 IEGT 门极； （4）拆掉 ICU 上通信光纤并使用光纤帽保护光纤断面； （5）使用六角扳手拆掉分压板和 IEGT 散热器上连线； （6）使用十字螺丝刀拆掉 ICU 两边固定螺丝； （7）使用一字螺丝刀拆掉 ICU 门极凤凰端子； （8）更换新的 ICU，按上述逆序安装最后拆掉门极短连线。 2. 机械开关控制单元（SCU） （1）确保隔离变完全断电； （2）拆掉 SCU 上连接的光纤并使用光纤帽保护光纤断面； （3）拆掉电源凤凰端子； （4）拆掉 SCU 固定螺丝；		触电风险、高坠风险、物体打击

续表

序号	检修工序	检修流程与工艺	质量标准	关联风险类别与预控措施
7	高电位板卡更换	（5）更换新的 SCU，按上述逆序安装。 3. 负压耦合控制单元（NCU） （1）确保隔离变完全断电； （2）拆掉 NCU 上连接的光纤并使用光纤帽保护光纤断面； （3）拆掉电源凤凰端子； （4）拆掉 NCU 固定螺丝； （5）更换新的 NCU，按上述逆序安装。 4. 驱动电源 （1）确保隔离变完全断电； （2）拆掉驱动电源上连接的光纤并使用光纤帽保护光纤断面； （3）拆掉驱动电源输出电缆； （4）拆掉电源凤凰端子； （5）拆掉驱动电源固定螺丝； （6）更换新的驱动电源，按上述逆序安装		触电风险、高坠风险、物体打击

第四节 负压耦合式直流断路器典型故障案例

一、直流断路器机械开关合闸状态异常故障案例

1. 故障特征

快速机械开关位置卡死导致直流断路器处于非分非合状态。进而下达分闸命令时直流断路器拒分。

2. 监测手段

远程视频监视，OWS 后台监视。

3. 案例

2019 年 3 月 4 日张北柔直工程某换流站直流断路器机械开关在保持长时间分闸状态后，首次合闸调试操作时，后台显示有一个机械开关位置不在合位，处于非分非合状态。进而下达分闸命令时直流断路器拒分。

4. 分析诊断方法

所有机械开关在工厂内和现场试验调试中先后已动作四百余次，从排查过程看，这一台开关合闸充电电压设置偏小，未能完全克服开关所有情况下的最大机械阻力。机械开关机构卡滞位置如图 4-2-4 所示。

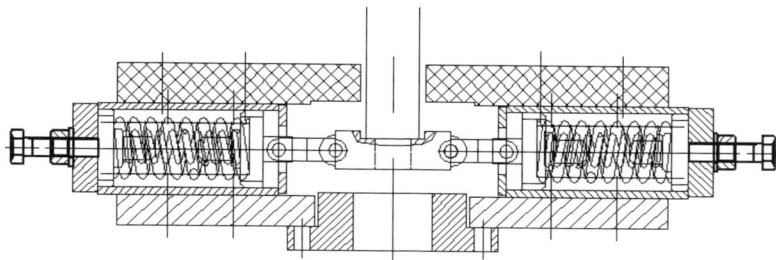

图4-2-4　机械开关位置死点位原理结构图

现场实际查看故障开关卡滞位置与上述原理图位置相同，如图 4-2-5 所示。

图4-2-5　现场机械开关分合闸位置图

机械开关机构分闸与合闸状态如图4-2-6、图4-2-7所示。

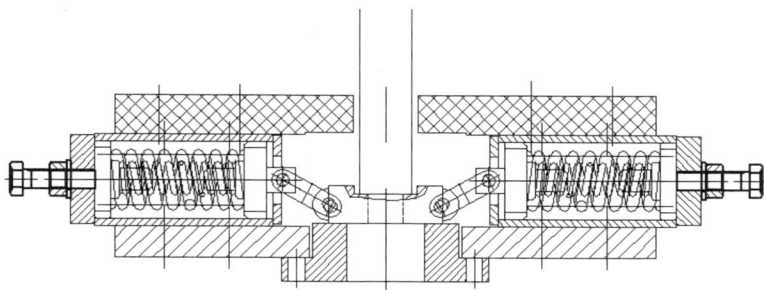

图4-2-6　机械开关分闸位置原理图

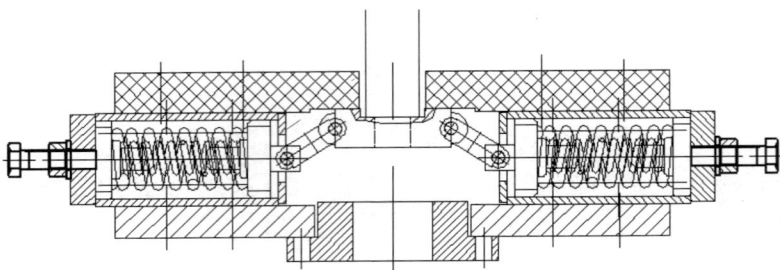

图 4-2-7 机械开关合闸位置原理图

根据机械开关分合闸位置图可以看出，合闸操作从分闸位置经过机械死点位置到达合闸位置。机械死点位置是动态不稳定状态，跨过死点就能顺利合闸。理论上合闸电容充电电压越高，斥力线圈电流越大，拉杆就越能更快速的通过死点，但是拉杆速度过大会造成电磁缓冲不平滑。

我们在寿命试验时调整合适的合闸电压通过考核，在工程产品出厂时，为更好的保护真空灭弧室触头，根据不同开关的机械状况在原来合闸电压的基础上略下降了 20V 左右。

这一措施在出厂试验、现场调试试验短时间内数百次频繁操作中看，未出现异常。但在工程现场长时静置、低温、润滑或磨损等原因会导致摩擦阻力略增大的情况下，该故障开关出现了卡在死点的问题，说明针对这一台开关合闸电压降低得稍多。

机械开关在完成 300 次出厂稳定性操作后，机械特性已趋于稳定，在投入工程现场后一段时间，摩擦力会有所上升，但上升不多且不会一直上升。

5．处置方法

除了上述故障开关外，其他开关未出现异常，将故障开关合闸电压提高 20V 后，多次试操作均正常，说明微上调异常开关的合闸电压，跨过机械上的动态不稳定死点，即可保证合闸正常，在接下来的调试与试运行中未出现分合闸异常现象。

6．预防措施

对高压直流断路器快速机械开关加强分合闸试验验证、一致性试验验证，保障分合闸电容在正常范围内快速机械开关能够稳定分合闸。

二、负极直流断路器长期禁分禁合故障案例

1. 故障特征

直流断路器电源电路 TVS 管故障导致负极断路器合闸允许信号频发后复归，信号终止在负极线禁分禁合长期出现。

2. 监测手段

远程视频监视，OWS 后台监视。

3. 案例

2020 年 7 月 6 日 06 时 05 分 37 秒，张北柔直工程某换流站负极断路器合闸允许信号频发后复归，信号终止在负极线禁分禁合长期出现。第 7 号机械开关内部有两通道储能电容充电电压跌落至 0V，充电失效。

4. 分析诊断方法

第 7 号机械开关内部电源充电异常，对阀塔重新上电后，充电回路仍然出现故障状态。初步分析机械开关内部其中一台电源故障。

通过上塔排查，发现充电机内部第 3 和第 4 号电容充不上电，内部 2 号充电机电源指示灯熄灭。由此判断为充电机电源故障，检查充电机保险管，保险管内部保险丝已经断开。

打开充电机进行检修，发现充电机内部低压电源电路中一个 TVS（浪涌保护）二极管短路。导致充电机控制电路供电异常。由于二极管处于长时间短路状态，供电回路功耗持续增加，导致输入保险管断路。

故障部分电路原理如图 4-2-8 所示。

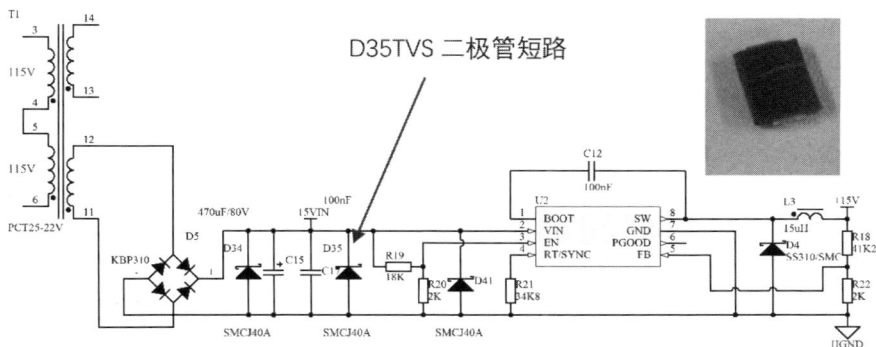

图 4-2-8　图中所示 D35 短路

图中 D35 型号为 SMCJ40A，为 Littelfuse（美国力特）公司 TVS 二极管产品。其反向断开电压为 40V，击穿电流为 1mA 时的电压为 44～49V，8/20us 峰值保护电流为 23.3A，对应残压为 64.5V，该 TVS 二极管作为后级电路的瞬态电压钳制保护。在 230V 交流输入条件下，电容 C15 上的电压实测值为 30V，在 200～265V 输入电压条件下，TVS 二极管长期承受的电压值为 26～34V，正常情况下 SMCJ40A 二极管属于截止状态。

根据出现电源故障的时间点分析，在损坏时刻该断路器未进行任何操作，电源工作在稳定状态，按照 TVS 器件的原理，理论上只要加在其两端的反向电压不超过击穿电压，TVS 器件就能长期工作，而这次损坏出现在电源稳定期间，应不属于浪涌损坏，而是这颗 TVS 器件自身缺陷原因损坏导致电源故障。

引发 TVS 短路失效的内在质量因素包括器件内部黏结界面空洞、台面缺陷、表面强耗尽层或强积累层、芯片裂纹和杂质扩散不均匀等。这些缺陷在电场作用下可能在 PN 结结点附近汇聚，管芯散热困难，造成热电应力集中，产生局部热点，造成短路。

据此推断这颗 TVS 二极管本身存在性能离散性（包括芯片裂纹损伤、内部 PN 结缺陷、台面缺陷等）缺陷损坏。

5. 处置方法

用新的充电机替换了损坏的充电机，并对损坏的充电机进行详细检查和充电供能测试，测试过程中没有发现其他部件损坏。系统出现了一台充电机 TVS 器件故障，初步判断为 TVS 器件离散性问题（包括芯片机械裂纹损伤、内部 PN 结缺陷、台面缺陷等）导致，如再次出现类似故障，将对使用条件重新评估。

6. 预防措施

加强高压直流断路器 TVS 器件筛查，杜绝不合格（包括芯片机械裂纹损伤、内部 PN 结缺陷、台面缺陷等）产品进入现场。

三、直流断路器合闸操作失败

1. 故障特征

直流断路器浪涌保护器 LN 线连接错误导致直流断路器合闸失败问题。

2. 监测手段

出厂试验排查，OWS 后台监视。

3. 案例

2020 年 6 月 2 日，S3 换流站正极 500kV 负压耦合型直流断路器进行合闸调试过程中，直流断路器合闸失败。试验前，从控保查看未见直流断路器异常；直流断路器收到合闸指令后，转移支路导通；5ms 后开始进行机械开关合闸，机械开关 1～8 均收到合闸命令并有合闸动作（合闸指令同期性没问题，合闸缓冲指令没问题），其中机械开关 1 合闸到位，机械开关 2～8 合闸不到位。

最终状态为机械开关 1 仍保持合闸，机械开关 2～8 分闸到位，机械开关充电电压正常（试验中充电电压未录波），一次主要设备没有损坏。

4. 诊断分析方法

经排查，发现第 2、3 台机械开关供能变出口处密度变送器供能电路中的空开分断，如图 4－2－9 所示。该空开与浪涌保护器串联进行密度变送器供能电路的过电压保护。

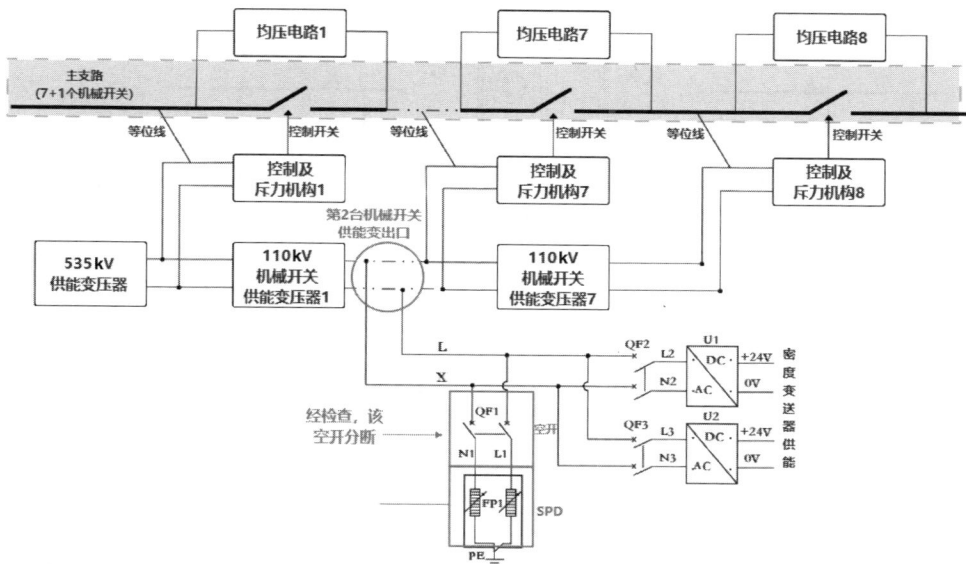

图 4－2－9　D35 短路故障

进一步排查，发现第 2 台机械开关密度变送器供能电路中的浪涌保护器 L、N 线接反，如图 4－2－10 所示。

图 4－2－10　浪涌保护器 L、N 线接反图

该浪涌保护器为 ABB 浪涌保护器，其电气接线如图 4－2－11 所示。当
L、N 线接反，将导致 MOV 和间隙并联共同起到差模过压保护。若浪涌保
护器动作进行过压保护，则间隙击穿造成短路，进而导致 LN 短路。

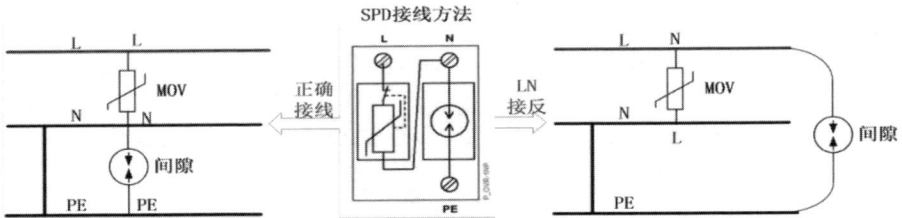

图 4－2－11　浪涌保护器 L、N 线接反原理图

LN 短路导致第 2 台机械开关的供能变副边短路，由于第 2～8 台机械开
关的 7 个供能变串联，因此会引起联锁反应，进而导致第 2～8 台机械开关的
充电机短时故障，电容欠压，进而第 2～8 台机械开关合闸失败；由于浪涌保
护器和空开串联，因此间隙击穿短路后，触发空开分断，LN 短路对系统影响
消除，第 2～8 台机械开关的充电机状态恢复。

5. 处置措施

为保证现场调试进度，临时将正极 500kV 负压耦合型直流断路器第 1～8
台机械开关密度变送器供能电路中的空开进行分断，切除接线错误的浪涌保护
器，利用供能变出口处的浪涌保护器进行过压保护。后续进行合闸试验时，合
闸成功。

6 月 16～17 日集中消缺期间将正负极直流断路器所有机械开关变送器供能电路中的浪涌保护器 LN 线接进行重新排查，按正确接线完成连接，并将供电回路中的空开恢复闭合。目前已经全部处理完毕并通过了验收。

6. 预防措施

通过 LN 线重新排查后对机械开关外电路进行修改，修改为掉电 5s 后电容器再进行放电，也可避免类似问题，后续加强对直流断路器一次设备的接线设计及检查，避免出现类似故障。

第三章　机械式高压直流断路器

第一节　机械式高压直流断路器原理结构

如图 4－3－1 所示，直流断路器本体布置尺寸（含供能变）为 18m（长）× 9m（宽）× 15.5m（高），产品分为四个平台：主支路平台、耗能避雷器平台、缓冲回路平台及转移支路平台。

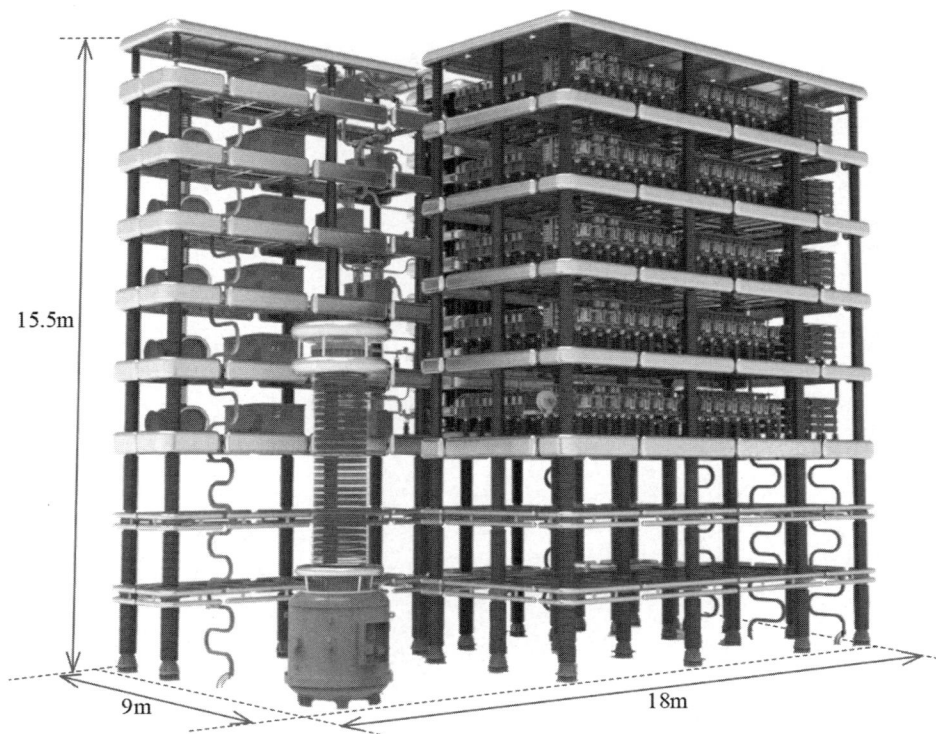

图 4－3－1　机械式直流断路器三维布局图

一、机械式直流断路器基本结构

主支路平台结构如图 4-3-2 所示：由多断口快速断路器串联构成，用于导通与开断直流系统电流。主支路由 12 个快速机械端口，其中 1 个断口作为冗余，主支路分 6 层平台布置，每层平台 2 个断口。主支路缓冲回路主要用来限制断路器开断后的断口恢复电压上升率，其主要由缓冲电容、缓冲电容并联电阻及缓冲电容限流电阻组成。其为独立的平台布置方式，分成 5 个模块，5 层平台布置。

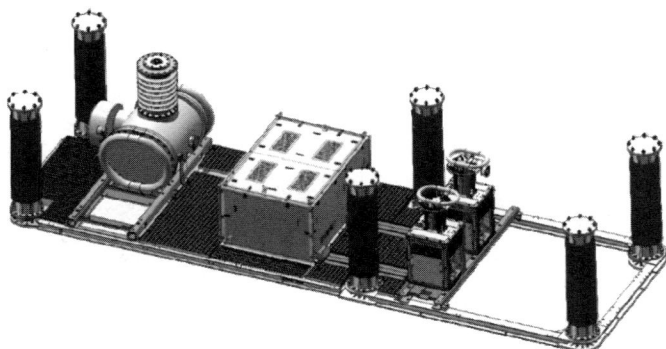

图 4-3-2　主支路单层结构

耗能支路平台结构如图 4-3-3 所示：由多个避雷器组串、并联构成，用于抑制开断过电压和吸收线路及平抗储存能量。避雷器分为 12 组串联，每一组与快速断路器断口并联，同时起到断口均压的作用。其与快速断路器布置于同一平台。

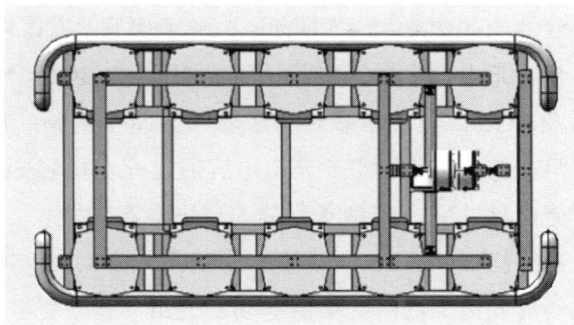

图 4-3-3　耗能支路单层结构图

141

缓冲回路平台结构如图 4-3-4 所示：平台尺寸为 3.4m（长）× 2.3m（宽）×15.5m（高），缓冲平台主要部件为缓冲电容、缓冲电容并联电阻、缓冲电容串联电阻，以及测量线路电流的 OCT 互感器-A1 组成。缓冲平台共 10 层，第一层放置管母及 A1 互感器，2~10 层放置缓冲电容、电阻。

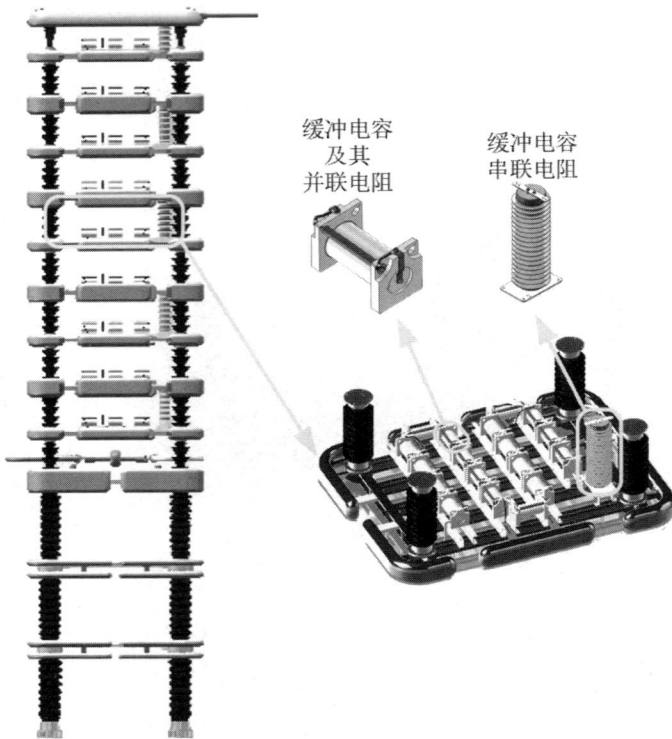

图 4-3-4　缓冲回路结构图

转移支路平台结构如图 4-3-5 所示：由储能电容、振荡电感、充电电容、储能电容放电电阻、充电电容限流电阻、放电避雷器、IGCT 模块组成；储能电容、振荡电感及 IGCT 模块串联，构成转移支路主回路；放电避雷器通过储能电容放电电阻与储能电容并联，充电电容通过充电电容限流电阻、储能电容放电电阻与储能电容并联。转移支路分 5 层平台布置。

主供能变压器结构如图 4-3-6 所示，供能系统由 UPS、500kV 主供能变、快速断路器供电隔离变组、转移支路供电隔离变组、升压变组成，分别完成对快速断路器驱动柜供电，储能及充电电容供电、IGCT 模块等供电。

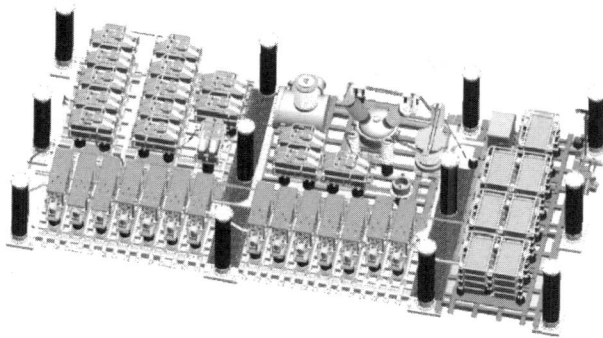

图 4－3－5　转移支路单层结构

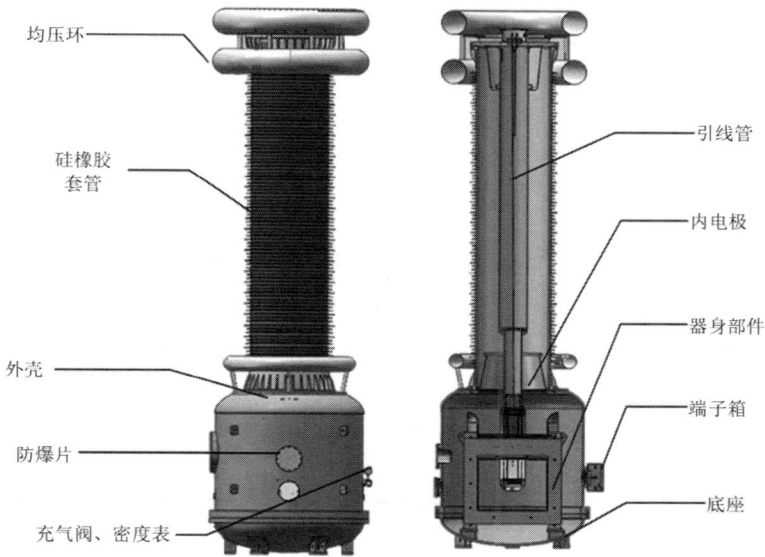

图 4－3－6　535kV 供能变结构图

二、机械式直流断路器基本原理

（一）分闸过程

直流断路器分闸控制时序图如图 4－3－7 所示，机械式高压直流断路器分闸全部为快分，原理如下：

（1）直流断路器收到分闸命令后，主支路快速机械开关开始分闸，2ms后快速机械开关到达有效开距位置。

（2）转移支路 IGCT 触发开关导通，转移支路产生高频振荡电流与主支路电流叠加产生电流过零点，主支路快速机械开关电弧熄灭，主支路电流开断。

（3）线路电流转移至转移支路，给储能电容充电。储能电容电压上升至耗能支路避雷器动作电压，避雷器动作，实现能量耗散和电流清除。

（4）转移支路 IGCT 触发导通一定延时后关断，实现转移支路小电流的清除。

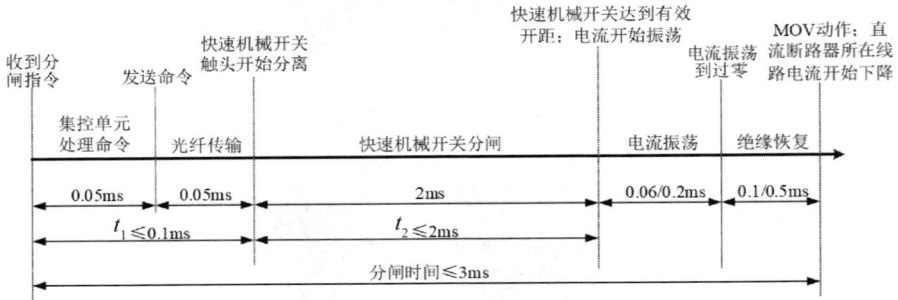

图 4-3-7　机械式直流断路器快速分闸过程时序图

（二）合闸过程

合闸原理：如图 4-3-8 所示，直流断路器收到合闸命令后，主支路快速机械开关执行合闸指令。

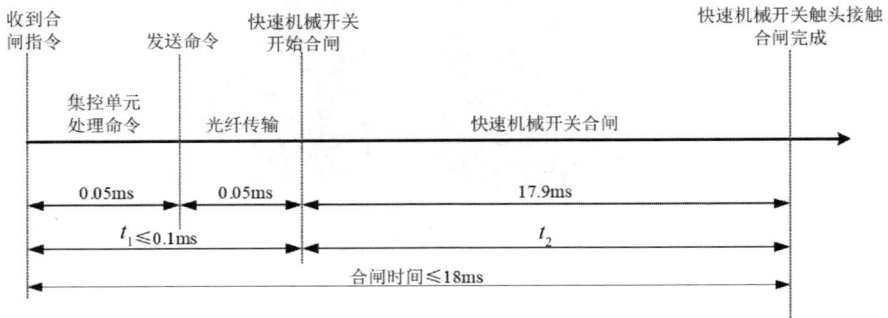

图 4-3-8　机械式直流断路器合闸过程时序图

（三）重合闸过程

重合闸控制：如图 4-3-9 所示，断路器的重合闸动作控制时序，其过程中的分闸、合闸执行逻辑与分闸、合闸相同。只是在合闸后增加了合闸过流自保护判断逻辑，即断路器检测到合闸后 线路电流大于 6.8kA，断路器进行自分闸操作。在重合闸完成后，为防止避雷器过热增加了相应的自锁功能。即：在避雷器自锁期间内，断路器不会再次有分合闸动作。

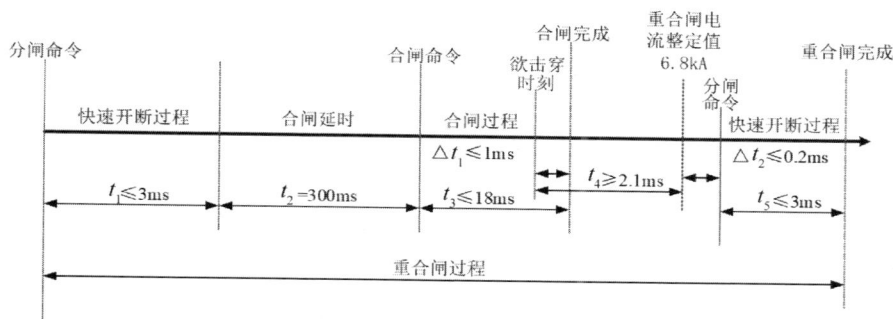

图 4-3-9　机械式直流断路器重合闸过程时序图

第二节　机械式直流断路器检修技术

1. 准备工作

按照本文第四篇第一章第二节表 4-3-1 准备相关工作。

2. 风险分析与管控措施

按照本文第四篇第一章第二节表 4-3-2 准备相关工作。

3. 检修工艺及质量标准

按照表 4-3-1 准备相关工作。

表 4-3-1　　　　　　　　直流断路器检修工艺及质量标准表

序号	检修工序	检修流程与工艺	质量标准	关联风险类别与预控措施
一、直流断路器检修				
1	本体检查	目视检查阀组件各零部件正常工作	1. 外绝缘积尘和污垢清洗干净，绝缘外护套无损伤，表面清洁； 2. 金属连接件螺栓按力矩紧固，无松动； 3. 本体外观检查正常； 4. 接地无锈蚀，本体接地线连； 5. 接良好，油漆色标正确清晰； 6. 本体无锈蚀点	高坠风险、物体打击

续表

序号	检修工序	检修流程与工艺	质量标准	关联风险类别与预控措施
2	接线盒检查	目视检查接线盒内端子接线正常工作	1. 检查盒盖和法兰的密封情况，密封良好，内部无受潮。 2. 端子箱清洁，连线无虚接，端子引线无锈蚀，连接良好	触电风险、高坠风险、物体打击
3	高压连接光纤检查	检查光纤外护套外观	光纤外护套外观正常	触电风险、高坠风险、物体打击
4	主回路电阻测量	测试主回路电阻值	回路电阻≤1.5mΩ，并且与前一年测量结果的偏差不能大于20%	触电风险、高坠风险、物体打击
5	快速机械开关一致性检查	控制机械开关进行合分动作，检测快速开关一致性	1. 各个断口从接到分闸指令到触头达到有效开距的时间均小于 2ms。各个断口从接到分闸指令到触头达到有效开距的时间分散性偏差不超过 0.2ms。 2. 从接到合闸质量到合闸到位的时间 t_C，应满足 $0.65t_N \leq t_C \leq 1.35t_N$，其中 t_N 为 9ms	触电风险、高坠风险、物体打击
6	真空管及其机构箱外观	检查真空管及其机构箱外观	1. 真空管及绝缘支撑杆表面无裂纹、无放电痕迹。 2. 真空管真空度是否符合要求。 3. 机构箱无变形和锈蚀。 4. 连接导体与高速开关接触部位无裂纹和变形	触电风险、高坠风险、物体打击
7	机构与底架连接紧固件检查	检查紧固件	紧固件无松动、无明显锈蚀	触电风险、高坠风险、物体打击
8	机构箱开箱检查	检查机构箱内零部件情况	机构处于合闸位置： 1. 无片状或长条状异物。 2. 与动端电极连接部位的防松标记线无错位。 3. 斥力盘与线圈间隙取周向 4 个位置平均值为 2～5mm。 4. 3 个缓冲器无漏油痕迹。 5. 光纤遮光板在 2 个导向杆位置的高度差小于 1mm。 6. 光纤位置传感器的固定螺栓无松动。 7. 斥力线圈引出线根部无断裂和烧黑痕迹。 8. 所有紧固件的标记线无错位	触电风险、高坠风险、物体打击
9	驱动柜检查外观检查	驱动柜外观目视检查有无异常	1. 驱动柜外表面油漆是否起皮、脱落。 2. 金属外表面是否锈蚀、氧化。 3. 紧固件是否锈蚀、氧化	高坠风险、物体打击
10	驱动柜检查红外测试	红外成像仪检查驱动柜内温度有无异常	用红外成像仪检测，检查驱动柜内部元器件温度无异常	触电风险、高坠风险、物体打击

续表

序号	检修工序	检修流程与工艺	质量标准	关联风险类别与预控措施
11	驱动柜检查充放电回路检查	驱动柜内放电回路检查	1. 检查驱动柜内部无放电痕迹。 2. 检查驱动柜与高速开关连接电缆无松动。 3. 操作开关回路进行 O-C-O 操作。 4. 在 IGCT 回路超冗余的条件下进行合 2 回路的操作，确保分 2 回路可正常充电及动作	触电风险、高坠风险、物体打击
12	驱动柜箱开箱检查	驱动柜内开箱检查	1. 驱动柜底无异物掉落。 2. 各等电位黄绿线是否有松动。 3. 电容正负极触头连接电缆螺栓是否松动	触电风险、高坠风险、物体打击
13	耗能支路绝缘电阻测量	绝缘电阻测试仪测量耗能支路的绝缘电阻	绝缘电阻测量值>500MΩ	触电风险、高坠风险、物体打击
14	缓冲回路电容、电阻测量	测量相应电容、电阻值	电容值：98±5%μF； 电阻值：560±5%MΩ	触电风险、高坠风险、物体打击
15	储能电容、电阻测量	测量相应电容、电阻值	电容值：29.1±5%μF； 电阻值：3616±5%kΩ	触电风险、高坠风险、物体打击
16	充电电容、电阻测量	测量相应电容、电阻值	电容值：260±5%μF； 电阻值：3584±5%kΩ	触电风险、高坠风险、物体打击
17	IGCT 阀组外观及连接检查	目视检查 IGCT 阀组状态	1. 阀组的电力电子模块组件，绝缘杆等无明显灰尘。 2. IGCT 组件及二极管组件外观完好，叠层压接状态无异常。 3. 电气连接、光纤连接、机械连接等无脱落或断线	高坠风险、物体打击
18	SF₆ 变压器含水量检查	相关仪器检测 SF₆ 变压器含水量	折算至 20℃，含水量≤250μL/L	高坠风险、物体打击、SF₆ 中毒窒息、SF₆ 漏气

二、层间供能

序号	检修工序	检修流程与工艺	质量标准	关联风险类别与预控措施
1	整体检查	目视检查层间供能外观	层间供能外观完好、伞裙无缺失、接线无脱落	高坠风险、物体打击

三、光 CT

序号	检修工序	检修流程与工艺	质量标准	关联风险类别与预控措施
1	整体检查	目视检查光 CT 外观	光 CT 外观完好、光纤连接无松动，无锈蚀	高坠风险、物体打击

四、阀光纤外观及松动检查

序号	检修工序	检修流程与工艺	质量标准	关联风险类别与预控措施
1	整体检查	目视检查	阀光纤形态完整、光纤管弯曲合理、无断裂、无黑色放电痕迹，光纤连接位置正确、光纤连接头正常、无松动	高坠风险、物体打击

续表

序号	检修工序	检修流程与工艺	质量标准	关联风险类别与预控措施
2	光缆槽检查	目视检查	光缆槽形态完整、封堵严密,光纤排列整齐,弯曲正常,防火包放置整齐,无破损	高坠风险、物体打击
五、阀塔内所有载流排、管母连接部分				
1	整体检查	目视检查	1. 所有连接部分无过热变色痕迹; 2. 所有连接部分接触电阻在合格范围之内; 3. 管母外观完整、清洁,无松动、变形	高坠风险、物体打击
六、支撑绝缘子及拉杆				
1	整体检查	目视检查	1. 绝缘子形态完整、裙片无破损,表面清洁无积污、无放电痕迹; 2. 支撑连接部位正常,无破损、变形、松动; 3. 拉杆外观完整、清洁,两端金属部件光亮,无变形、松动	高坠风险、物体打击
七、均压环和均压罩				
1	整体检查	目视检查	1. 均压环、屏蔽罩、管母形态完整,表面清洁、光亮,无明显划痕,无放电痕迹,无变形、松动; 2. 阀层水平度符合要求	高坠风险、物体打击
八、连接检查				
1	整体检查	目视检查	进出线形态完整,表面无破损、无变色、无放电痕迹	高坠风险、物体打击
2	螺栓连接检查	目视检查	对各个连接螺栓进行紧固检查,螺栓应无明显松动脱落	高坠风险、物体打击
3	拆换连接检查	目视检查	检查进行过拆卸或更换的导线、连接件等连接是否正确	高坠风险、物体打击
九、清污				
1	整体检查	目视检查	阀塔上无杂物、无灰尘	高坠风险、物体打击
十、断路器二次屏柜设备检查项目(断路器控制、保护、测量)				
1	各机箱工作电源符合要求	现场检查	装置双电源无电源告警,接线可靠无松动,无发黑等迹象	触电风险、物体打击
2	采集参数检查	现场检查	对光学电流互感器采集单元查看参数在正常范围	触电风险、物体打击
3	风扇检查	现场检查	检查风扇运转无杂音,运转正常	触电风险、物体打击
4	照明检查	现场检查	照明灯正常亮	触电风险、物体打击
5	外观检查及除尘	现场检查	清除装置及滤网灰尘	触电风险、物体打击

续表

序号	检修工序	检修流程与工艺	质量标准	关联风险类别与预控措施
6	光纤检查	现场检查	光纤无松动，装置无丢帧告警	触电风险、物体打击
7	信号回路检查	现场检查	装置无信号丢失告警	触电风险、物体打击
十一、断路器 SCADA 监控系统检查项目				
1	外观检查及除尘	现场检查	检查鼠标键盘等工作正常	触电风险、物体打击
2	CPU 负荷率及硬盘检查	现场检查	查看服务器 CPU 负载及硬盘处于合格范围内，硬盘工作正常	触电风险、物体打击
3	服务器维护	现场检查	服务器清灰	触电风险、物体打击
十二、断路器供能 UPS 系统检查项目				
1	外观检查及除尘	现场检查	装置清灰	触电风险、物体打击
2	风扇检查	现场检查	检查风扇运转无杂音，运转正常	触电风险、物体打击
3	电压参数检查	现场检查	检查输入输出电压幅值正常	触电风险、物体打击
4	UPS 系统切换试验检查	现场检查	断开 UPS 检查激光供能是否正常开启	触电风险、物体打击
十三、特性试验				
1	分合闸功能试验	现场检查	能正常分合闸，参数符合要求	触电风险、物体打击
2	光 CT 注流试验、精度试验	现场检查	精度符合要求	触电风险、物体打击、主机程序、升级版本错误、违规外联、误出口
3	备用光纤检查	现场检查	衰耗符合要求	光缆污染

第三节　机械式直流断路器组部件更换技术

按照表 4-3-2 准备相关工作。

表4-3-2　　　　　　　　混合式直流断路器检修工作准备表

序号	检修工序	检修流程与工艺	质量标准	关联风险类别与预控措施
1	高速开关检修更换	1. 拆除： （1）待检修层两个高速开关之间的连接导体和软连接； （2）与更换高速开关相连的上下层之间的导体； （3）待更换高速开关顶部的均压环； （4）滑板固定螺栓。 2. 在要更换的高速开关上方安装吊环螺钉和3m吊绳。 3. 推动高速开关，通知控制行车上行，使吊绳轻微受力，将待更换高速开关滑至平台外侧，滑轨底部有限位挡块，可防止高速开关完全滑出掉落。 4. 拆除高速开关底部与滑板的固定螺母。 5. 将故障高速开关吊离地面。 6. 按相反步骤将新高速开关安装至原位	回路电阻≤1.5mΩ，接触点的接触电阻<10μΩ，紧固件无松动	触电风险、高坠风险、物体打击
2	层间变压器更换	1. 拆除以下零件： （1）待更换变压器上的均压环； （2）所有接地排或等电位线； （3）远测滑板限位螺栓（近侧不能拆）； （4）滑板固定螺栓。 2. 在变压器吊装安装吊环，卸扣，吊绳3m；推动变压器，同时控制行车上升，使吊绳轻微受力，将变压器滑至平台外侧，滑轨底部有限位螺栓，可防止变压器完全滑出平台掉落。 3. 拆除底部故障变压器与滑板的固定螺栓。 4. 将故障变压器吊至地面。 5. 按相反步骤将新变压器安装至原位	层间供能外观完好、伞裙无缺失、接线无脱落，整机上电，各层电压与设计值误差<3%	触电风险、高坠风险、物体打击
3	避雷器更换	1. 工具准备。 1. 更换步骤： （1）拆除第二层避雷器对应的四组侧屏蔽及两个CT； （2）安装导轨及门型支撑架（只有边相避雷器拆除时才需要安装，中间六组无需门型支撑）； （3）安装滑行小车； （4）拆除第二层避雷器的上下两组连接螺杆； （5）旋松调整螺母，取出调整螺母，空出45mm间隙； （6）微调滑行小车上升约20mm，滑出耗能支路； （7）更换避雷器组，逆顺序复装，同理更换其余九组耗能支路避雷器	所有螺栓紧固良好，外观完整，无破损，绝缘电阻>1000MΩ	触电风险、高坠风险、物体打击
4	IGCT阀组件更换	1. 工具准备。 2. 拆除故障IGCT以下零部件： （1）与待更换的IGCT相连接的两侧的连接排； （2）滑板固定螺栓； （3）待更换的IGCT顶部的两个对角的M14内六角螺栓。 3. 在拆除M14内六角螺栓的两个吊装孔安装吊环、卸扣、吊绳（4m）。 4. 推动IGCT，同时控制行车上升，使吊绳轻微受力。将IGCT滑至平台外。 5. 拆除限位螺栓。 6. 将故障IGCT连同绝缘子、滑板吊至地面。 7. 将故障IGCT从绝缘子上拆下，安装新IGCT到绝缘子。 8. 按相反步骤将新IGCT安装至原位。滑轨底部有限位螺栓，可防止IGCT完全滑出平台掉落	1. 阀组件的电力电子模块组件，绝缘杆等无明显灰尘； 2. IGCT组件及二极管组件外观完好，叠层压接状态无异常； 3. 电气连接、光纤连接、机械连接等无脱落或断线	触电风险、高坠风险、物体打击

续表

序号	检修工序	检修流程与工艺	质量标准	关联风险类别与预控措施
5	储能电容更换	如果故障待更换的储能电容器组位于最外侧，则检修步骤如下；如果故障待更换的储能电容器组位于里侧，则先按下列步骤先将外侧的正常储能电容依次拆除，再按如下步骤更换故障电容器，再将之前拆除的正常储能电容器组装回原位； 1. 拆除以下零部件： （1）与待更换的储能电容相连接的连接排、软连接线； （2）滑板固定螺栓。 2. 安装吊绳（4m）。 3. 推动储能电容器组，同时控制行车上升，使吊绳轻微受力。将储能电容器组滑至平台外侧。滑轨底部有限位螺栓，可防止完全滑出平台掉落。 4. 拆除限位螺栓。 5. 将故障储能电容器组连同绝缘子、滑板吊至地面。 6. 将故障储能电容器从绝缘子拆下，安装新储能电容器。 7. 按相反步骤将新储能电容器组安装至原位	电容值：29.3±5%μF；电阻值：3616±5%kΩ	触电风险、高坠风险、物体打击
6	充电电容更换	如果故障待更换的充电电容器组位于最外侧，则检修步骤如下；如果故障待更换的充电电容器组位于里侧，则先按下列步骤先将外侧的正常充电电容依次拆除，再按如下步骤更换故障电容器，再将之前拆除的正常充电电容器组装回原位； 1. 拆除以下零部件： （1）与待更换的充电电容器组相连接的连接排、软连接线； （2）待更换充电电容器组顶部的均压环； （3）滑板固定螺栓。 2. 安装吊绳（4m）。 3. 推动充电电容器组，同时控制行车上升，使吊绳轻微受力。将充电电容器组。 滑至平台外侧。滑轨底部有限位螺栓，可防止完全滑出平台掉落。 4. 拆除限位螺栓。 5. 将故障充电电容器组吊至地面。 6. 按相反步骤将新充电电容器组安装至原位	电容值：260±5%μF；电阻值：3584±5%kΩ	触电风险、高坠风险、物体打击

第四节　机械式直流断路器典型故障案例

一、思源负极直流断路器带电第一次合闸失败故障案例

1. 故障特征

在直流断路器合闸过程中，直流断路器结构设计不合理导致分合闸时自保护分闸操作，断路器第一次合闸失败。

2. 监测手段

远程视频监视，OWS 后台监视。

3. 案例

2020 年 5 月 15 日 20 时 59 分 39 秒，负极阀厅带电调试，换流阀充电至 −500kV 电压后，直流站控系统执行一键顺控操作：先合闸直流断路器两侧隔离刀闸，然后合闸直流断路器。在负极直流断路器合闸过程中，断路器告警合闸失效断口超冗余（合闸时，断路器冗余断口数量为 0，即不允许有合闸失败断口，断路器断口冗余只对故障时断口处于短路状态的断口适用），并同时进行自保护分闸操作，断路器合闸失败。

5 月 16 日 15:46:30，同样系统工况下进行直流断路器一键顺控操作，直流断路器再次合闸失败。

4. 分析诊断方法

（1）机械开关收到合闸指令后，在合闸的过程中，直流断路器主支路出现峰值约 2kA，脉宽 60μs 的脉冲电流，如图 4−3−10 所示。

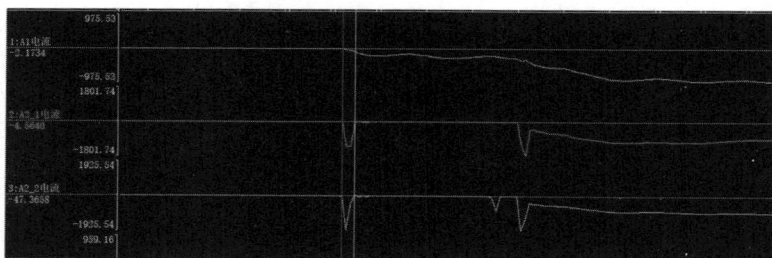

图 4−3−10 一次回路中出现的脉冲电流图

（2）在脉冲电流对应的位置，发现后台记录的开关位置信号发生明显的抖动，如图 4−3−11 所示，说明此时刻外部有很强的电磁干扰。

图 4−3−11 脉冲电流对位置信号的干扰

通过对后台录波分析，发现断口 3 被干扰后，误触发分闸晶闸管，引起断口 3 分闸 1 电容放电，使已处于合位的断口 3 进行了分闸操作，如图 4 - 3 - 12 所示，断口 3 由合位向分位运动，导致合闸失败。

图 4 - 3 - 12　断口 3 晶闸管被误触发，分闸电容放电

（3）故障仿真分析

① 电流脉冲来源。电流脉冲仿真波形如图 4 - 3 - 13 所示，峰值 8.0kA，脉宽约 10μs，偏差可能由于 CT 采样频率（100kHz）不足引起。

直流断路器缓冲电容在该系统调试工况下，合闸前已充电至 500kV，在直流断路器关合过程中，主支路导通后缓冲电容瞬时放电产生了该电流脉冲。

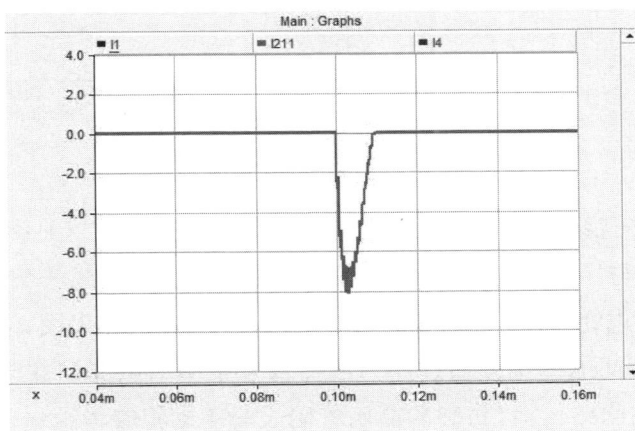

图 4 - 3 - 13　脉冲仿真波形

② 晶闸管干扰原因。

a）平台参考电位抬升。如图4-3-14所示，平台电位参考点与斥力机构箱在一次回路上有约0.5m的距离。在图4-3-15所示脉冲电流下，两点间产生了瞬时9.2kV的电压差，该电位的波动，引起了驱动柜参考地电位的波动。

图4-3-14 平台电位与机构箱电位点

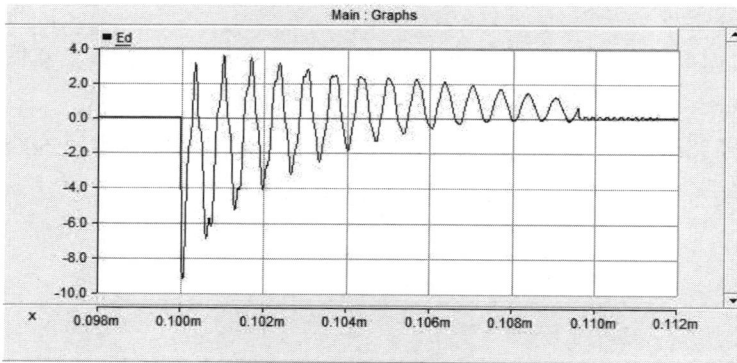

图4-3-15 平台与机构箱间的电位差

b）空间干扰路径。机械开关斥力线圈和斥力盘之间的位置关系如图4-3-16所示，机构箱与斥力盘直接连接，斥力盘与斥力线圈间构成一个平板电容。斥力线圈与驱动电缆连接，斥力线圈与驱动回路的电气关系如图4-3-17所示。机构箱与平台间的电位差通过斥力线圈耦合至驱动电缆，并通过驱动电缆向驱动柜控制回路传播。仿真的晶闸管阴极与驱动柜参考地电位的电压差如图4-3-18所示，该电压波动引起晶闸管误触发。

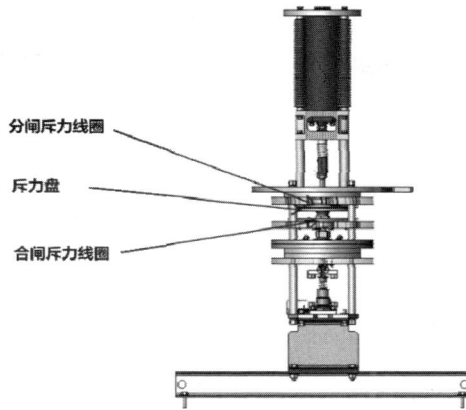

图 4－3－16　斥力盘与斥力线圈位置关系

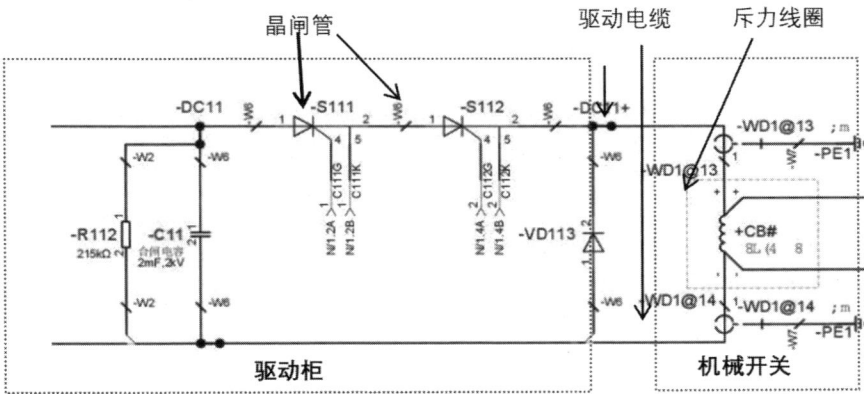

图 4－3－17　驱动柜电气原理图

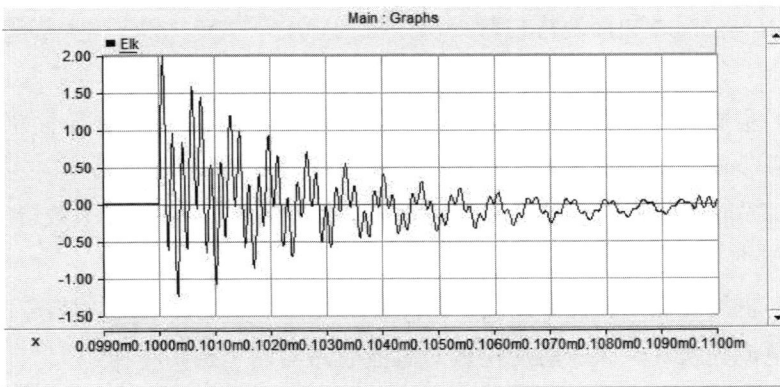

图 4－3－18　晶闸管阴极波动电压

③ 2 次断口 3 误触发的原因。主支路第 1、3、5 层平台机械开关布置结构一致，且机械开关离驱动柜远，距离约 3m；第 2、4、6 层平台机械开关布置结构一致，且机械开关离驱动柜近，距离约 1m。问题断口 3 处于主支路第 2 层平台，结构布置上与第 4、6 层机械开关一致，并无区别。断口 3 容易被误触发，可能由于其抗干扰能力相对弱而引起。

5. 处置方法

主要解决措施如下：

（1）措施一：减小干扰源，如图 4-3-19 所示，将快速机械开关机构箱与平台用导电排连接，使机构箱电位点与平台等电位，减小二者瞬时电压差；同时对于无 CT 连结的断口，增加了跨接横排，降低暂态电感（对于有 CT 的断口，为了避免横排对主支路 CT 的分流，未增加跨接横排）。

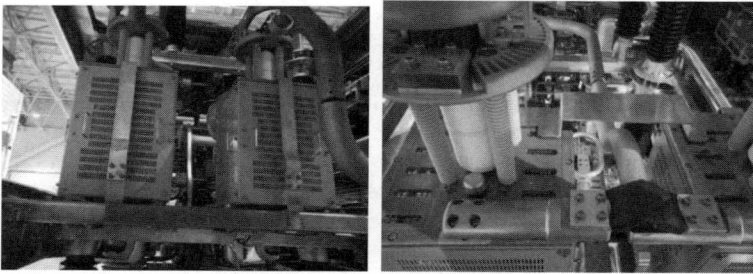

图 4-3-19　增加的接地排及跨接横排（非 CT 层）

仅增加接地排与同时加接地排与跨界横排对干扰源的抑制效果仿真对比情况如图 4-3-20 所示：仅增加接地排机构箱电压抬升降至 6.7kV，干扰源强度降低 26%；同时加接地排与跨界横排机构箱电压抬升 2.2kV，干扰源强度降低 72%。

（2）措施二：减弱空间干扰进入驱动线的干扰信号，在晶闸管阴极与门极间增加吸收电容，降低瞬态干扰电压下驱动信号间的电压波动。

同时采取两种措施，进行了连续 20 次关合试验验证，无合闸失败情况发生。

6. 预防措施

对于机械式高压直流断路器，在分合闸过程中产生大电流的情况下，加强各支路电流的仿真，减少感应电流对直流断路器的干扰。

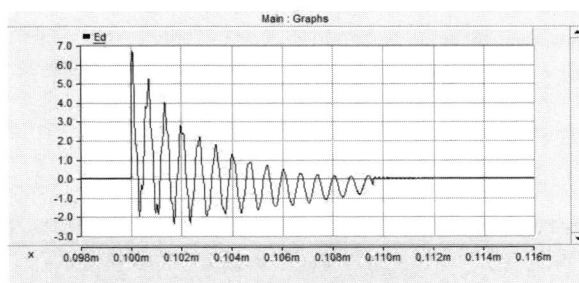

(a) 仅增加接地排机构箱电压抬升波形

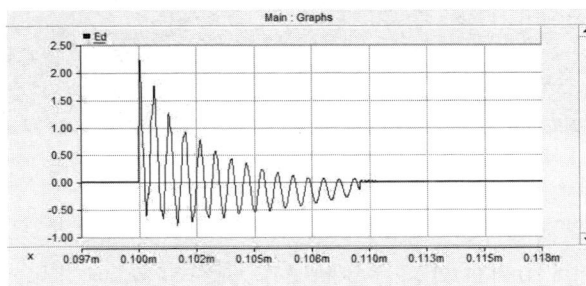

(b) 同时加接地排与跨界横排机构箱电压抬升波形

图 4-3-20　采取措施一后机构箱电压抬升情况

二、思源负极直流断路器带电第二次合闸失败故障案例

1．故障特征

在直流断路器合闸过程中，直流断路器结构设计不合理导致分合闸时自保护分闸操作，断路器第二次合闸失败。

2．监测手段

远程视频监视，OWS 后台监视。

3．案例

2020 年 9 月 5 日 9:42，正极直流断路器在接到合闸指令，执行合闸后报合闸失败，监控后台报"阜诺线 0512D 断路器_合闸失败""阜诺线 0512D 断路器_自分断"等命令。

4．分析诊断方法

（1）根据直流断路器后台录波分析，10 号断口合闸状态异常：断口 10 在执行合闸后，在所示①处自行进行了分闸操作，在②处又开始向合闸位置反弹，在③处直流断路器进行断路器整体合闸状态检测时，10 号断口信号不处于合闸位状态，直流断路器判定断路器合闸超冗余，断路器启动自保护分闸，执行了直流断路器自分断操作，而断口 10 自分断操作未成功，依然反弹至合闸位置④，如图 4－3－21 所示。

图 4－3－21　10 号断口位置状态异常记录波形图

通过异常发生后监控后台记录的驱动电容电压波形分析，10 号断口分闸 2 电容有放电，断口 10 在①处自行分闸操作为该电容放电引起。

（2）根据直流断路器分闸缓冲器恢复特性，在快速机械开关合闸后 10ms 再次进行分闸操作，分闸缓冲器的特性还未完全恢复，有一定概率发生一分就合的现象，断口 10 在②处分闸反弹由此引起。

直流断路器发自分断指令时（③处），断口 10 动触头在有效开距外，此时斥力盘间运动到中间位置，距离分闸线圈较远，该距离下，分闸线圈在斥力盘产生的斥力很小，不足以改变动触头的运动状态，断口 10 依旧反弹至合闸位（④处）。

综上所述，本次合闸失败主要原因为断口 10 在①处异常行为，进而导致其在后续的一系列异常动作。

（3）直流断路器在端间有 500kV 电压差进行带电合闸时，会在主支路有瞬时脉冲电流，该电流易引起驱动柜晶闸管的误触发。针对此异常采取了机构箱增加接地排的措施，同时对于无 CT 连结的断口，增加了跨接横排，降低暂态电感。而对于有 CT 的断口，为了避免横排对主支路 CT 的分流，未增加跨接横排。

（4）10 号断口位于有 CT 层，未安装跨接横排，瞬时电磁干扰相对较强，直流断路器带电合闸时的瞬时电磁干扰，引起断口 10 分闸 2 触发晶闸管误触发，使断口 10 再次分闸，从而导致本次的合闸失败。

5. 处置措施

对于有 CT 层的断口，增加跨接横排，减弱该层的电磁干扰强度。

对主支路 CT 进行分流比校验。

加装横排后队直流断路器的影响分析：

（1）安装横排对直流断路器本身运行无影响，非 CT 层已安装了跨接横排。

（2）跨接横排对 CT 分流的影响通过分流系数进行修正（分流计原理），该分流系数主要由 CT 所在回路及横排回路的导体直流电阻决定（几十微欧），我司对主通流回路接触电阻有严格的工艺控制（单个接触面 0.5 微欧内），接触电阻对分流系数的影响可忽略。

（3）跨接横排与 CT 通流回路阻抗特性更匹配，能进一步减弱 CT 环流，不会引起分闸失败误判。最苛刻工况下仅增加接地排与同时加接地排与跨界横排各通流支路暂态电流情况仿真结果如下图所示：仅加接地排，25kA 开断 CT 环流起始最大值 1.68kA，如图 4-3-22 所示；加接地排与跨界横排，CT 环流起始最大值降低至 0.79kA，如图 4-3-23 所示。

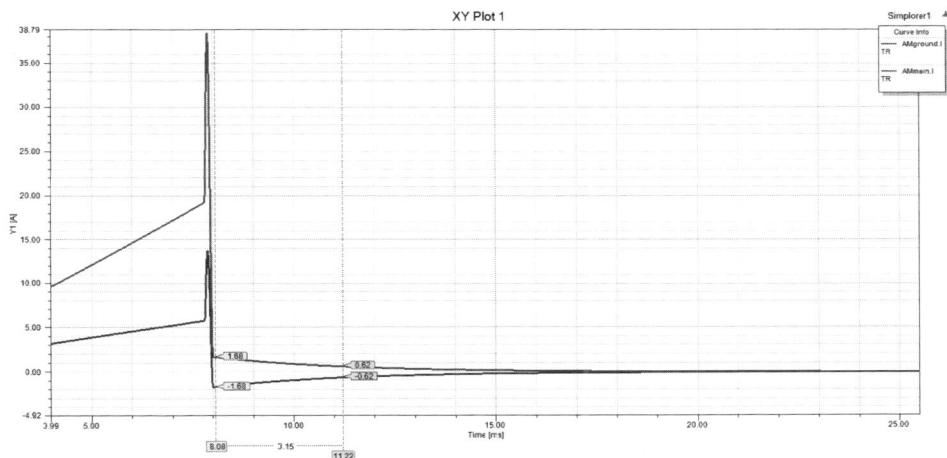

反向 25kA 开断

（紫色曲线—CT 回路电流，红色曲线—接地排电流，下同）

图 4-3-22　仅加接地排暂态开断电流通流情况（一）

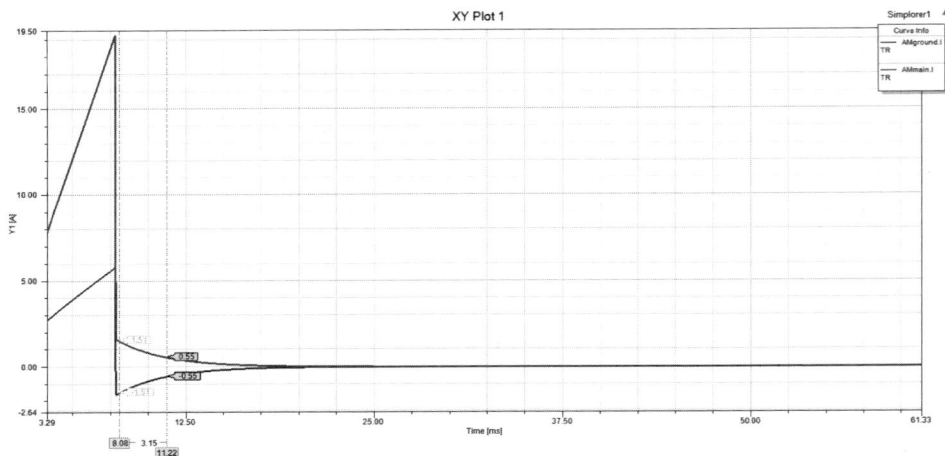

正向 25kA 开断

图 4－3－22　仅加接地排暂态开断电流通流情况（二）

6. 预防措施

直流保护系统发出快分指令 3ms 后，持续检测线路电流下降趋势，如发出快分指令 6.5ms 后还未出现电流下降，则启动直流断路器的失灵保护。

直流断路器通过主支路 CT 分闸电流保护功能，对于 3kA 以上故障电流快分失败，分闸后 3ms 内即上报断路器失灵，直流控保随即启动失灵保护。

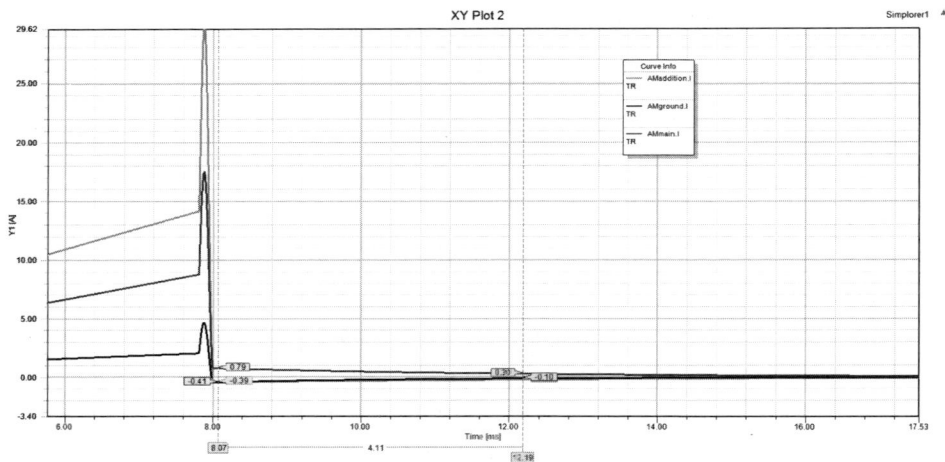

反向 25kA 开断

（红色曲线—CT 回路电流，蓝色曲线—接地排电流，橙色曲线—跨接排电流，下同）

图 4－3－23　加接地排与跨界横排各支路暂态电流情况（一）

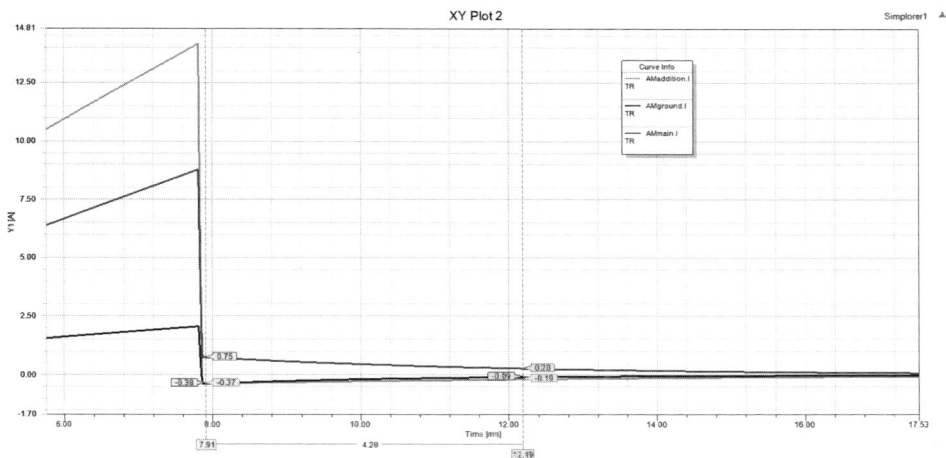

正向 25kA 开断

图 4-3-23　加接地排与跨界横排各支路暂态电流情况（二）

如退出主支路 CT 分闸电流保护功能，则大电流分闸失败需依赖直流控保系统的失灵保护，该保护响应时间上延时了 3.5ms，对直流断路器大电流分闸失败的保护不确定风险大，故不采取退出主支路 CT 分闸电流保护功能的方案。

三、直流断路器驱动柜电子变压器异常

1. 故障特征

直流断路器快速机械开关供能电子变压器烧毁故障导致直流断路器机械开关充电回路故障。

2. 监测手段

年检测量检查，录波检查，OWS 后台监视。

3. 案例

2020 年 1 月以来，张北柔直工程某站负极 0521D 直流断路器多个断口的分/合闸线圈驱动电压先后发生异常，对应分合闸线圈电容供能的电子变压器均发生烧毁故障，如图 4-3-24 所示。5 月集中消缺期间，对所有分合闸线圈电容供能电子变压器进行了全部更换。6 月 9 日出现电子变压器烧毁，7 月 6 日、7 月 27 日、7 月 30 日再次发生电子变压器烧毁。

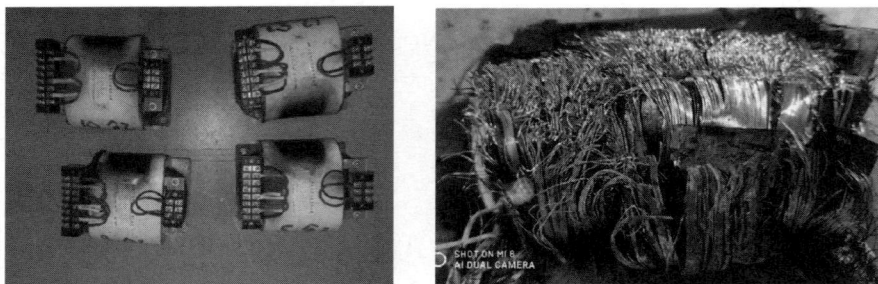

图 4-3-24　烧毁的电子变压器图

4. 分析诊断方法

通过对异常变压器的解体分析、厂内对变压器副边直接短路和部分短路试验复现，确定异常原因为变压器副边线圈短路引起，如图 4-3-25 所示。

图 4-3-25　副边线圈端部匝间短路图

通过厂内耐久性试验及对耐久性试验中出现异常的变压器解体分析后，确定变压器副边短路由变压器层间端线圈错层，引起线圈局放，长期局放引起漆包线绝缘恶化，逐步发展至层间短路、副边整体短路。

副边线包采用自动绕线机，端圈绝缘在绕线前就全部完成，导致层绝缘只能与线包同宽而无法延伸到端圈内部与骨架同宽。次级线包线径为 0.19mm，线径较细，线匝绕到端部时易使线匝嵌入端圈与线包的缝隙中，导致线匝端部错层。在对正常变压器的拆解过程中发现有部分线匝的下降的层数达到了 4~5 层，如图 4-3-26 所示。

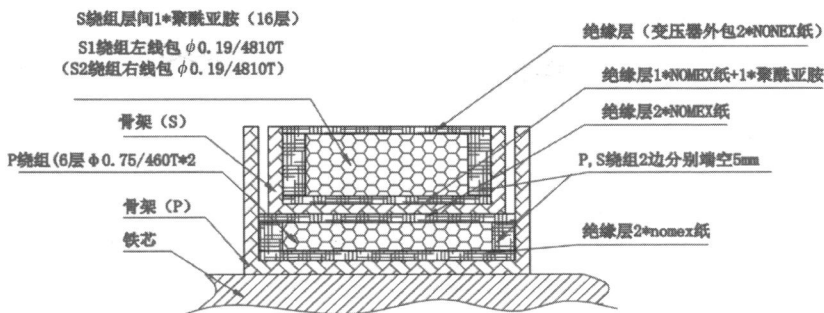

S绕组层间1*聚酰亚胺（16层）
S1绕组左线包φ0.19/4810T
（S2绕组右线包φ0.19/4810T）
骨架（S）
P绕组（6层φ0.75/460T*2）
骨架（P）
铁芯

绝缘层（变压器外包2*NOMEX纸）
绝缘层1*NOMEX纸+1*聚酰亚胺
绝缘层2*NOMEX纸
P，S绕组2边分别堆空5mm
绝缘层2*nomex纸

图4-3-26　电子变压器内部结构图

5. 处置措施

副边层绝缘由原先的与线包同宽调整为与骨架同宽：端圈材料改为厚度为0.09mm 聚酰亚胺胶带（两层厚度基本与线匝同高），每层线包先在两边绕包 5mm 宽的胶带 2 层后绕线，绕线完成后外包一层与整个骨架齐宽的聚酰亚胺薄膜后继续绕下一层线层。导体线圈在端部绕制时，上一层线圈相对下一层线圈缩减 2～3 圈。

6. 预防措施

对变压器的空载电流，空载损耗，直阻进行测量并严格控制，并控制变压器局放水平，对变压器进行严格的筛选。对每台变压器进行 1.5 倍电压（100Hz），持续 48h 的空载感应耐压后，复测其空载电流，空载损耗及直阻，合格后再安排出厂。

第五篇

柔直控制保护系统

第一章 柔直控制保护系统的结构原理

第一节 柔性直流电网控制保护技术原理

一、控制系统基本原理

控制系统作为柔性直流输电系统的中心环节,在整个系统运行中起到了至关重要的作用。柔性直流电网的控制系统应使直流电网满足以下的要求:

(1)功率传输灵活可控。直流电网应充分发挥柔性直流输电技术的优势,灵活地控制潮流分布,同时,在一侧交流系统出现次同步振荡、低频振荡等扰动时,直流电网迅速地给某一换流站支援功率,使交流电网恢复稳定运行。

(2)各换流站能满足直连新能源发电和负荷孤岛供电的要求。柔性直流具有有功、无功独立控制能力,可以提供附加无功电压支撑,能够有效抑制可再生能源接入带来的交流电压波动问题;可以有效提升风机和光伏等电源的故障穿越能力,提升可再生能源并网的安全性。直流电网需充分发挥柔性直流输电的技术优势,满足直连新能源发电和负荷孤岛供电的要求。

(3)暂态扰动时,多个换流站应参与系统恢复稳定过程。对于多换流站的直流电网,总功率容量较大,在发生暂态扰动时,应有多个换流站自动参与到系统恢复稳定的过程中,调节自身出力,使直流电网快速恢复稳定,这种调节功能应该是自发的,不需要人为控制。

(4)直流电压在规定范围内。稳态工况时,直流电压应稳定在设定值或设定的范围内。

(5)各换流站运行不依赖协调控制。各换流站不依赖于复杂的站间协调控制,在失去站间通信时,直流电网仍能继续运行,各种功能不受限制,性能指标满足要求。

（6）单换流器或单回线路投退不影响其余电网的正常运行。直流电网有多个换流站和多回线路，单个换流站或单回线路的操作，不影响其他剩余换流器的运行。直流电网的控制系统具备完整的控制策略，可完成单站启动、控制电压、在线并网等在线投入功能。同时，在单个换流站检修、更换设备、改造升级时，控制系统仍然具备完整的功能，实现换流站的在线退出功能。

（7）单一设备/元件故障不影响整个电网的运行。单极任一设备/元件发生永久故障后，仅切除对应的故障设备/元件。其他输电通道可以保持任一个换流站的正常功率输送，避免单一故障造成的切机切负荷。在单一元件发生故障和故障切除阶段，整个直流电网不得由于过电压或过电流等问题造成其他换流站的停运，使故障扩大化。

二、保护系统基本原理

柔直电网直流保护系统主要包括直流线路保护和换流站保护，换流站内按设备分区分别有交流系统保护区、换流变压器保护区、站内阀侧连接线保护区和换流器及直流母线保护区。

柔直电网直流保护系统主要负责快速切除短路故障和非正常运行状态的设备，保证系统中其他设备正常运行。直流保护系统满足以下基本要求：

（1）覆盖全面，无保护死区。直流保护及其相关设备的配置能够保证换流站中所有换流设备、直流区域或者与直流相关的设备都得到功能全面、正确的保护，能得到正确检测并尽快切除故障。

（2）适用于柔直电网的各种运行方式和控制模式。直流保护系统能适用于柔直电网的各种运行方式，且既能用于整流运行，也能用于逆变运行；能适用于单、双极大地回线运行、金属回线运行等不同的运行方式；能适用于联网、孤岛方式以及不同的有功和无功控制模式。

（3）主、备保护配置。每一类保护除了配置主保护外，同时配置后备保护。后备保护采用与主保护不同的原理，对于直流系统某些故障也可由相同保护原理的多重化配置互为主备。

（4）多重化的冗余配置。为了提高直流保护的可靠性，直流保护采用三重化设计。采用三重化配置的保护装置，按照"三取二"的逻辑出口，即A、B、C冗余系统中至少同一保护中的两套同时有信号出口，即为保护出口信号；

换流变压器本体作用于跳闸的非电量保护元件配置三副跳闸触点，按照"三取二"逻辑出口，三个开入回路相互独立，跳闸触点不能并联上送。

（5）保护的冗余配置不可出现保护误动和保护拒动的可能性，且不失去准确性和灵敏性。保护系统中的任何单一元件故障均不会导致保护误动。任何冗余的直流保护都采取相应的防误动措施，在可能造成保护动作延时的情况下不采用两重保护系统之间的切换来实现。

（6）保护配置的独立性。各重保护之间在物理及电气上相互独立，有各自独立的电源回路，测量互感器的二次绕组，信号输入回路、信号输出回路，通信回路，保护主机，以及二次绕组之间的通道、装置和接口，任一保护退出，均不影响其他保护正确动作和直流系统的正常运行。

（7）在各种运行方式下，直流控制系统、直流保护系统和交流保护系统必须正确协调配合。选取直流保护方案的主要目标为：对系统扰动最小和对设备产生应力最小。保护定值的设定必须与设备能承受的应力相匹配，直流保护系统与直流控制系统相结合，使电网拥有最佳的暂态性能。

（8）直流保护具有完整的自监测功能，保证全面完整的自检覆盖率。

（9）保护能区别不同的故障状态，合理安排警告、报警、设备切除、再启动、停运等不同的保护动作等级，并能根据故障的不同程度和发展趋势，分段执行动作。

（10）直流保护系统配置了故障录波功能，录波的范围包括模拟量、开关量和保护计算数字量；具有顺序事件记录功能，保护主机将直流保护系统产生的报警信号、跳闸信号通过保护子网上传至与站 LAN 网连接的保护故障录波信息管理子站，从而实现与运行人员控制系统的通信。

综上所述，柔直电网直流保护系统基本要求是保护设备免受过应力损害，将故障对交直流系统的扰动减至最小。

第二节 柔性直流电网控制保护系统分层

世界上已投运的柔性直流输电工程的控制保护系统均按照分层设计原则设计，柔直电网工程仍采用分层设计原则开展柔直电网控制保护系统设计。在目前国内外多端、双极柔性直流控制保护分层分布式结构设计经验的基础上，柔直电网控制保护系统同样采用分层式的控制结构，分为三个层次：系统监视与控制层、控制保护层、现场 I/O 层，如图 5-1-1 所示。

（一）系统监视与控制层

系统监视与控制层是运行人员进行操作和系统监视的 SCADA 系统，属于运行人员控制系统，按照操作地点的层次划分为：

（1）远方调度中心通信层，远动系统将换流站一次设备运行状态、控制保护装置相关信息上送到远方调度中心，远方调度中心将控制保护装置的参数和控制指令下送到换流站控制保护主机。

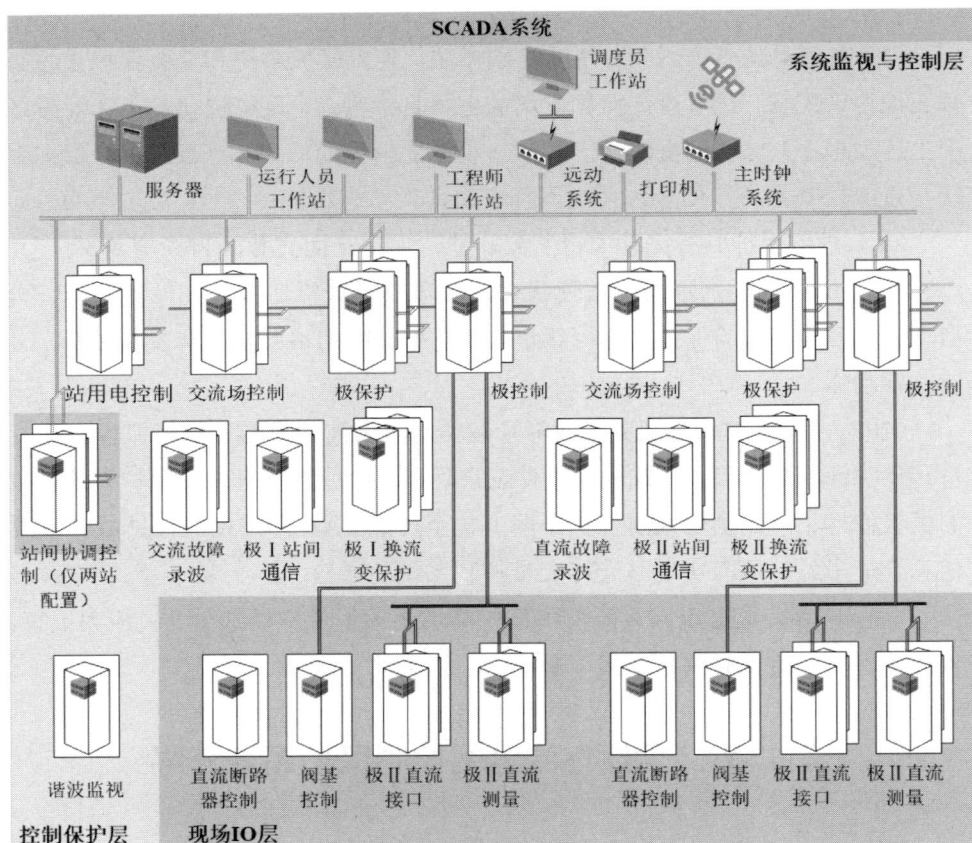

图 5-1-1　南瑞继保柔性直流控制保护系统分层架构

（2）站内运行人员控制层，包括系统服务器、运行人员工作站、工程师工作站、站局域网设备、网络打印机等。其功能是为换流站运行人员提供运行监视和控制操作的界面。通过运行人员控制层设备，运行人员完成包括运行监视、控制操作、故障或异常工况处理、控制保护参数调整等在内的全部运行人员控制任务。

（3）就地控制层，通过就地控制屏，完成对应设备的操作控制。

（二）控制保护层

控制保护层设备实现交直流系统的控制和保护功能。其中直流控制保护采用了整体设计，包含了上层控制级（多换流站协调控制）、换流站级和换流器级控制保护功能。另外，控制保护层设备还包括交、直流站控系统（包括站用电控制和辅助系统接口）、换流变压器保护设备等。

（三）现场 I/O 层

现场 I/O 层主要由分布式 I/O 单元以及有关测控装置构成。

作为控制保护层设备与交直流一次系统、换流站辅助系统、站用电设备、阀冷控制保护的接口，现场 I/O 层负责和一次阀单元设备通信，以及通过现场 I/O 层设备完成对一次开关隔离开关设备状态和系统运行信息的采集处理、顺序事件记录、信息上传、控制命令的输出以及就地连锁控制等功能。

第三节　柔性直流控制保护系统架构

直流控制保护系统是整个柔直电网换流站控制系统的核心，直流控制保护系统的架构将直接决定直流控制系统自身的可靠性、稳定性。针对柔直电网的特点，柔直电网控制保护系统架构设计的基本原则为：

（1）直流控制设备与直流保护设备相互独立；

（2）直流控制系统采用双重化冗余设计，从采样单元、数据传输总线、主设备到控制输出等采用完全双重化设计；

（3）直流保护系统按三重化原则冗余配置，采用基于快速总线的改进型"三取二"逻辑，既可防止直流系统保护系统的误动又可防止其拒动，不存在逻辑上的盲区。双套"三取二"逻辑与双重化的控制系统通过快速总线连接；

（4）换流变压器电量保护和换流变压器非电量保护均按三重化原则冗余

配置，采用"三取二"逻辑，既可防止直流保护系统的误动又可防止其拒动，不存在逻辑上的盲区；

（5）运行人员控制系统中的服务器、站 LAN 网等按双重化冗余结构配置，工作站和其他相关设备按多重化配置。整个系统具备足够的冗余度，可以确保任何单一设备的故障不会影响直流系统的正常运行。

一、柔直电网控制系统架构

为适应柔直电网运行方式复杂多变的需求，结合柔直电网多换流站协调控制的功能要求，采用独立的站间协调控制（上层控制）实现多端换流器间的协调工作，并将控制功能尽量放在较低的层次，避免上层控制故障对下层控制（换流站控制）的影响，提高系统的整体性能。综合上述设计思路，推荐将直流控制系统设计为三层结构，分别为：站间协调控制层、双极控制层和极控制层，如图 5-1-2 所示为直流电网直流控制系统架构。

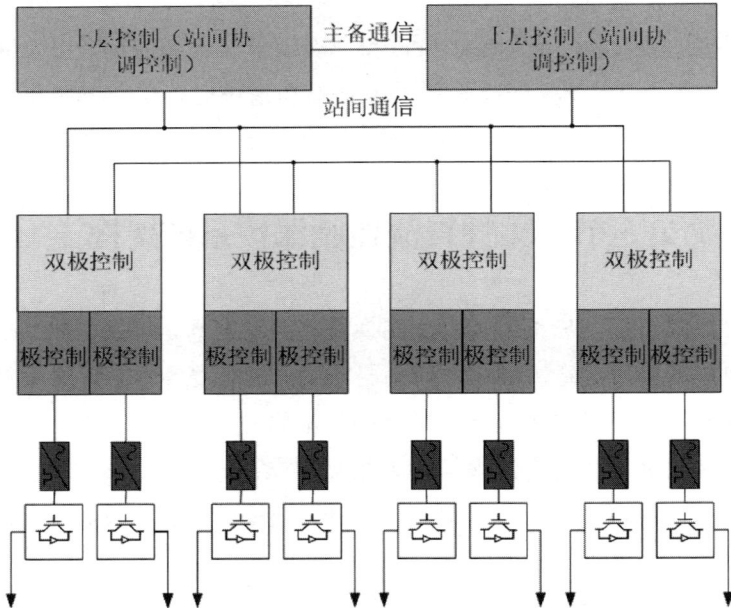

图 5-1-2 直流电网直流控制系统架构

站间协调控制可以对四站进行总的协调，减少系统运行过程中投退换流阀的扰动，降低站间通信的负载率，当站间通信失去时，通过设置在极控制层的不依赖于通信的协调控制策略实现换流站的运行。为适应柔直电网运行方式复杂多变的需求，应在源端和受端各配置一套站间协调控制设备，采用主备方式实现多换流站间协调控制。

二、柔直电网保护系统架构

为了提高保护可靠性，保护装置一般采用冗余配置，根据实际的运行经验，目前较为广泛采用的保护配置方式是三重化配置和完全双重化配置两种，两种保护配置方式的示意图如图 5-1-3 所示。

如图 5-1-3（a）所示，三重保护与三取二装置构成一个整体，三套保护中有两套保护动作才能出口，保证可靠性和安全性。一套保护退出，剩余保护变成二取一逻辑。如图 5-1-3（b）所示，在双重化的基础上，完全双重化配置方式的每一套保护采用"启动 + 保护"的出口逻辑，两套保护同时运行，任意一套动作可出口，保证安全性。两种保护配置方式均具有较为广泛应用，三取二方式在直流工程中应用较多，完全双重化方式在交流保护中应用较多。

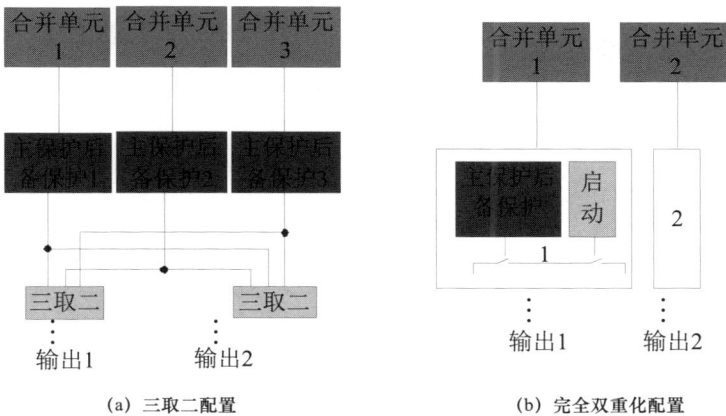

(a) 三取二配置　　　　　　　　(b) 完全双重化配置

图 5-1-3　保护配置方式

根据直流工程应用特点，柔直电网保护总体采用三取二配置方式，换流站保护、直流线路保护均配置三套，并通过三取二装置出口。进一步，考虑直流线路保护快速性需求，从减少动作环节出发可在三取二装置中增配双重化的直流线路超高速、快速保护，形成优化的三取二方案。通过两种保护配置方式的有机结合形成的优化三取二配置方案如图 5-1-4 所示，图中，2F3A 和 2F3B

表示三取二装置 A 和 B。

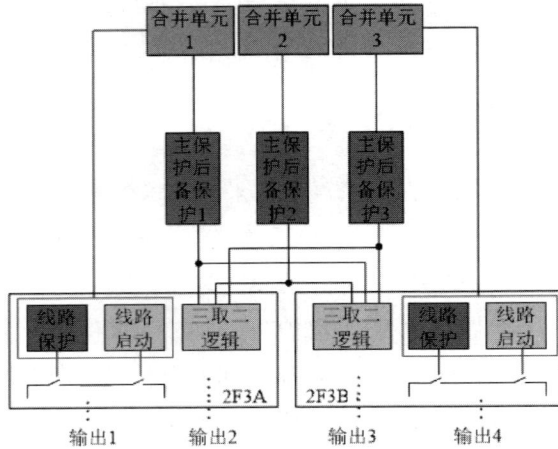

图 5-1-4　优化三取二配置方案

三、柔直换流站间通信组网方案

各换流站的直流保护装置通过保护专用通道点对点直连,张北柔直工程的四端环形电网保护系统的保护通信方案如图 5-1-5 所示,图中 L2F 表示线路三取二装置。

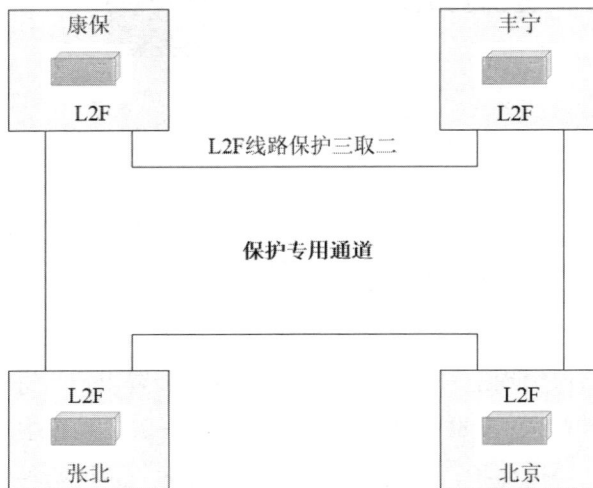

图 5-1-5　保护系统通信方案

172

柔直电网站间协调控制的实现,涉及站间协调控制主机与各换流站直流站控装置主机的通信,以及站间协调控制主机的主备装置间的通信。根据张北柔直电网结构特点,可分别采用主备方式在源端和受端分别配置站间协调控制主机,形成如图5-1-6所示的站间协调控制通信配置方案,图中DCCA/B表示直流站控系统 A/B 套,SCCA/B 表示直流协调控制系统 A/B 套。站间协调控制通信通过组网方式实现,通信通道沿直流线路建设,每条链路均采用主备通道。

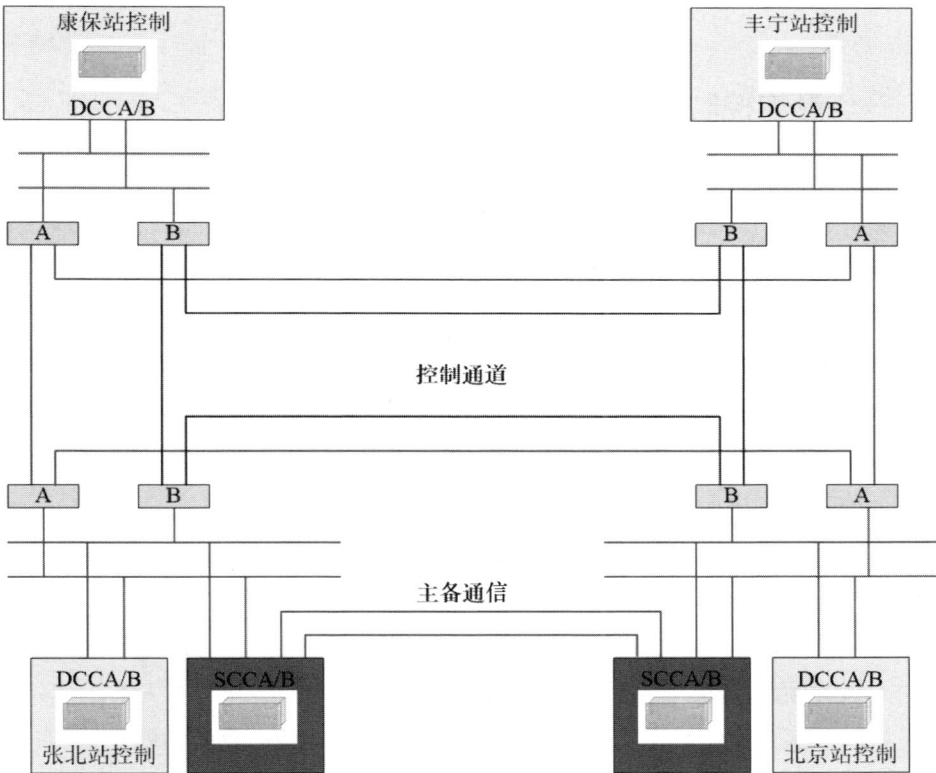

图 5-1-6 站间协调控制通信方案

第二章　柔直控制保护系统技能实践

第一节　柔性直流电网顺序控制与联锁

一、顺序控制和联锁的基本原则

顺序控制主要是对换流站内断路器、隔离开关的分/合操作和换流阀从接地到运行、从运行到接地等提供自动执行功能。联锁包括硬件联锁和软件联锁，其中硬件联锁的种类包括机械联锁和电气联锁等。软件联锁可在控制系统主机的控制软件中实现，在控制系统对开关设备进行操作时起作用。一般机械联锁由一次开关设备自身来实现。联锁在各个操作层次均能实现，包括远方调度中心、运行人员工作站、就地控保小室（控制主机屏柜和就地控制屏柜）及设备就地。其优先级别依次为（从高到低）设备就地、就地控保小室、运行人员工作站、远方调度中心。

远方调度中心可对换流站进行直接的控制操作。换流站接收来自调度中心的控制指令，并下发相应的调度命令。运行人员工作站（OWS）是实现整个柔性直流系统运行控制的主要位置，运行人员的控制操作将通过换流站监控系统的人机界面来实现。就地控制系统可作为远方调度中心和运行人员工作站两项失去时的后备控制，在就地控制屏柜上进行操作完成。设备的就地控制，包括设备的电动开关控制和手动机械操作。

当就地控制把手打到"投远控"方向时，控制位置为远方调度中心或运行人员工作站；当就地控制把手打到"就地联锁"位置时，控制位置为就地控制屏柜，受软件联锁逻辑约束；当就地控制把手打到"就地解锁"位置时，则解除软件联锁逻辑的约束。

本章以张北柔直工程 S4 换流站为例，说明顺序控制操作流程和联锁条件。

张北柔直工程采用双极拓扑，主接线图如图 5-2-1、图 5-2-2 所示。图中"WN"区域属于双极控制区域；对于双极区"WN"的开关、隔离开关及顺控，则由直流站控系统控制。

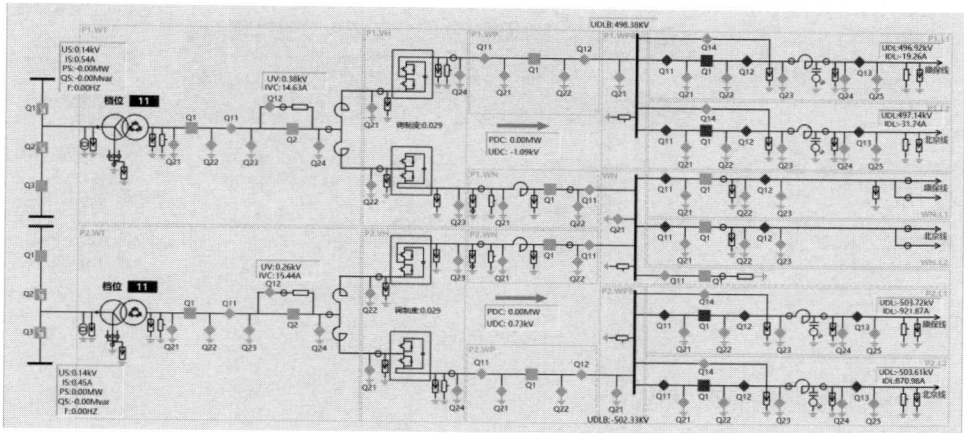

图 5-2-1　OWS 直流场一次主接线图

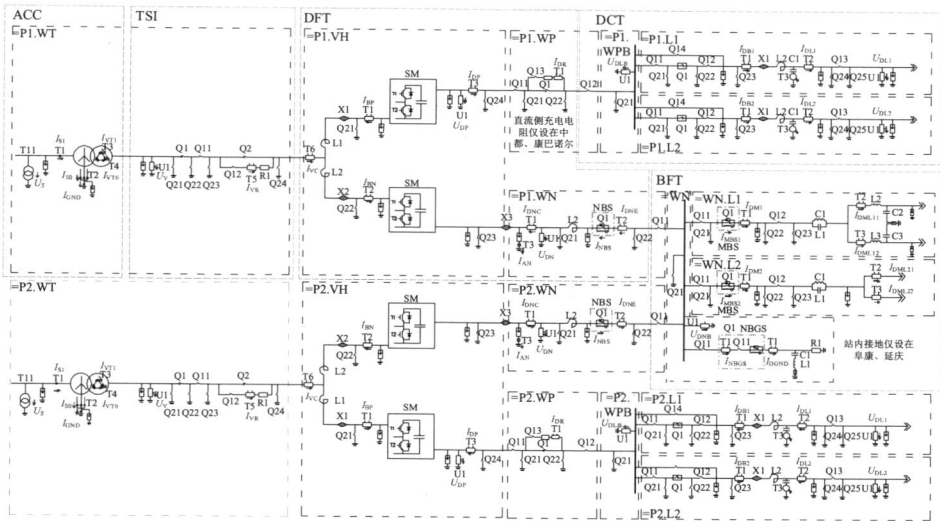

图 5-2-2　直流场一次主接线图

二、顺控流程

如图 5-2-3 所示为 S4 换流站顺控界面。

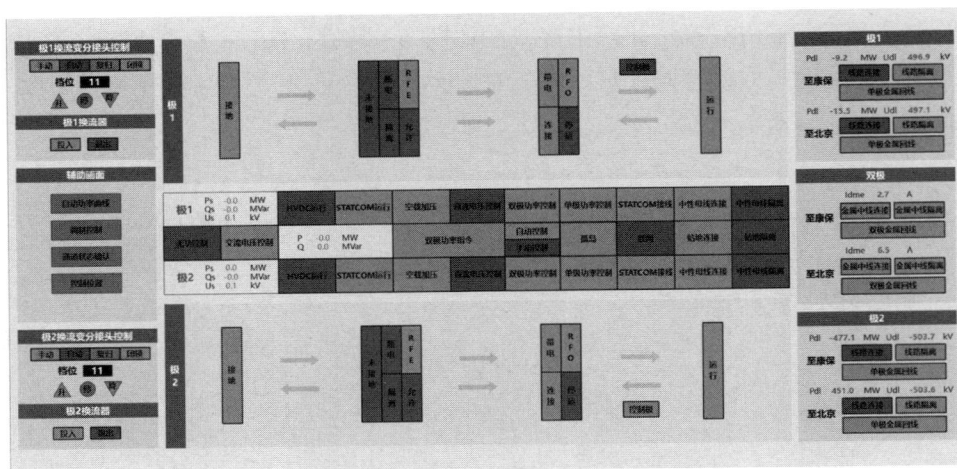

图 5-2-3 S4 换流站顺控界面

（一）顺序控制或状态

顺控界面中包含若干功能模块，现对每个功能模块进行说明，一次设备具体标号参考图 5-2-1。

1. 接地

以交流进线断路器近阀侧隔离开关、WP.Q12 和 PWN.Q11 为边界的换流器区域内所有接接地隔离开关闸均为合位。

判据：WA.Q28（交流进线接地隔离开关）、WT.Q21、WT.Q22、WT.Q23、WT.Q24、VH.Q21、VH.Q24、VH.Q22、VH.Q23、WP.Q21、WP.Q22、PWN.Q21、PWN.Q22 合位。

联锁：所有接接地隔离开关允许合。

接地顺控操作步骤如图 5-2-4 所示。

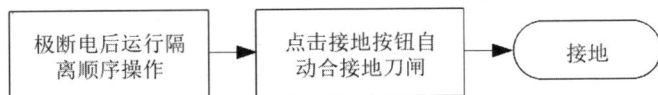

图 5-2-4 接地顺控操作步骤

2. 未接地

以（交流进线近阀侧隔离开关）、WP.Q12 和 PxWN.Q11 为边界的区域内所有接地隔离开关均为分位。

判据：WA.Q28（交流进线接地隔离开关）、WT.Q21、WT.Q22、WT.Q23、WT.Q24、VH.Q21、VH.Q24、VH.Q22、VH.Q23、WP.Q21、WP.Q22、PWN.Q21、PWN.Q22 分位。

联锁：无

未接地顺控操作步骤如图 5－2－5 所示。

```
┌─────────────────┐        ╭───────────╮
│ 点击未接地按钮    │ ─────▶ │   未接地    │
│ 自动分接地刀闸    │        ╰───────────╯
└─────────────────┘
```

图 5－2－5　未接地顺控操作步骤

3. 断电

直流侧和交流侧均无电。

判据：

（1）阀闭锁；

（2）交流进线断路器分位（3/2 接线为边开关和中开关均分位，双母为进线断路器分位）；

（3）交流侧无电：阀侧每相电压有效值均小于相电压额定值的 0.05 倍；

（4）直流侧无电：直流侧电压（极间电压、极对地电压、中性线对地电压）小于额定值的 0.1 倍后延时 10s。

综上，断电＝（1）&（2）&（3）&（4）。

4. 带电

交流侧带电或直流侧带电。

判据：

（1）交流侧带电：

1）交流进线支路连接（3/2 接线时边开关合位、或中开关、远侧边开关均合位，以及相关隔离开关连接）；

2）阀侧每相相电压（基波）均大于相电压额定有效值的 0.7 倍。

（2）直流侧带电：

直流极间电压大于额定电压的 0.6 倍，持续时间 15s。

综上，带电＝交流侧带电 ‖ 直流侧带电，其中，交流侧带电＝1）&2），直

流侧带电 = 1）。

5. 隔离

隔离顺序将把换流器从换流变、直流母线、中性母线断开，为顺控自动操作。

判据：

WP.Q11、PWN.Q11、WT.Q11 分位。

联锁：

（1）换流阀闭锁；

（2）交流进线支路隔离；

（3）WP.Q13 分位；

（4）与 ACC 值班系统通信正常。

隔离顺控操作步骤如图 5－2－6 所示。

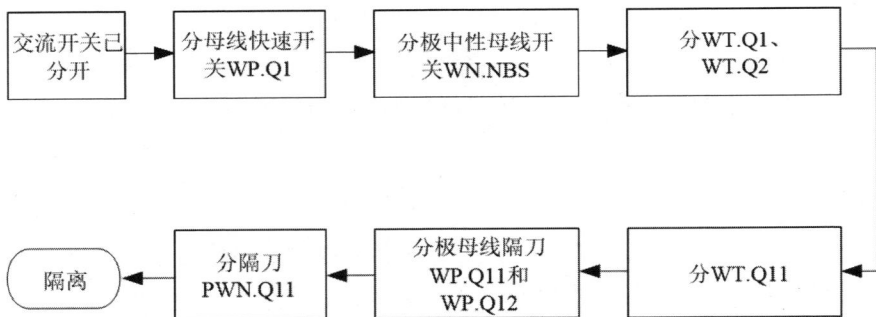

```
┌──────┐   ┌──────────┐   ┌──────────┐   ┌──────────┐
│交流开关已│→ │分母线快速开│→ │分极中性母线开│→│ 分WT.Q1、 │
│ 分开  │   │关WP.Q1   │   │关WN.NBS  │   │  WT.Q2   │
└──────┘   └──────────┘   └──────────┘   └──────────┘
                                                  │
┌──────┐   ┌──────────┐   ┌──────────┐   ┌──────────┐
│ 隔离 │← │分隔刀    │← │分极母线隔刀 │← │ 分WT.Q11  │
│      │   │PWN.Q11   │   │WP.Q11和  │   │          │
└──────┘   └──────────┘   │WP.Q12    │   └──────────┘
                          └──────────┘
```

图 5－2－6　隔离顺控操作步骤

6. 连接

连接表示将极连接到换流变、直流母线、中性母线，为顺控自动操作。

判据：

（1）HVDC 联网运行方式：WT.Q1、WT.Q11、WT.Q12 或 WT.Q2、WP.Q11、WP.Q1、WP.Q12、WN.NBS、PWN.Q11 合位；

（2）HVDC 孤岛运行方式：WT.Q1、WT.Q11、WT.Q2、WP.Q11、WP.Q1 或 WP.Q13、WP.Q12、WN.NBS、PWN.Q11 合位；

（3）STATCOM 运行方式：WT.Q1、WT.Q11、WT.Q12 或 WT.Q2、WN.NBS、PWN.Q11 合位、WP.Q11 分位。

联锁：

（1）阀闭锁；

（2）进线支路隔离（3/2 接线为与进线相连的边开关和中开关均为分位）。

（3）无保护极隔离命令。

（4）非接地。

（5）WPB.Q21 分位、WN.Q21 分位。

（6）STATCOM 运行方式时 WP.Q11 分位。

（7）直流母线电压正常：

HVDC 孤岛运行方式时，直流母线无压（低于额定 5%）；

HVDC 联网运行时 1）‖2）；

1）直流母线电压正常（490～527kV）；

2）直流母线无压（低于额定 5%），以下取或；

a. 与本站连接的其他站直流母线上联网运行方式的换流器均隔离（SCC 和 PCP 均判断，SCC 优先）。

b. 与本站端对端连接的换流器孤岛运行方式（两端无关直流线路应隔离）（SCC 和 PCP 均判断，SCC 优先）。

STATCOM 运行时，无要求；

（8）与对应 ACC 值班系统通信正常。

（9）与 DCC 值班系统通信正常（STATCOM 模式不考虑）。

连接顺控操作步骤如图 5-2-7 所示。

7. 允许

允许投入判据：HVDC 解锁运行方式、WT.Q1、WT.Q11、WT.Q2、WP.Q11、WP.Q12、PWN.NBS、PWN.Q11 合位、WP.Q1 分位。长时间（30min）处于允许投入状态时，进行报警。

包括 HVDC 连接允许、STATCOM 连接允许，隔离允许。

判据：HVDC 连接允许。

（1）非连接；

（2）阀闭锁；

（3）进线支路隔离；

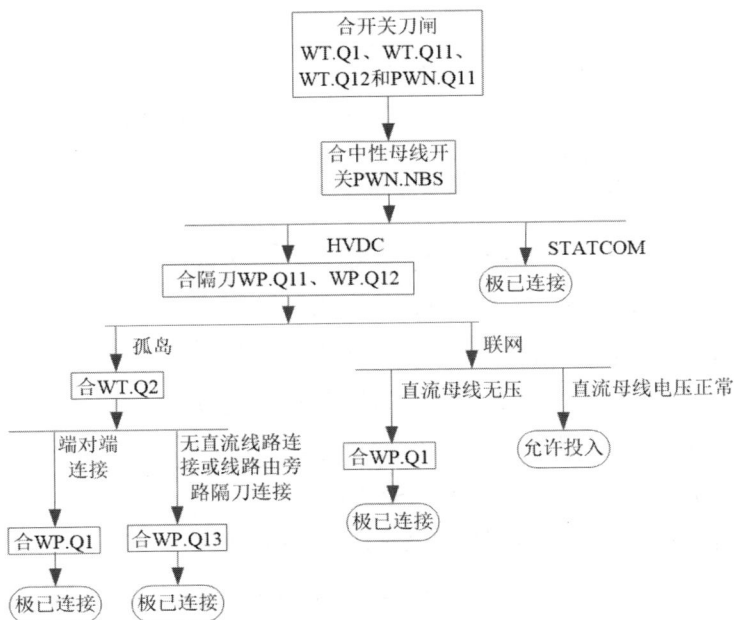

图 5-2-7　连接顺控操作步骤

（4）无隔离命令；

（5）非接地；

（6）WPB.Q21 分位、WN.Q21 分位；

（7）直流母线电压正常：

HVDC 孤岛运行方式时，直流母线无压（低于额定 5%），且所有直流线路非连接；联网运行时，无要求，

（8）PCP 与 ACC 通信正常；

（9）PCP 与 DCC 通信正常。

综上，HVDC 连接允许 =（1）&（2）&（3）&（4）&（5）&（6）&（7）&（8）&（9）。

STATCOM 连接允许：

（1）非连接；

（2）阀闭锁；

（3）进线支路隔离；

（4）无隔离命令；

（5）非接地；

（6）WPB.Q21 分位、WN.Q21 分位；

（7）PCP 与 ACC 通信正常；

（8）STATCOM 运行方式时 WP.Q11 分位。

综上，STATCOM 连接允许 =（1）&（2）&（3）&（4）&（5）&（6）&（7）&（8）。

隔离允许：

（1）阀处于闭锁状态；

（2）非隔离状态；

（3）WP.Q13 分位；

（4）WP.Q1 分位或允许分；

（5）PWN.Q1（NBS）分位或允许分；

（6）与 ACC 值班系统通信正常。

综上，隔离允许 =（1）&（2）&（3）&（4）&（5）&（6）。

8．RFE

状态：换流器充电准备就绪。

联锁：

（1）PCP 控制系统正常。

（2）VBC 系统正常。

（3）阀冷系统正常。

（4）无跳闸信号（包括紧急停运、阀厅火灾报警信号等）。

（5）阀闭锁。

（6）交流场准备就绪：1）&2）‖3）。

1）未接地、交流进线支路隔离，WTQ1、WTQ11 合位；

2）联网模式：WT.Q2 分位、WT.Q12 合位；

3）孤岛模式：WT.Q2 合位、WT.Q12 分位，交流耗能设备正常。

（7）直流场准备就绪：1）‖2）‖3）‖4）：

1）STATCOM 模式下，WP.Q11 分位，中性母线连接，金属回线均隔离；

2）HVDC 联网方式下，中性母线连接，WP.Q11、WP.Q12 合位，且以下取或：

a. 直流母线有压且 WP.Q1 分位;

b. 直流母线无压,且 WP.Q1 合位,且与本站连接的其他站直流母线上联网运行方式的换流站均隔离(SCC 和 PCP 均判断,SCC 优先);

c. 直流母线无压,且 WP.Q1 合位,与本站端对端连接的换流器孤岛运行方式(两端无关直流线路应隔离)且极连接且 RFE(SCC 和 PCP 均判断,SCC 优先);如 S1 换流站和 S2 换流站正极端对端连接为正极层 S1 换流站线 1 连接,线 2 隔离,S2 换流站线 1 连接,线 2 隔离。

3)孤岛方式下,中性母线连接,WP.Q11、WP.Q12 合位,(WP.Q13 合位,WP.Q1 分位)或者(端对端连接(两端无关直流线路应隔离)时,WP.Q13 分为,WP.Q1 合位)。

4)OLT 模式:中性母线连接,以下取或:

a. 不带线路 OLT:WP.Q1、WP.Q11、WP.Q12 分位;

b. 带线路 OLT:直流母线无压,且 WP.Q1、WP.Q11、WP.Q12 合位,且与本站连接的其他站直流母线上换流器均隔离(SCC 和 PCP 均判断,SCC 优先)。

(8)未接地。

(9)阀厅门关闭。

(10)PCP 与 ACC 通信正常。

(11)PCP 与 DCC 通信正常(HVDC 模式)。

(12)直流接地点正常 1)‖2):

1)STATCOM 运行方式:站内接地连接、金属中线隔离;

2)HVDC 运行方式:接地正常且唯一。

综上,RFE =(1)&(2)&(3)&(4)&(5)&(6)&(7)&(8)&(9)&(10)&(11)&(12)。

9. RFO

状态:换流器解锁准备就绪。

联锁:

(1)PCP 控制系统正常。

(2)VBC 系统正常。

(3)水冷系统正常。

（4）阀闭锁。

（5）分接头正常、分接头档位调节正常。

（6）无跳闸信号（包括紧急停运、火灾报警信号等）。

（7）充电完成（1）‖（2）：

1）联网时：交流已充电，主动充电完成；

2）孤岛时：直流已充电，主动充电完成。

（8）阀厅门已关闭。

（9）开关隔离开关连接正常（1）‖（2）：

1）孤岛模式下，交流进线支路隔离、极连接；

2）联网模式下，进线支路连接、中性母线连接。

（10）直流电压控制正常（1）‖（2）：

1）本站联网情况下，控制模式为定直流电压控制；

2）本站孤岛情况下，直流极间电压在正常工作范围内（490～527kV）。

（11）PCP 与 ACC 通信正常。

（12）PCP 与 DCC 通信正常（HVDC 模式）。

（13）直流接地正常（1）‖（2）：

1）STATCOM 运行方式：中性母线连接、站内接地连接、金属中线隔离；

2）HVDC 运行方式：中性母线连接、接地正常且唯一。

（14）对极允许本极运行：双极采用相同的 HVDC 或 STATCOM 模式。

综上，RFO =（1）&（2）&（3）&（4）&（5）&（6）&（7）&（8）&（9）&（10）&（11）&（12）&（13）&（14）。

10．停运

状态：阀闭锁。

联网方式联锁：（1）‖（2）。

（1）本站为有功功率站；

（2）本站为直流电压站，且有功、无功功率小于 5%额定功率。

孤岛方式联锁：（1）‖（2）。

（1）双极运行时，对极双极功率控制且双极功率小于单极换流器最大功率；

（2）单极运行时，有功、无功功率小于 5%额定功率。

11．运行

状态：阀解锁。

联锁：RFO 满足。

12．投入

状态：HVDC 模式、连接。

联锁：

（1）HVDC 模式。

（2）联网。

（3）非极连接，处于连接等待状态（WP.Q11、WP.Q12 合位，WP.Q13、WP.Q1 分位）。

（4）直流母线电压正常，1）‖2)：

1）直流母线有压（490～527kV）；

2）直流母线无压（小于 0.05p.u.），两直流线路非连接。

（5）换流阀已解锁（延时 10s）。

（6）处于直流电压控制模式。

投入顺控操作步骤如图 5－2－8 所示。

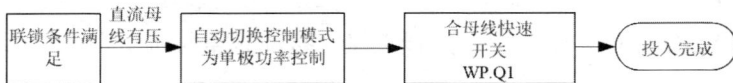

图 5－2－8　投入顺控操作步骤

13．退出

状态：

（1）进线支路隔离；

（2）换流器极隔离。

联锁：

（1）HVDC 模式；

（2）处于极连接状态；

（3）降功率后，有功、无功小于阈值(有功功率：直流电压模式小于 5%p.u.，其余模式小于 5%p.u.；无功功率：小于 5%p.u.)。

退出顺控操作步骤如图 5－2－9 所示。

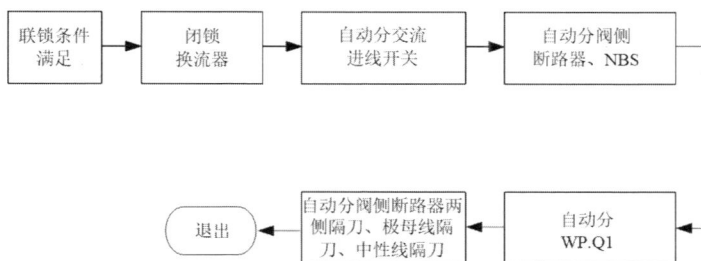

图 5 - 2 - 9　退出顺控操作步骤

（二）接线方式及连接隔离方式

1. 中性母线连接与隔离

中性母线连接判据：WN.NBS、PWN.Q11 合位；

中性母线隔离判据：WN.NBS 分位或 PWN.Q11 分位。

2. 站地连接、站地备用与站地隔离

站地连接判据：WN.Q11、WN.Q1 合位。

联锁：

（1）WN.Q11 合位或允许合；

（2）WN.Q1 分位（WN.Q1.Q11 分位，WN.Q1.Q1 合位）；

（3）WN.Q1 允许合。

综上，站内接地极连接允许 = （1）&（2）&（3）。

站地连接顺控操作步骤如图 5 - 2 - 10 所示。

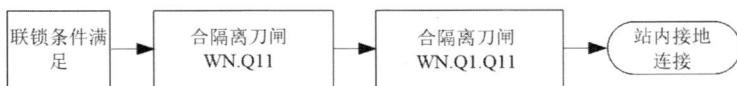

图 5 - 2 - 10　站地连接顺控操作步骤

站地备用判据：WN.Q11 合位且 WN.Q1 分位。

联锁：

WN.Q1 分位或允许分。

站地备用顺控操作步骤如图 5 - 2 - 11 所示。

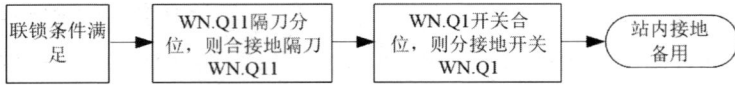

图 5－2－11　站地备用顺控操作步骤

站地隔离判据：WN.Q11 分位。

联锁：

WN.Q1 允许分。

站地隔离顺控操作步骤如图 5－2－12 所示。

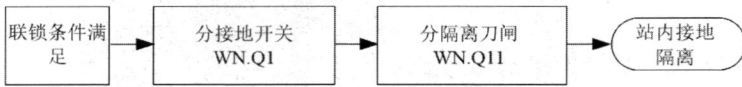

图 5－2－12　站地隔离顺控操作步骤

3. 金属中线 Ly 连接与隔离

连接判据：WN.Ly.Q11、WN.Ly.Q12、WN.Ly.Q1（MBSy）合位。

联锁：

（1）WN.Ly.Q1 分位；

（2）WN.Ly.Q1 允许合；

（3）WN.Ly.Q11 合位或允许合；

（4）WN.Ly.Q12 合位或允许合；

（5）双极均非 STATCOM 运行模式。

金属中线连接顺控操作步骤如图 5－2－13 所示。

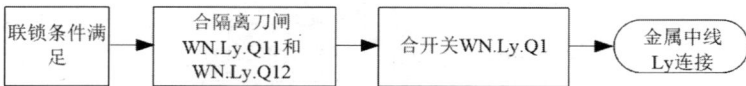

图 5－2－13　金属中线连接顺控操作步骤

隔离判据：WN.Ly.Q11、WN.Ly.Q12 至少一个为分位。

联锁：

（1）金属中线转换开关 WN.Ly.Q1 正常；

（2）金属中线电流 IDM 低；

（3）转换开关 WN.Ly.Q1 状态不允许合。

其中（3）为以下条件取或，即 1)||2)||3)。

1）站间通信正常且 WN.Ly.Q1 线路方向和母线方向均与接地点连接；

2）站间通信正常且对线路金属中线隔离；

3）两极均隔离且另一条金属中线隔离。

当（1）&（2）&（3）满足时，允许分接地点。

金属中线隔离顺控操作步骤如图 5－2－14 所示。

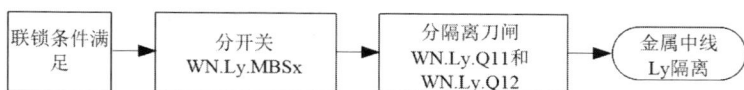

图 5－2－14　金属中线隔离顺控操作步骤

4. 直流线路 Ly 连接与隔离

连接判据：P.Ly.Q11、P.Ly.Q12、P.Ly.Q1（DBy）、P.Ly.Q13 合位，或者 P.Ly.Q14、P.Ly.Q13 合位。

联锁：

（1）P.Ly.Q11、P.Ly.Q12、P.Ly.Q13 合位或允许合。

（2）P.Ly.Q1（DBy）本体允许合。

（3）P.Ly.Q1（DBy）所在线路状态满足线路连接顺控条件。

（4）满足的情形为 1)||2)||3)||4)：

1）直流断路器两侧有压：线路侧和母线侧电压差小于 27kV 或换流器隔离（包含连接于母线的其他线路隔离）；

2）直流断路器两侧无压；

3）母线侧有压、线路侧无压：对侧线路非连接，或（连接于对侧母线上的换流器隔离且对侧母线所连其他线路未连接）或（对侧孤岛 RFE，且母线上其他线路未连接），与对侧通信正常；

4）母线侧无压、线路侧有压：换流器隔离（包含连接于母线的其他线路隔离）或（孤岛 RFE，且母线上其他线路未连接）。

直流线路连接顺控操作步骤如图 5－2－15 所示。

注：P.Ly.Q14、P.Ly.Q13 合位，同为线路 Ly 连接，不设计自动顺控操作，由人为单独操作隔离开关。

图 5-2-15　直流线路连接顺控操作步骤

隔离判据：P.Ly.Q13 分位，或者（P.Ly.Q11 分位||P.Ly.Q12 分位）&&P.Ly.Q14分位。

联锁：

（1）直流断路器 P.Ly.Q1（DBy）分位或允许分。

（2）P.Lx.Q14 分位。

（3）本站孤岛站运行情况下，直流线路非唯一连接。

直流线路隔离顺控操作步骤如图 5-2-16 所示。

图 5-2-16　直流线路隔离顺控操作步骤

注：当 L1.Q14、L1.Q13 合位，线路 L1 连接时，不可自动顺控操作，由人为单独操作隔离开关。

5. 单极金属回线

任意一条直流线路包含三条线路分别为正极线路、金属中线和负极线路，当仅直流线路两端仅一条极线和金属中线连接时，处于单极金属回线，直流线路 L1 单极（正极）金属回线示意图如图 5-2-17 所示，图中 WPB 表示直流母线。

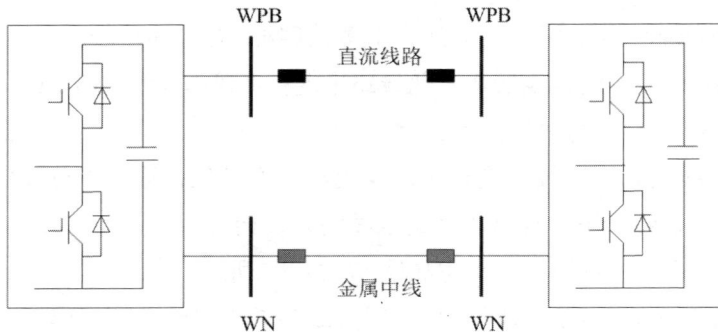

图 5-2-17　直流线路 L1 单极金属回线示意图

状态：直流线路 Ly 单极金属回线。

判据：

（1）直流线路 Ly 正极或负极连接；

（2）直流线路 Ly 金属中线连接；

（3）直流线路 Ly 对站对应极连接；

（4）直流线路 Ly 对站金属中线连接；

（5）直流线路 Ly 非双极金属回线。

综上，直流线路 Ly 单极金属回线＝（1）&（2）&（3）&（4）&（5）。

6. 双极金属回线

双极金属回线示意图如 5－2－18 所示，图中 WN 表示金属母线。

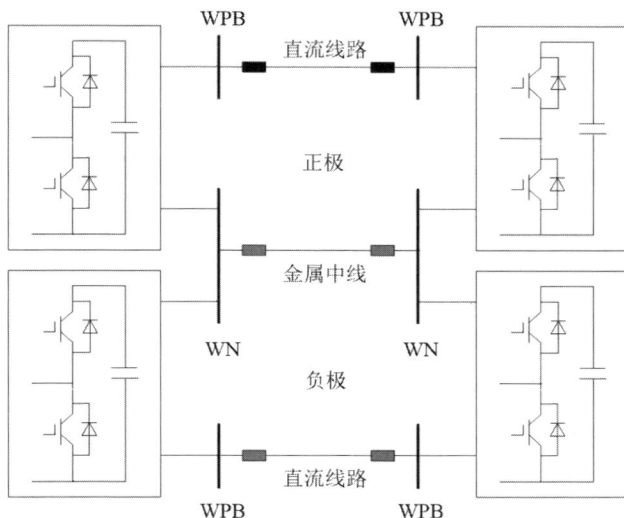

图 5－2－18　双极金属回线示意图

判据：

（1）直流线路 Lx 正极、负极均连接；

（2）直流线路 Lx 金属中线连接；

（3）直流线路 Lx 对站正极、负极均连接；

（4）直流线路 Lx 对站金属中线连接。

7. STATCOM

STATCOM 运行模式仅针对任一个换流器，当处于 STATCOM 方式时示意图如图 5 - 2 - 19 所示。

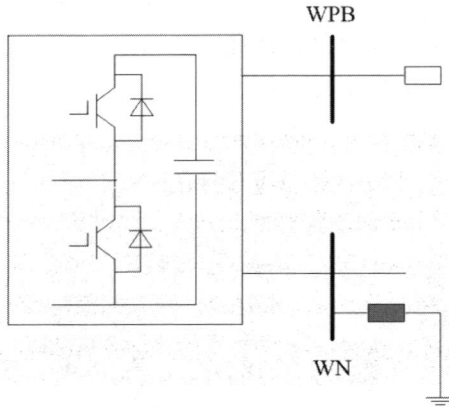

图 5 - 2 - 19　单极 STATCOM 示意图

状态：单极 STATCOM 接线方式正常。

判据：

（1）站内接地连接；

（2）中性母线连接；

（3）WP.Q11 分位；

（4）金属中线隔离。

联锁：

（1）阀闭锁；

（2）断电；

（3）WP.Q11 分位或 WP.Q12 分位，条件不满足时仍可切换 STATCOM。

综上，单极 STATCOM ＝（1）&（2）&（3）。

8. HVDC

HVDC 运行方式仅针对任一个换流器，如图 5 - 2 - 20 所示为单极 HVDC 示意图。

状态：单极 HVDC 接线方式正常。

联锁：

（1）阀闭锁；

（2）断电；

综上，单极 HVDC =（1）&（2）。

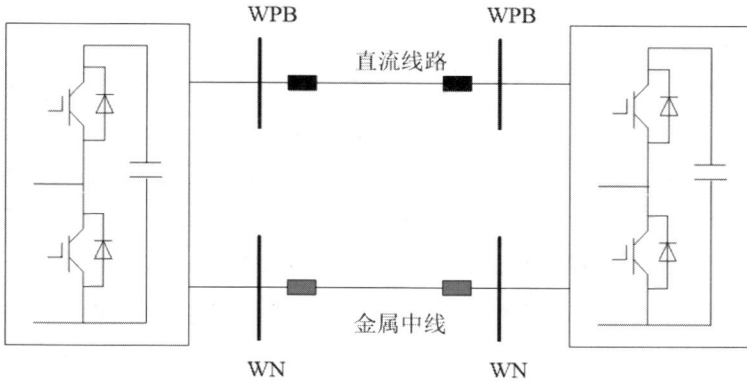

图 5-2-20　单极 HVDC 示意图

第二节　柔性直流电网典型启动及停运流程

一、S1 换流站——S2 换流站端对端启动

（1）检查 S1 换流站顺控画面运行方式在 HVDC 和联网运行方式，控制方式在直流电压控制（见图 5-2-21 顺控界面 1）。

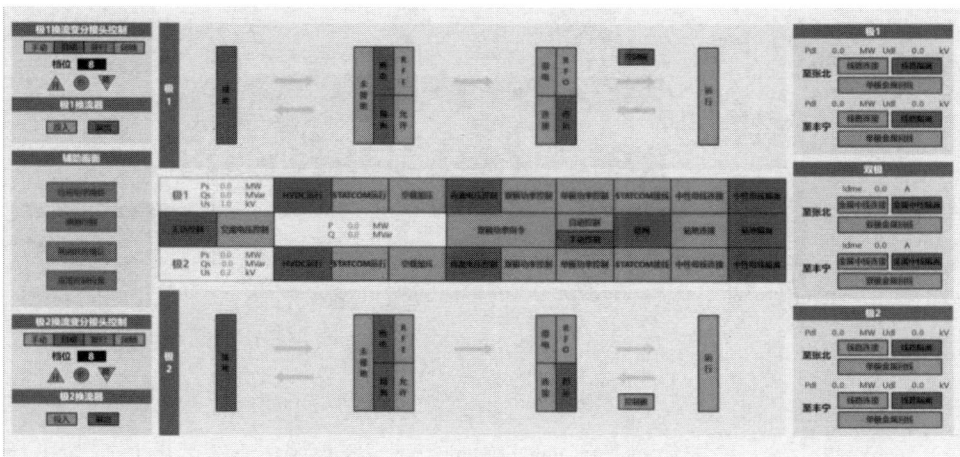

图 5-2-21　顺控界面 1

191

（2）检查 S2 换流站顺控画面运行方式在 HVDC 和联网运行方式，控制方式在直流电压控制（见图 5-2-22 顺控界面 2）。

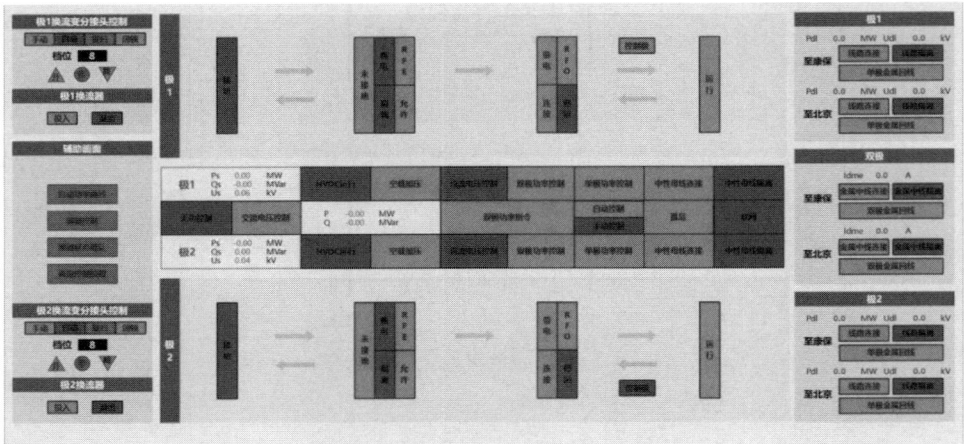

图 5-2-22 顺控界面 2

（3）点击 S2 换流站顺控画面未接地按钮，检查 S2 换流站顺控画面未接地按钮、允许指示点亮（见图 5-2-23 顺控界面 3）。

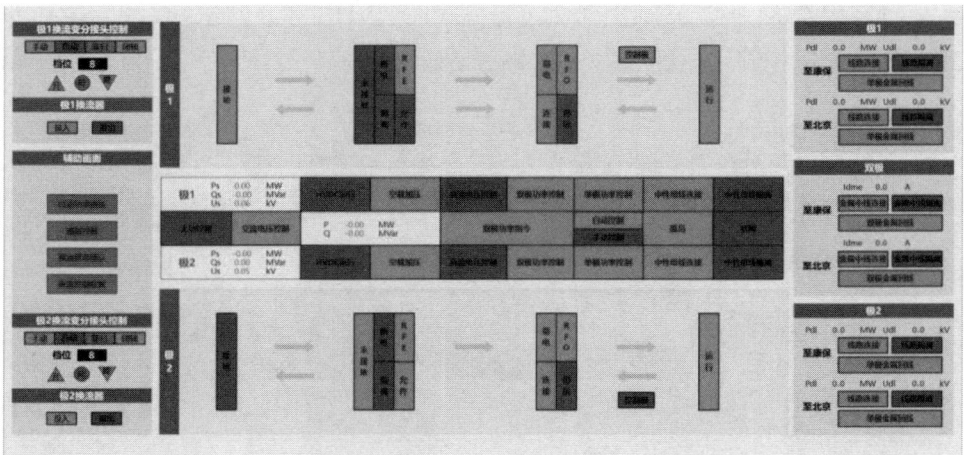

图 5-2-23 顺控界面 3

（4）点击 S1 换流站顺控画面未接地按钮，检查 S1 换流站顺控画面未接地按钮、允许指示点亮（见图 5-2-24 顺控界面 4）。

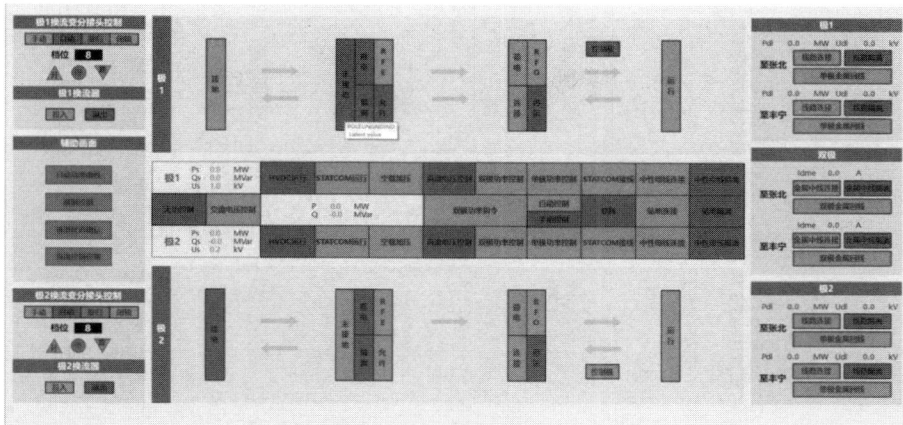

图 5-2-24 顺控界面 4

（5）点击 S1 换流站顺控画面站地连接按钮，检查 S1 换流站顺控画面站地连接按钮点亮（见图 5-2-25 顺控界面 5）。

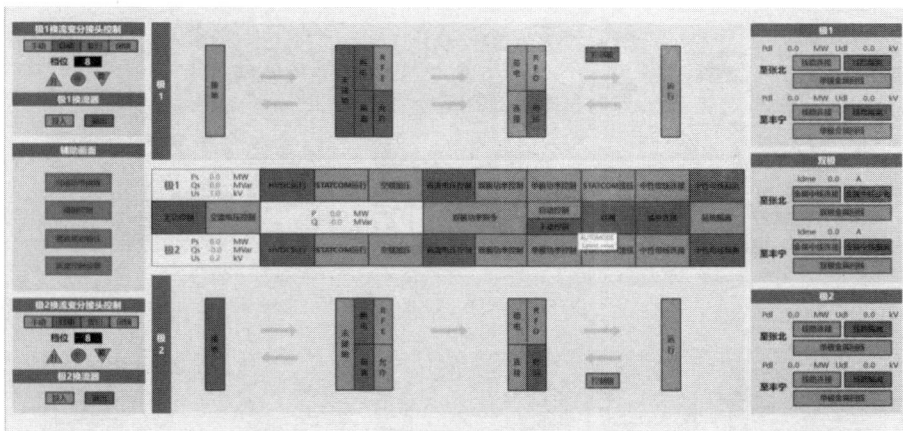

图 5-2-25 顺控界面 5

（6）点击 S1 换流站顺控画面至 S2 换流站金属中线连接按钮，检查 S1 换流站顺控画面站至 S2 换流站金属中线连接按钮点亮（见图 5-2-26 顺控界面 6）。

（7）点击 S1 换流站控画面至 S2 换流站线路连接按钮，检查 S1 换流站顺控画面站至 S2 换流站线路连接按钮点亮（见图 5-2-27 顺控界面 7）。

（8）点击 S2 换流站顺控画面至 S1 换流站金属中线连接按钮，检查 S2 换流站顺控画面站至 S1 换流站金属中线连接按钮点亮（见图 5-2-28 顺控界面 8）。

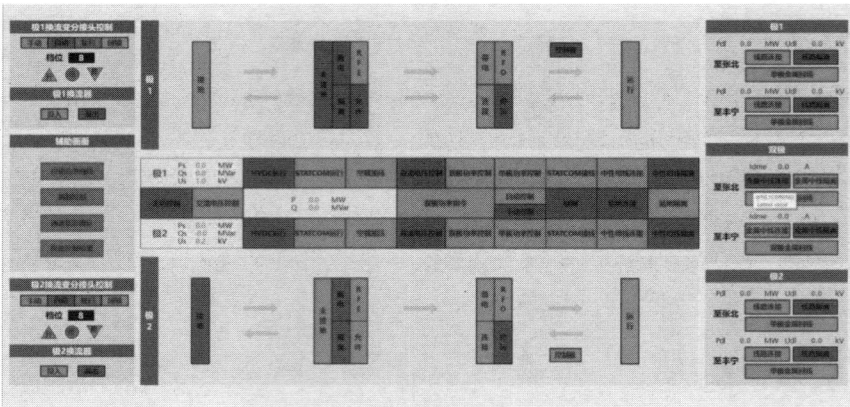

图 5-2-26 顺控界面 6

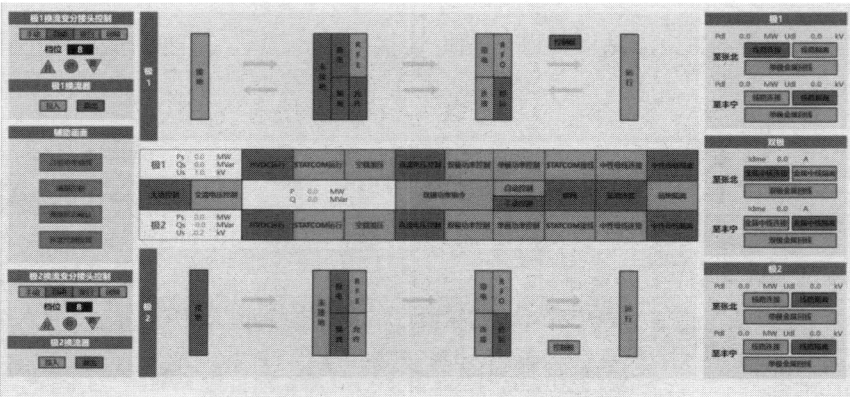

图 5-2-27 顺控界面 7

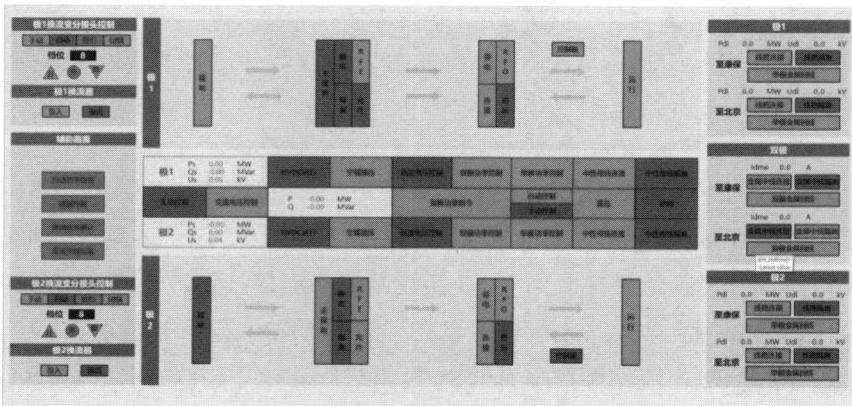

图 5-2-28 顺控界面 8

（9）点击 S2 换流站顺控画面至 S1 换流站线路连接按钮，检查 S2 换流站顺控画面站至 S1 换流站线路连接按钮点亮（单极金属回线点亮）（见图 5-2-29顺控界面 9）。

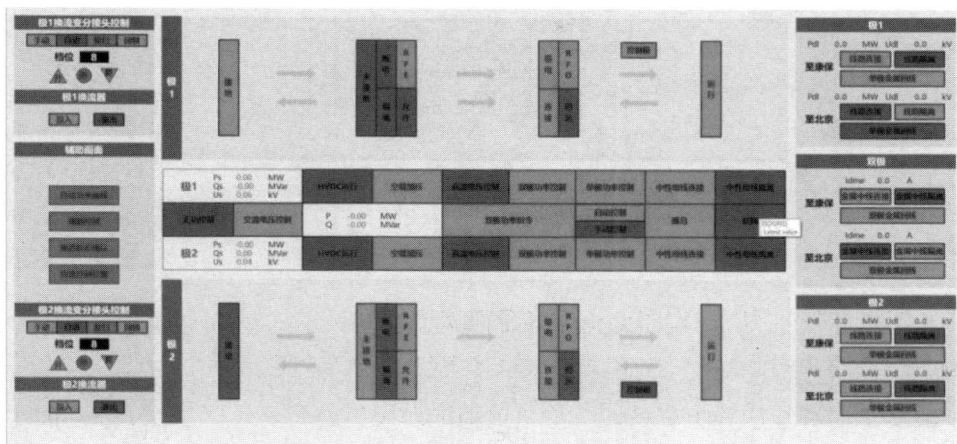

图 5-2-29　顺控界面 9

（10）点击 S1 换流站顺控画面极连接按钮，检查 S1 换流站顺控画面站极连接按钮点亮（中性母线连接亮、换流器投入亮、RFE 指示点亮）（见图 5-2-30顺控界面 10）。

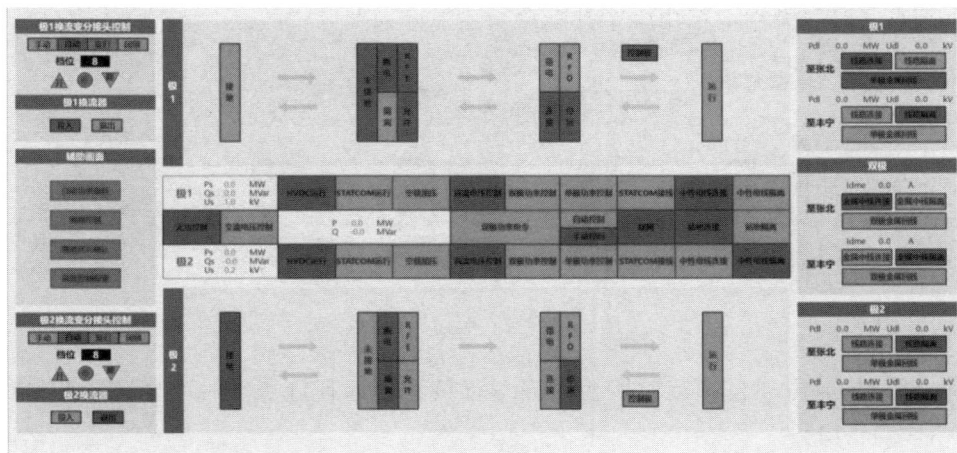

图 5-2-30　顺控界面 10

（11）合上 S1 换流站换流变网侧开关充电（见图 5-2-31 顺控界面 11）。

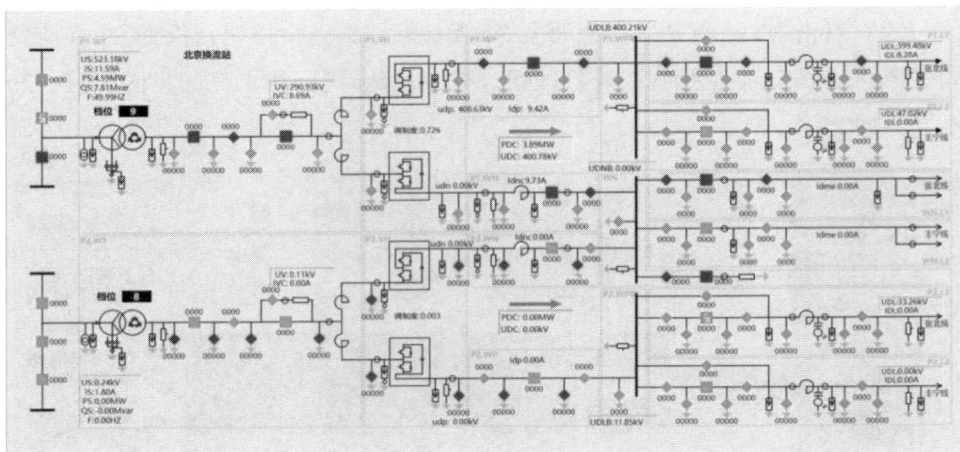

图 5-2-31 顺控界面 11

（12）检查 S1 换流站顺控画面带电点亮，RFO 暂时不亮，检查启动交流电阻旁路开关 WT.Q2 在合位，启动电阻串联隔离开关在分位。（见图 5-2-32 顺控界面 12）；一段时间满足条件后 RFO 点亮，（见图 5-2-33 顺控界面 13）。

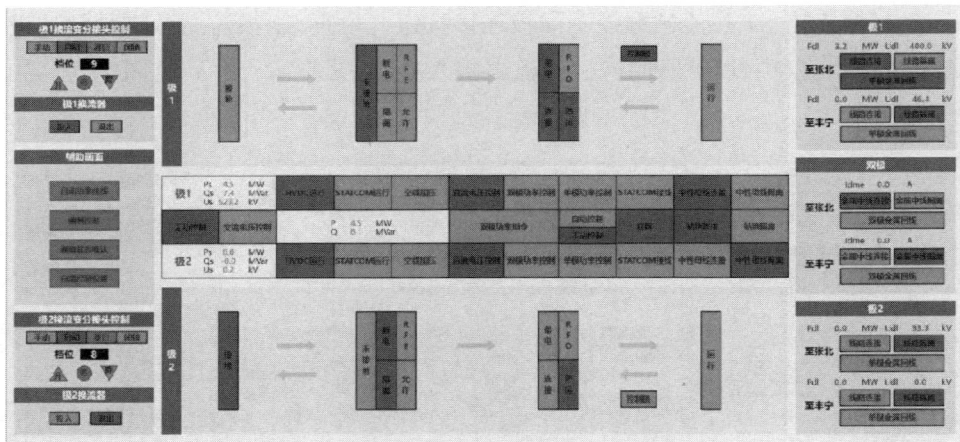

图 5-2-32 顺控界面 12

（13）点击 S1 换流站顺控画面运行按钮，运行灯点亮（见图 5-2-34 顺控界面 14）。

（14）点击 S2 换流站顺控画面极连接按钮，检查中性母线连接点亮（见图 5-2-35 顺控界面 15）。

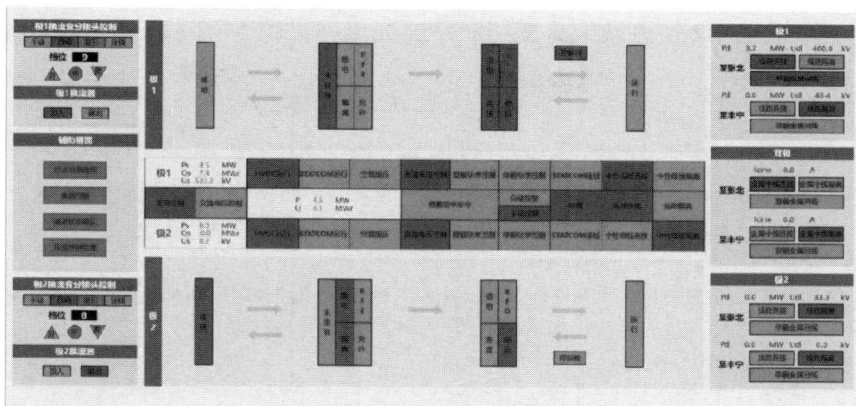

图 5 - 2 - 33　顺控界面 13

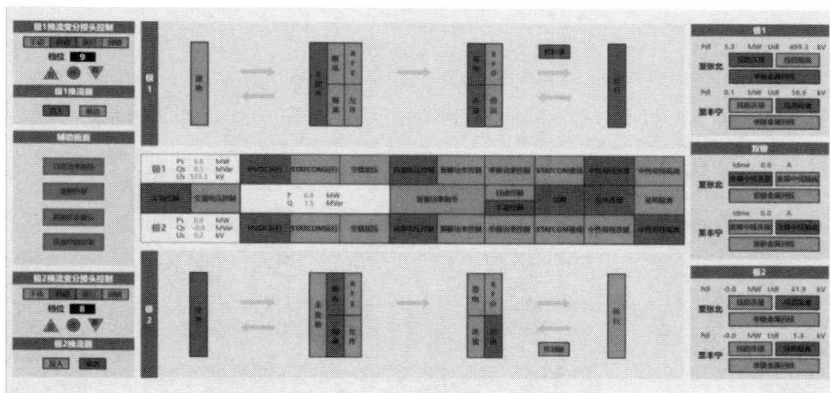

图 5 - 2 - 34　顺控界面 14

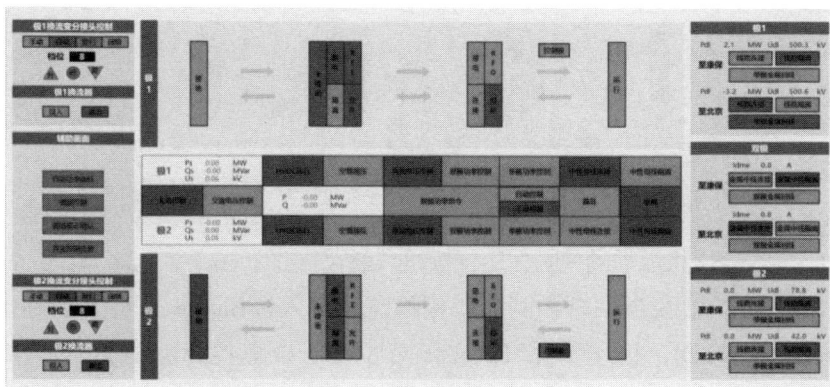

图 5 - 2 - 35　顺控界面 15

（15）合上 S2 换流站换流变网断路器充电（见图 5-2-36 顺控界面 16）。

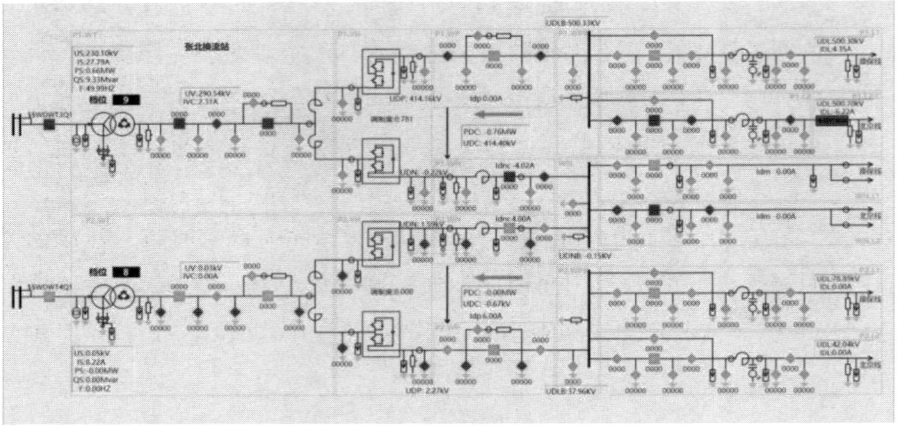

图 5-2-36　顺控界面 16

（16）检查 S2 换流站顺控画面带电点亮，RFO 过一段时间条件满足后点亮，检查 WT.Q2 在合位，启动电阻串联隔离开关在分位（图 5-2-37 顺控界面 17）。

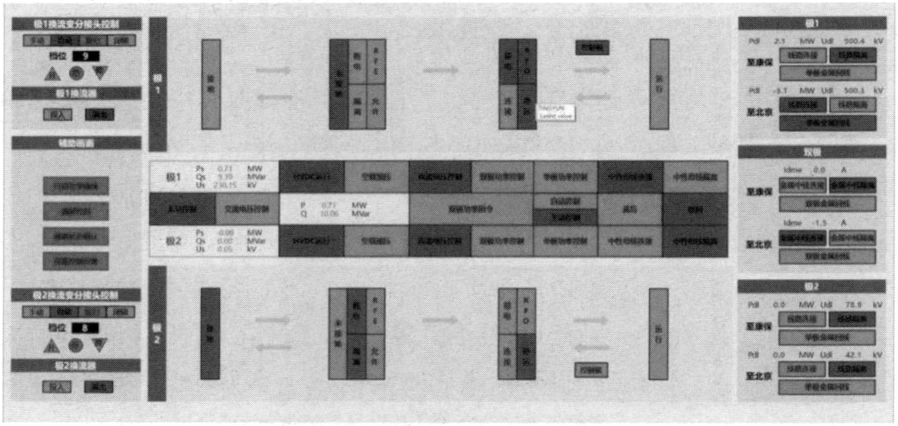

图 5-2-37　顺控界面 17

（17）点击 S2 换流站顺控画面运行按钮，运行灯点亮（图 5-2-38 顺控界面 18）。

（18）点击 S2 换流站顺控画面正极换流器投入按钮，直流电压控制会自动变为单极功率控制，极连接按钮点亮（图 5-2-39 顺控界面 19）。

（19）点击 S2 换流站顺控画面正极单极功率控制设置功率***MW（根据调度令执行）及升降速度（见图 5-2-40 顺控界面 20）。

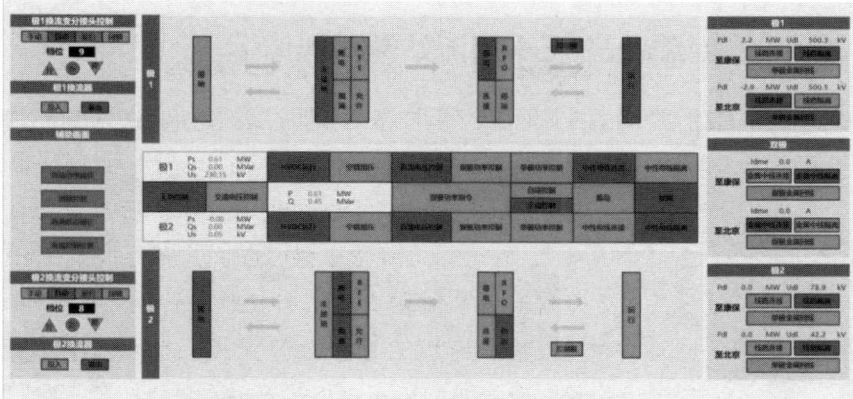

图 5 - 2 - 38　顺控界面 18

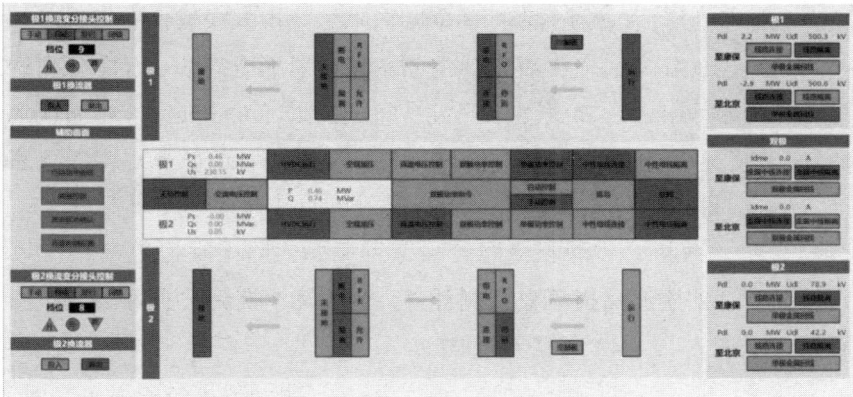

图 5 - 2 - 39　顺控界面 19

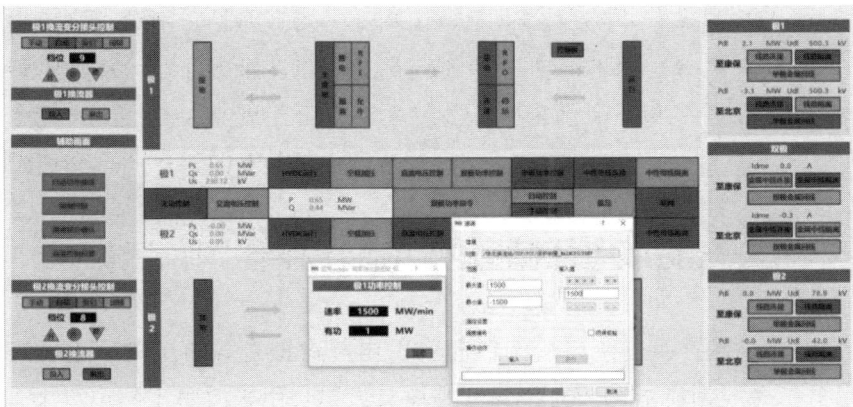

图 5 - 2 - 40　顺控界面 20

二、S2 换流站——S1 换流站端对端停运

（1）点击 S2 换流站顺控画面极停运按钮，检查停运按钮点亮（见图 5-2-41顺控界面 21）。

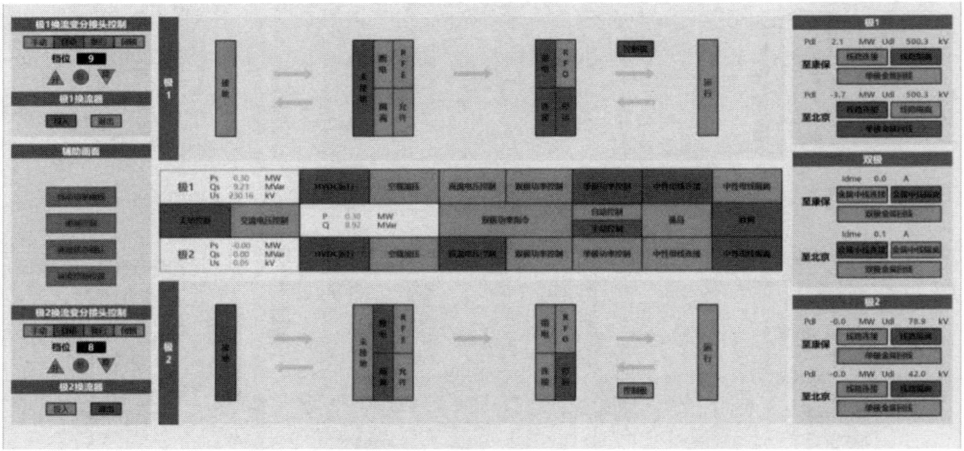

图 5-2-41　顺控界面 21

（2）拉开 S2 换流站换流变网侧开关，检查 S2 换流站直流场一次图设备状态正常（见图 5-2-42 顺控界面 22）。

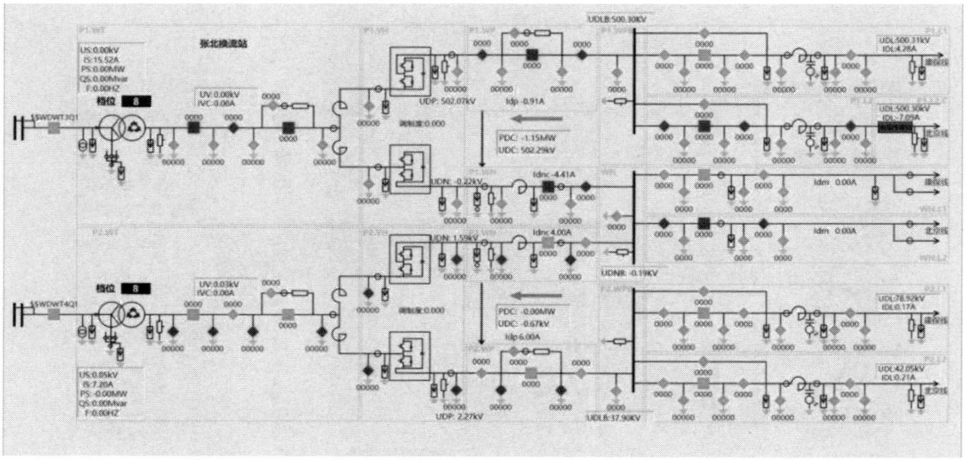

图 5-2-42　顺控界面 22

（3）点击 S1 换流站顺控画面极停运按钮（停运按钮点亮）（见图 5-2-43 顺控界面 23）。

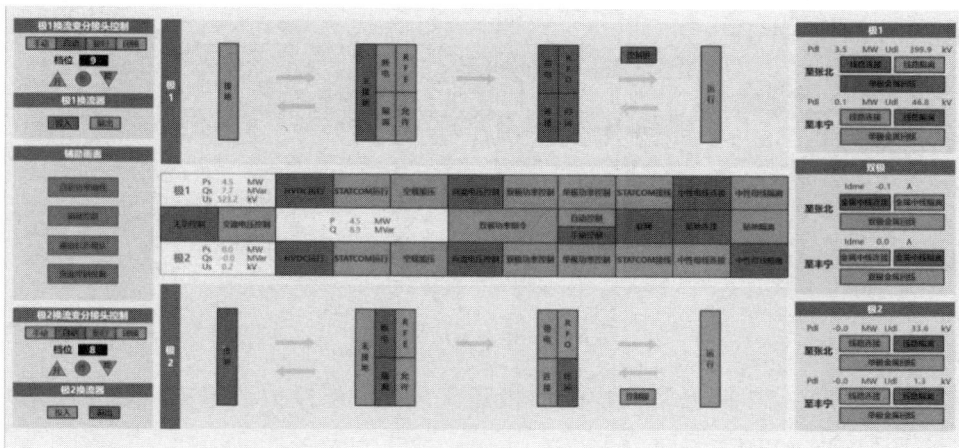

图 5-2-43　顺控界面 23

（4）拉开 S1 换流站换流变网侧断路器，检查 S1 换流站直流场一次图设备状态正常（见图 5-2-44 顺控界面 24）。

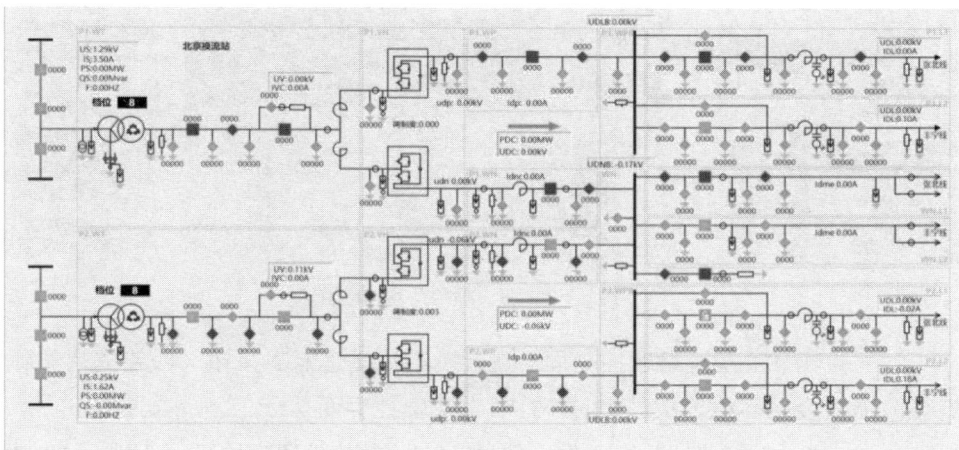

图 5-2-44　顺控界面 24

（5）点击 S1 换流站顺控画面极隔离按钮（连接按钮熄灭，中性母线隔离点亮，换流器退出按钮点亮）（见图 5-2-45 顺控界面 25）。

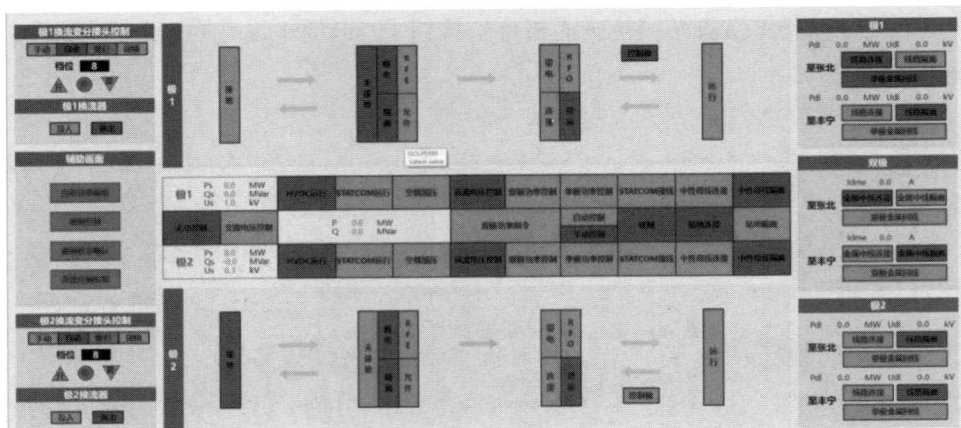

图 5-2-45　顺控界面 25

（6）点击 S2 换流站顺控画面极隔离按钮（连接按钮熄灭，隔离点亮）（见图 5-2-46 顺控界面 26）。

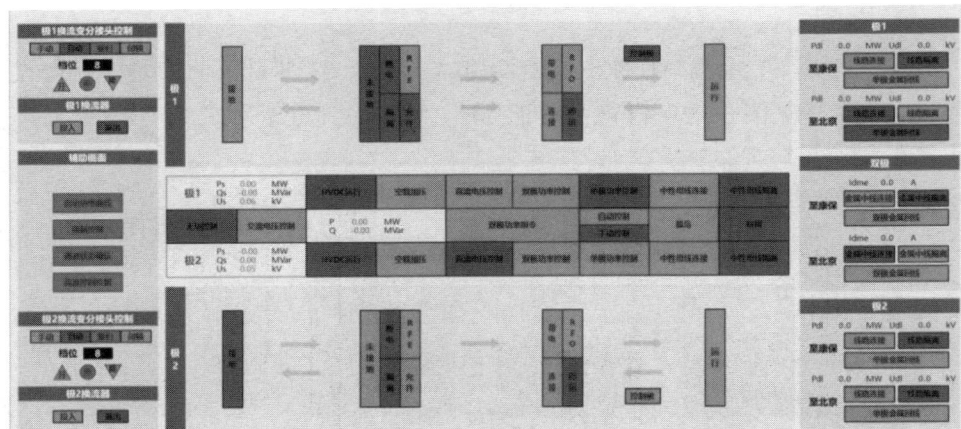

图 5-2-46　顺控界面 26

（7）点击 S2 换流站顺控画面至 S1 换流站线路隔离按钮（线路隔离按钮点亮，单极金属回线熄灭）（见图 5-2-47 顺控界面 27）。

（8）点击 S2 换流站顺控画面至 S1 换流站金属中线隔离按钮（见图 5-2-48 顺控界面 28）。

（9）点击 S1 换流站顺控画面至 S2 换流线路隔离按钮（见图 5-2-49 顺控界面 29）。

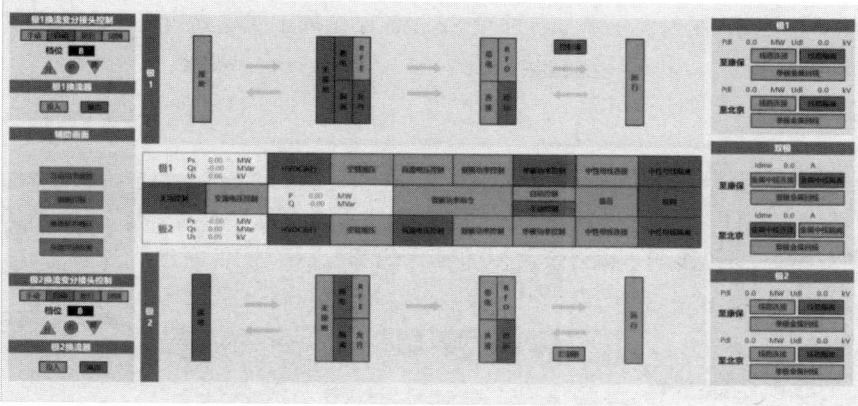

图 5-2-47　顺控界面 27

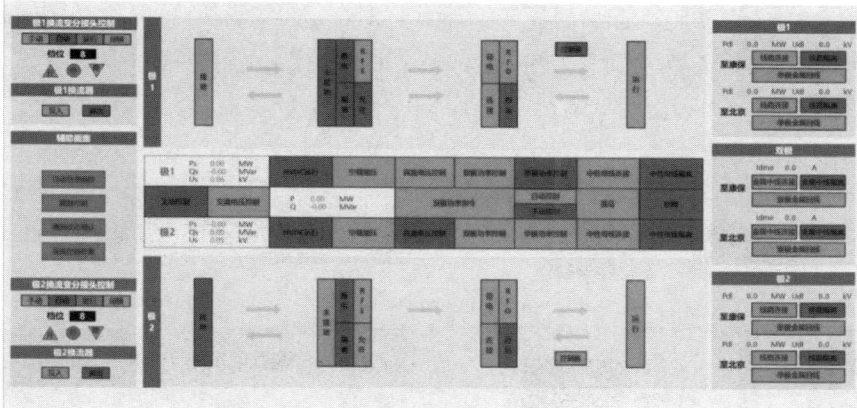

图 5-2-48　顺控界面 28

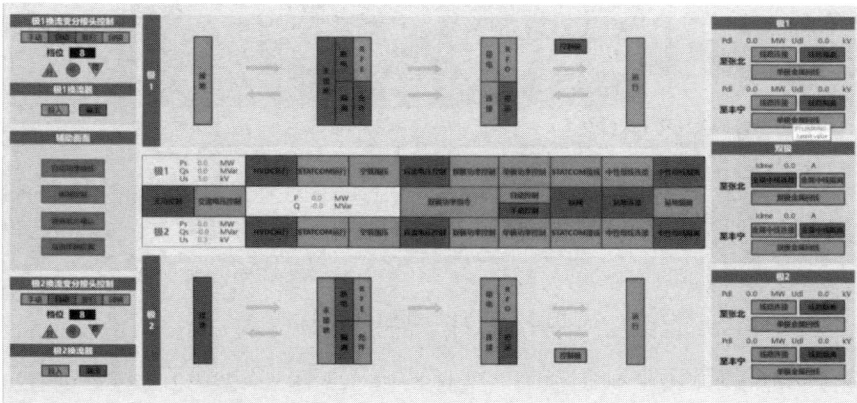

图 5-2-49　顺控界面 29

（10）点击 S1 换流站顺控画面至 S2 换流站金属中线隔离按钮（见图 5-2-50 顺控界面 30）。

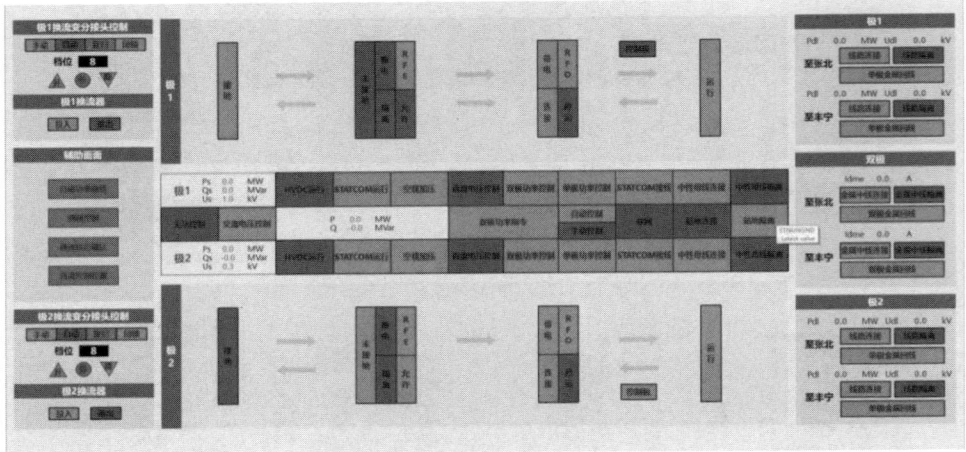

图 5-2-50　顺控界面 30

（11）点击 S1 换流站顺控画面站地隔离按钮（见图 5-2-51 顺控界面 31）。

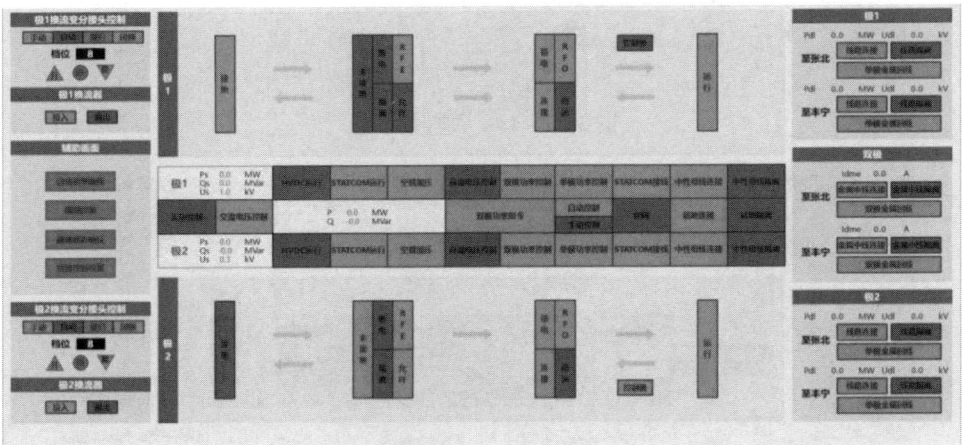

图 5-2-51　顺控界面 31

（12）点击 S1 换流站顺控画面接地按钮（见图 5-2-52 顺控界面 32）。

（13）点击 S2 换流站顺控画面接地按钮（见图 5-2-53 顺控界面 33）。

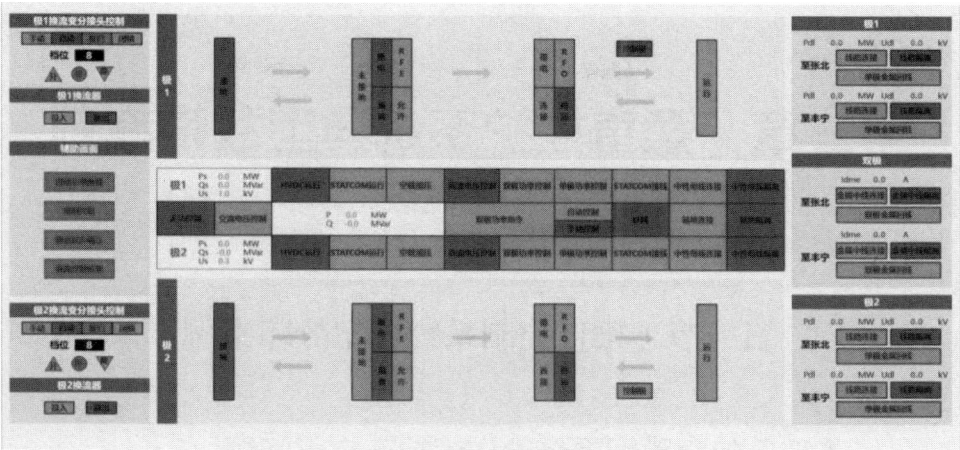

图 5-2-52　顺控界面 32

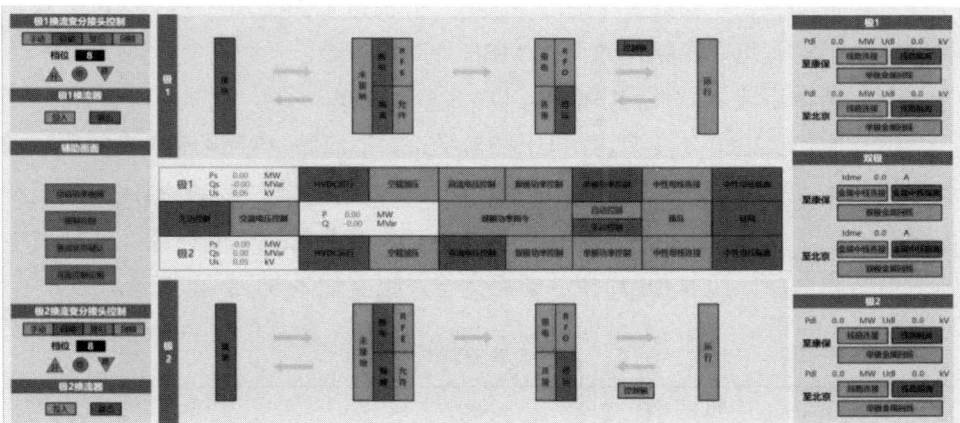

图 5-2-53　顺控界面 33

第三章 柔直控护系统典型故障案例

第一节 柔直控制系统典型故障案例

一、MBS 故障跳闸重合动作逻辑不完善问题

（1）故障特征。双极端对端运行模式下，模拟某换流站双极中性母线故障跳闸试验中控制指令错误导致两个 MBS 分断后重合。

（2）监测手段。软件程序检查，OWS 后台监视。

（3）案例。2020 年 1 月 13 日 19:55，在 S2 换流站 – S1 换流站双极端对端运行模式下，模拟 S2 换流站双极中性母线故障跳闸试验中，控制保护系统发出了对连接于 S2 换流站中性母线的两个 MBS 开关的重合闸指令，使站内中延、中诺线金属回线 MBS 均在分断后重合。报文如表 5 – 3 – 1 所示。

表 5 – 3 – 1   MBS 故障跳闸表

时间	主机名	等级	报警组	事件状态
19:55:00.584	S2P2DBP1	紧急	双极	中性母线差动保护 动作
19:55:00.585	S2P2B2F1	紧急	三取二逻辑	跳换流变压器阀侧断路器命令 已触发
19:55:00.585	S2P2B2F1	紧急	三取二逻辑	跳金属回线 2MBS 开关命令 已触发
19:55:00.585	S2P2B2F1	紧急	三取二逻辑	重合金属回线 1MBS 开关命令 已触发
19:55:00.586	S2P2PCP1	紧急	换流器	保护极隔离命令 出现
19:55:00.586	S2P2PCP1	紧急	换流器	保护出口闭锁换流阀 出现
19:55:00.630	S2P2PCP1	正常	交流场开关	P2.WT.Q1（0322） 断开
19:55:00.631	S2ACC281	正常	交流场开关	WB.W20.Q1（2204） 三相 分
19:55:00.622	S2DCC1	正常	直流场开关	WN.L2.Q1（0002）（BFT1） 断开

时间	主机名	等级	报警组	事件状态
19:55:00.684	S2DCC1	正常	直流场开关	WN.L1.Q1（0001）（BFT1）合上
19:55:00.759	S2P2B2F1	紧急	三取二逻辑	重合金属回线 2MBS 开关命令 已触发
19:55:00.853	S2DCC1	正常	直流场开关	WN.L2.Q1（0002）（BFT1）合上

（4）诊断分析方法。张北柔直工程中中性母线差动保护动作的后果应为：闭锁换流器，跳直流断路器并启动重合、远跳对侧直流断路器并启动重合，跳开 MBS 不重合，跳开金属回线对侧 MBS 不重合；但 MBS 不同于直流断路器，其在故障发生后可转移故障电流，而不能直接拉断故障电流，因此 MBS 保护动作的判断原则是，所要断开的 MBS，自不经过故障的方向与站内接地点连接时，即可断开。如图 5-3-1 所示。当 S2 换流站发生中性母线差动保护动作时，对于 S2 换流站中延金属回线的 MBS 开关，经过故障点的接地连接是指经中诺金属回线从 S1 换流站接地，不经过故障点的接地连接是指经中延金属回线、阜诺金属回线和阜延金属回线最后从 S1 换流站接地；而中诺金属回线的接地连接判断逻辑与之相反。

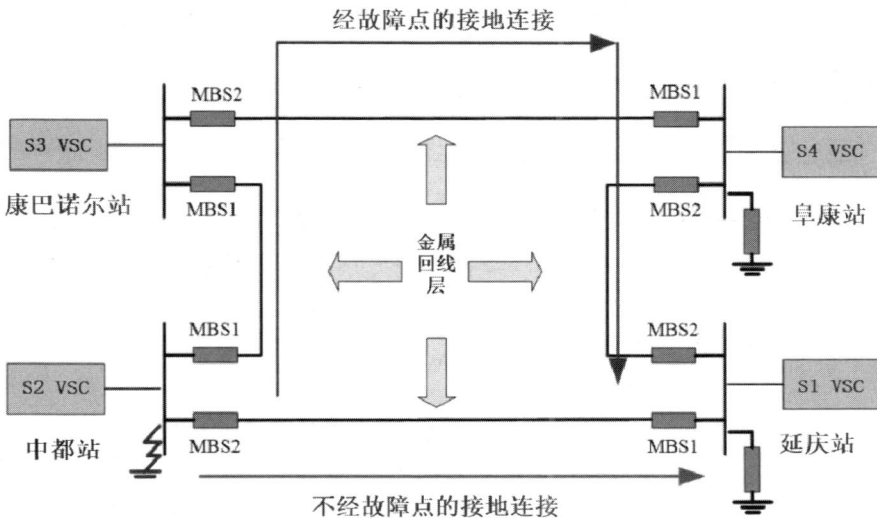

图 5-3-1　S2 换流站中性母线接地时中延金属回线
MBS 直流转换开关的接地连接示意图

试验时 S2 换流站至 S1 换流站线路的 S2 换流站侧 MBS 开关原本处于合位，差动保护动作时该 MBS 判断为与站接地相连，正常分闸，同时 S1 换流站 MBS 也成功分闸。当两端 MBS 分闸成功后，由于试验时因长期置数导致保护动作信号长期存在，导致跳 MBS 命令继续存在，而此时 MBS 判断为与站接地不相连，开关保护动作重合 S2 换流站侧 MBS。

由此可见，虽然真实故障情况下，当换流阀闭锁、MBS 跳开后随着故障电流降低保护动作信号将复归，但此处仍然暴露出：判断 MBS 是否存在不经过故障的方向与站内接地点连接时，并未考虑 MBS 本身未连接处于分闸状态的情况，此时试验时因长期置数导致保护动作信号长期存在，会继续检测是否有接地转移回路，若判定不存在反故障方向的接地点时，MBS 开关失灵保护出口会重合 MBS。

（5）处置方法。修改控保逻辑，在金属回线 MBS 或两侧隔离开关未连接时，不处理失灵跳闸逻辑。

如果本站 MBS 及其两侧隔刀任一处于分位时，认为本站金属回线未连接，此时不出口跳 MBS 开关的命令。同时，对于本站金属回线 MBS 与两侧隔刀原本就处于断开状态的情况，取消对金属回线是否有不经过故障点的接地连接的判断，此类情况下禁止出口重合闸指令。

（6）预防措施。加强对控制类软件的管控测试，杜绝控制程序逻辑在运行中发生逻辑错误。

二、极控 PCP 双系统切换逻辑不完善

（1）故障特征。张北柔直工程调试过程中，模拟阀控设备 VBC 系统收到 PCP 主机同主信号试验，验证阀控系统切换功能时，PCP 同主信号后，过流保护动作闭锁。

（2）监测手段。软件程序检查，OWS 后台监视。

（3）案例。2020 年 1 月 17 日，S1 站模拟阀控设备 VBC 系统收到 PCP 主机同主信号试验，验证阀控系统切换功能时，S1 站阀控收到 PCP 同主信号后，过流保护动作闭锁。

（4）分析诊断方法。

1）PCP A/B 系统间通信方式。1118 间通信：采用内部协议，实现两套系

统间开关量和模拟量信号交互（包含控制器的同步信号）。

1192 的 FPGA 间通信：值班信号和请求切换信号，均为 5M/50k 信号。值班信号为 5M 时表示值班，50k 时表示为非值班。请求切换信号为 5M 时表示请求对系统切换为值班系统，50k 时表示未发出请求。

2）主从判断逻辑。若仅断开极控双系统 1118 板卡间通信，两套极控 PCP 均变为主用；备用系统后切为值班系统，因此变为主值班系统；阀控系统跟随切换。若仅断开极控双系统 1192 板卡间系统通信，逻辑相同。

极控备用系统跟踪值班系统逻辑在 1118 板卡程序内，如图 5-3-2 所示：

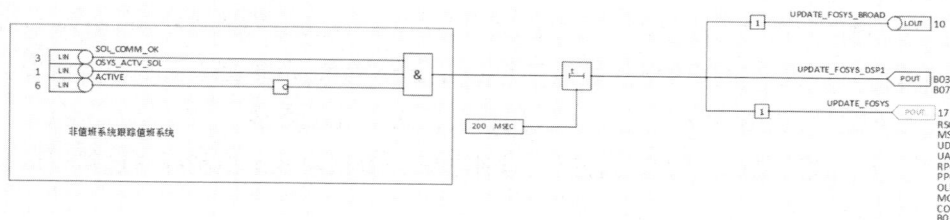

图 5-3-2　极控备用系统跟踪值班系统逻辑程序图

3）模拟同主试验的过程。初始状态：正极 PCPA 为值班，PCPB 备用，阀控 VBCA 为值班，VBCB 为备用。

第一步：断开 1118 间的通信链路；PCPA/B 报系统间通信 A 通道故障、B 通道故障，A/B 通道均故障信号，由于 PCP 两套系统 1118 板卡间通信中断，PCPA 和 PCPB 均为值班状态，但 PCPB 从备用转为主值班状态，阀控 VBCB 切换为值班状态。

第二步：断开 1192 的 FPGA 间通信链路；PCP 报接收对系统值班 OK 信号 5M/50k 光纤通道正常信号消失，PCPA 切换至主值班，阀控 VBCA 切换为值班状态，桥臂过流保护动作跳闸。

由于阀控采用后值班策略，执行第一步和第二步时，阀控分别进行一次切换。由于断开 1118 间通信后 PCPB 切换为主值班，两套 PCP 变为双主，控制器无法通过系统间通信同步，两套系统失步，A 系统控制器逐渐失稳。第二步执行后，主值班系统切换为 PCPA，PCPA 系统控制器发出的调制波（电压信号）与原 B 系统发出的调制波存在较大的偏差，引起过流保护跳闸。

（5）处置方法。对极控系统间的切换逻辑进行优化：1192 的 FPGA 允许双主不切换系统，增加 VBC 双主超时告警。

修改后主从切换逻辑如下：

断开极控双系统 1118 板卡间通信，极控双主，备用系统升为主值班系统，阀控系统切换；断开极控双系统 1192 板卡间系统通信，极控双系统值班备用状态不变，阀控系统不切换。

2020 年 3 月 12 日对双主试验进行了补充验证，初始状态 PCPA 值班，PCPB 备用。当断开 1118 间通信后，PCP 报系统间通信 A 通道故障、B 通道故障、A/B 通道均故障信号，阀控 VBCA/B 系统报 PCP 双主超时告警，PCPB 从备用转为值班，PCPA 和 PCPB 均为值班，阀控 VBCB 切换为值班状态。断开 1192 间通信后，PCP 报接收对系统值班 OK 信号 5M/50k 光纤通道正常信号消失，极控双主，PCPB 仍为主值班，极控和阀控均不进行切换。

（6）预防措施。加强对控制类软件的管控测试，杜绝控制程序逻辑在运行中发生逻辑错误。

三、耗能装置策略验证试验中，耗能装置未按预期投入

（1）故障特征。控制系统功率自循环模式未及时退出导致耗能装置策略验证试验中，耗能装置未按预期投入。

（2）监测手段。软件程序检查，OWS 后台监视。

（3）案例。2020 年 5 月 9 日 15:56，中都站带新能源双极输送约 66MW 功率，中都站在模拟极 1 耗能装置在直流过压工况下的投入策略验证试验时，将受端延庆站换流器闭锁后，中都站极 1 直流系统随即闭锁，从波形上看并未出现直流母线过压，耗能装置也没有按照预期投入，如图 5-3-3 所示。

（4）分析诊断方法。中都站共两台耗能变压器，每台耗能变低压侧各挂设 4 组耗能装置。耗能装置目前的投切控制策略包含两类触发条件：送端换流器闭锁、直流过压。具体策略如表 5-3-2 所示。

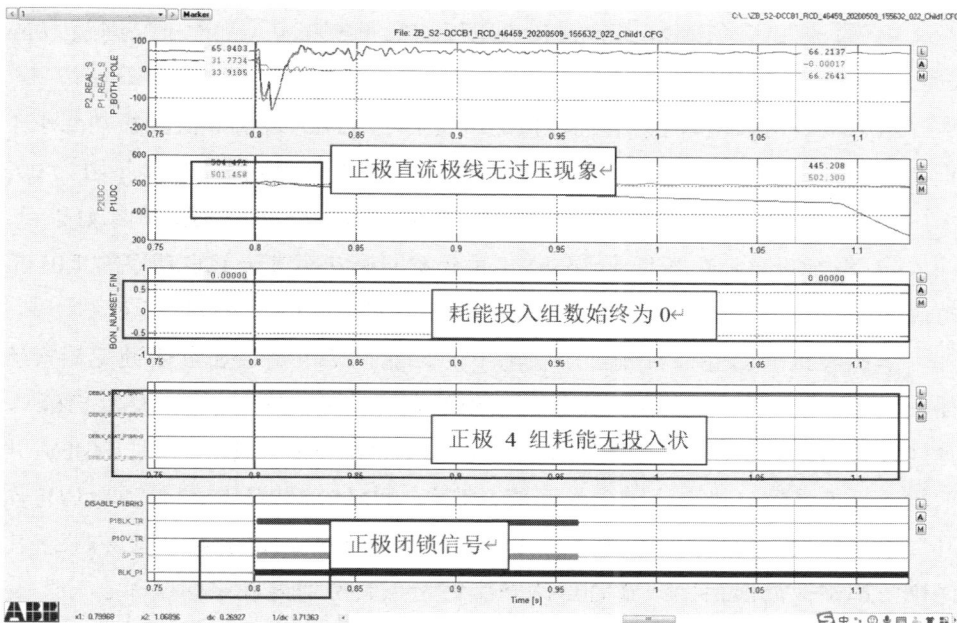

图 5-3-3　极 1 耗能装置过压投入策略验证第一次试验波形

表 5-3-2　　　　　　　　　耗能装置投切策略表

耗能装置初始投入判据	耗能装置斩波方式判据
1）送端换流器闭锁：孤岛运行的换流站，任一极出现送端闭锁，将触发该极耗能投入逻辑； 2）直流过压：孤岛运行的换流站，任一运行极出现极间直流电压 UDC 过压后，将触发该极耗能投入逻辑。直流过压判据为 UDC＞575kV，返回判据为 UDC＜520kV 后延后 5ms，两极独立判断	1）直流过压动作时，运行极直流电压均低于 550kV（待定）时，间隔 10ms（待定）退出一组耗能（最终组数下限为 0）； 2）单极闭锁动作时，运行极直流电压低于 537kV，且非故障极功率小于设定功率持续 10ms 时，间隔 10ms（待定）退出一组耗能（最终组数下限为 0）； 3）运行极直流电压高于 565kV 时，间隔 10ms（待定）投入一组耗能； 4）运行极直流电压低于 565kV，且任意一极功率大于额定功率的 1.05 倍持续 10ms 时，间隔 10ms（待定）投入一组耗能

1）送端换流器闭锁：孤岛运行的换流站，任一极出现送端闭锁，将触发该极耗能投入逻辑；

2）直流过压：孤岛运行的换流站，任一运行极出现极间直流电压 UDC 过压后，将触发该极耗能投入逻辑。直流过压判据为 UDC＞575kV，返回判据为 UDC＜520kV 后延后 5ms，两极独立判断。

1）直流过压动作时，运行极直流电压均低于 550kV（待定）时，间隔 10ms（待定）退出一组耗能（最终组数下限为 0）；

2）单极闭锁动作时，运行极直流电压低于 537kV，且非故障极功率小于设定功率持续 10ms 时，间隔 10ms（待定）退出一组耗能（最终组数下限为 0）；

3）运行极直流电压高于 565kV 时，间隔 10ms（待定）投入一组耗能；

4）运行极直流电压低于 565kV，且任意一极功率大于额定功率的 1.05 倍持续 10ms 时，间隔 10ms（待定）投入一组耗能。

本试验目的为验证直流过压状态下的耗能投切策略，通过闭锁受端换流器，使得直流出现过压工况。试验中将投入耗能的直流电压门槛值设为 510kV，耗能装置退出的电压返回门槛值设为 503kV，按照预期当过压达到 510kV 才应投入耗能装置，当电压达到返回值 503kV 后延时退出耗能，然后电压再次升高再重新投入耗能，之后再次退出。该过程应一直持续到协控通过方式优化闭锁中都站换流器。

从波形中看出正极未投耗能装置的原因是正极直接闭锁，因此触发了耗能装置斩波方式的策略 2）——即检测到单极闭锁且电压、功率均满足判据条件的基础上将立即退出耗能。由于该工况下耗能装置一旦投入就满足退出判据，南瑞控保程序中进行了优化，在该工况下将不投入耗能装置。

经现场核查程序，分析判断中都站误闭锁原因为试验时延庆站功率自循环模式置数始终存在，导致延庆站闭锁后发连跳指令给中都站闭锁换流器。由于功率自循环模式仅在孤岛站（康巴诺尔、中都站）的 OWS 界面上设置了投入按键，如图 5-3-4 所示，而在延庆、阜康两站只能通过程序中置数方式进入功率自循环模式，且正常运行情况下只需将孤岛站打到功率自循环模式即能进入该运行工况，因此怀疑故障原因为延庆站现场前期的临时置数未及时复位造成。

（5）处置措施。5 月 10 日 15:41，现场将延庆站功率自循环模式置数恢复后，重新进行了该试验。试验结果正常，与预期一致，耗能装置在电压门槛值与返回值之间出现了反复投退的"斩波"工况，在延庆站闭锁后将直流电压始终维持在较为稳定水平，直到 SCC 通过方式优化将中都站闭锁，对应试验波形如图 5-3-5 所示。

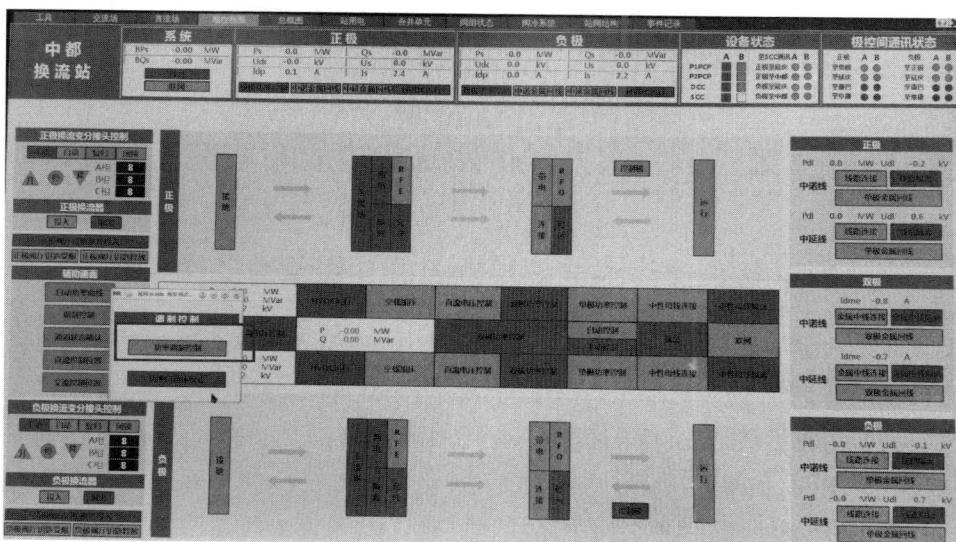

图 5-3-4　中都站 OWS 界面功率自循环模式选择按键

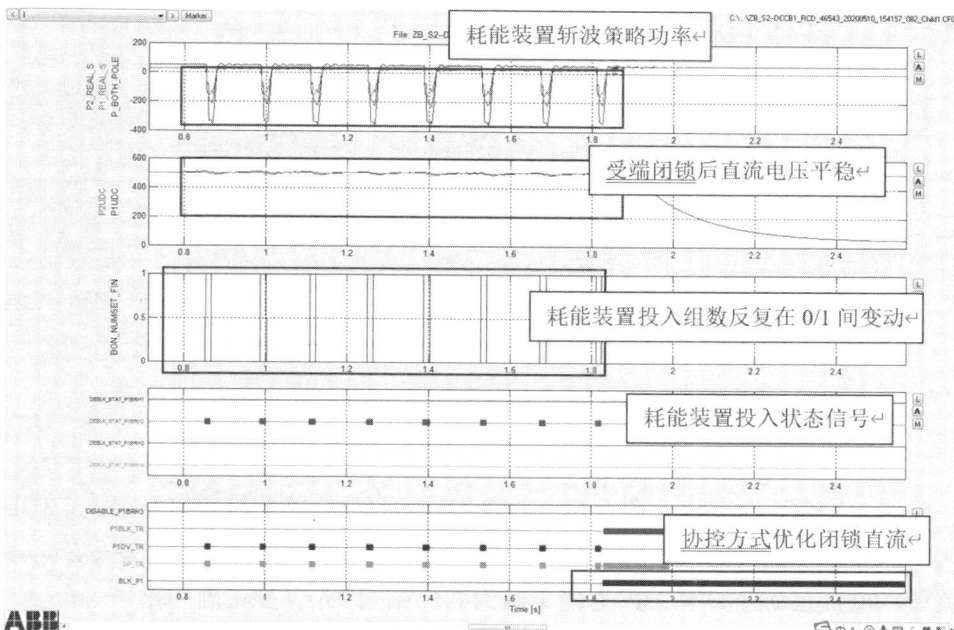

图 5-3-5　极 1 耗能装置过压投入策略验证第二次试验波形

（6）预防措施。本故障案例问题也反映出现场试验中软件临时置数存在一定的管理不到位情况，建议后期加强对软件临时置数的管控，走软件修改联系单标准流程。

第二节　柔直保护系统典型故障案例

一、L12 线直流线路电抗差动保护 II 段单套动作

（1）故障特征。张北柔直工程调试过程中，模拟人工接地试验时直流线路电抗差动保护 II 段动作。

（2）监测手段。软件程序检查，OWS 后台监视。

（3）案例。2020 年 6 月 9 日 13 时 04 分 48 秒，四端系统中 L34 正极线路进行人工接地试验的同时正极中延线 S2 换流站侧直流线路电抗差动保护 II 段动作，由于仅直流线路保护（DLP）A 套保护动作，三取二装置未出口，如图 5-3-6 所示。

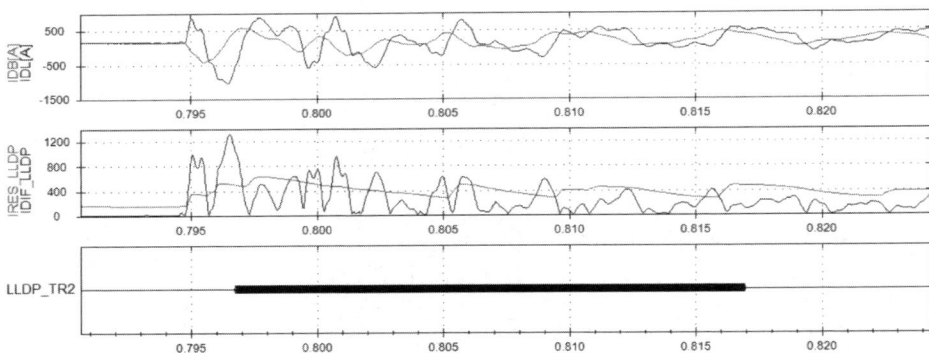

图 5-3-6　DLP A 套保护装置录波

（4）分析诊断方法。图 5-3-3 中 IDL 为直流线路电抗线路侧电流，IDB 为直流线路电抗阀侧电流，IDIFF_LLDP 为差流，IRES_LLDP 为制动电流，直流线路电抗差动保护 LLDP II 段延时为 0.5ms，因此保护正确动作。

进一步比较故录采集的直流线路电抗线路侧电流，对比如图 5-3-7 所示。

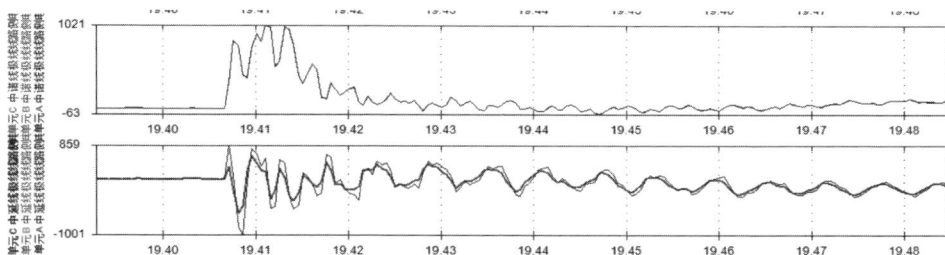

图 5-3-7 直流线路电抗线路侧电流

中诺线三套合并单元线路侧电流基本一致，中延线合并单元 B 和 C 基本一致，与 A 套电流存在差异。因此，目前初步怀疑中延线直流线路电抗线路侧电流 IDL 的 A 套采集数据异常。

（5）处置措施。5 月 16 日电抗差动保护Ⅱ段动作后，初步怀疑是远端模块问题，5 月 28 日大修期间更换了远端模块，并进行稳态注流试验，试验波形正常。6 月 9 日试验 A 套保护暂态波形又出现异常，经分析两块远端模块同时出现问题可能性很小；因此判断可能是远端模块和信号分配盒之间的连接线出现异常，导致暂态下的输入阻抗有变化，建议现场更换备用通道，在线路故障时进行验证。

（6）预防措施。后续将在停电检修期间更换信号分配盒及信号连接线，并对换下的信号分配盒及信号连接线进行返厂检查。经排查为钟罩和远端模块接触引起电流暂态测量异常，后续通过调整远端模块位置解决。

二、全电压谐波保护动作跳闸问题

（1）故障特征。张北柔直工程调试过程中，网侧交流全电压谐波保护动作导致试验失败。

（2）监测手段。软件程序检查，OWS 后台监视。

（3）案例。2021 年 10 月 29 日 18 时 12 分 33 秒 954，S4 换流站与 S3 换流站正极端对端运行，功率 340MW。S4 换流站正极极保护装置网侧交流全电压谐波保护 C 相 A、B、C 三套保护动作，闭锁换流阀，跳网侧交流开关 5011、阀侧开关 0312、阜诺直流正极线直流断路器 0512D、极隔离。故障报文如表 5-3-3 所示。

表 5-3-3   故 障 报 文

时间	主机名	等级	报警组	事件列表
18:12:33.954	S4P1PPR1	紧急	换流器	网侧交流全电压谐波保护 C 相动作
18:12:34.179	S4P1PPR1	紧急	换流器	网侧交流全电压谐波保护 C 相动作
18:12:34.180	S4P1P2F1	紧急	三取二逻辑	跳换流变压器进线断路器和启动失灵命令触发
18:12:34.180	S4P1P2F1	紧急	三取二逻辑	跳换流变压器进线断路器和启动失灵命令触发
18:12:34.180	S4P1PCP1	紧急	直流场	启失灵跳交流进线 3/2 接线边开关 出现
18:12:34.180	S4P1PCP1	紧急	直流场	启失灵跳交流进线 3/2 接线中开关 出现
18:12:34.180	S4P1PCP1	紧急	直流场	跳阀侧交流断路器 A、B、C 三相命令
18:12:34.180	S4P1P2F1	紧急	三取二逻辑	跳换流变压器阀侧断路器 A 相命令
18:12:34.180	S4P1P2F1	紧急	三取二逻辑	跳换流变压器阀侧断路器 B 相命令
18:12:34.180	S4P1P2F1	紧急	三取二逻辑	跳换流变压器阀侧断路器 C 相命令
18:12:34.181	S4P1PCP1	紧急	换流器	保护极隔离命令 出现
18:12:34.181	S4P1PPR1	紧急	换流器	网侧交流全电压谐波保护 C 相动作

（4）分析处置方法。网侧全电压谐波保护为控制类保护，其原理为：对网侧电压 Us 分别计算其全波有效值和基波有效值，然后将全波有效值中去除基波有效值，剩余谐波有效值，最后用谐波有效值和基波有效值比较，求出谐波占比 THD 与定值比较。全电压谐波 THD 计算原理如图 5-3-8 所示。

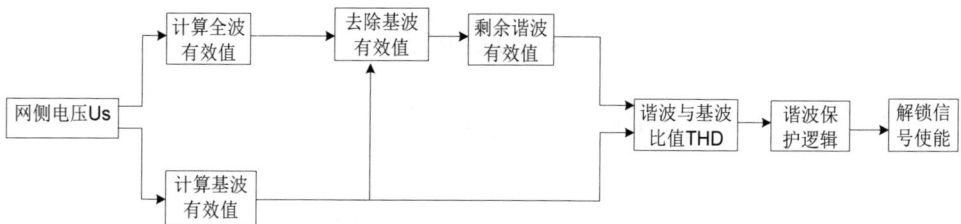

图 5-3-8 全电压谐波 THD 计算原理图

保护动作逻辑为：在换流阀解锁状态，保护使能的条件下，全电压谐波 THD 值达到保护定值 0.05，二次谐波制动值 41.23A，延时 1s 后动作。

故障录波如图 5-3-9 所示，正极极保护 PPR A、B、C 三套保护中 C 相全电压谐波 US_L3_OTHER 值均大于 0.05，二次谐波制动电流 IS_L1_100Hz、

IS_L2_100Hz、IS_L3_100Hz 均未达到制动定值 41.23A，保护正确动作。

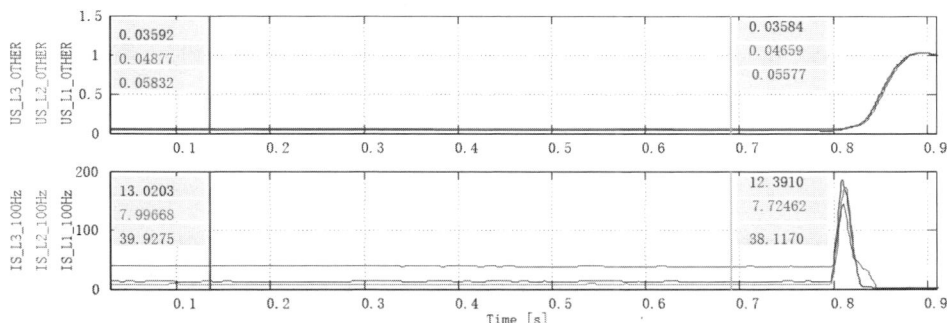

图 5-3-9　正极极保护录波

故障发生原因：故障前，S4 换流站与 S3 换流站正极端对端运行，负极完成极连接，合 5033 开关对负极换流变压器、换流阀充电时保护动作跳闸，分析判断为合 5033 开关后正极产生合应涌流导致全电压谐波保护动作。并联或级联连接形式的 2 台变压器，当其中一台变压器空载合闸时，合闸变压器产生的励磁涌流会与运行变压器发生和应作用，导致运行变压器产生和应涌流。

（5）处置措施

1）保护动作前的故障录波信息只能记录到保护触发前 800ms，而网侧交流全电压谐波保护延时 1s 动作，不利于通过录波判断保护是否正确动作，因此 PPR 主机触发录波前序时长增加到 1500ms。

2）网侧交流电压畸变率保护报警信号和宽频谐波保护报警信号增加触发录波功能。

3）将全电压谐波保护设置为两段，一段定值 6%，延时 1min 跳闸，二段定值 9%，延时 2s 跳闸。二次谐波制动定值改为 23A。

（6）预防措施。建议加强对张北柔直工程的仿真，关于全电压谐波保护进一步分析，杜绝保护定值设置不合理导致跳闸的风险。

三、模拟 PCP-VBC 下行通道故障试验时，阀侧交流差动保护 I 段动作

（1）故障特征。模拟 PCP-VBC 下行通道故障试验时，控保程序缺少电

流采样信号滤波导致对阀侧交流差动保护 Ⅰ 段动作。

（2）监测手段。软件程序检查，OWS 后台监视。

（3）案例。2020 年 5 月 9 日 05:24，康巴诺尔站模拟 PCP 与 VBC 下行通道故障试验，第一次系统正常切换。05:29:39 第二次切换试验时，阀控正常切换，22s 后 PCP 报阀侧交流差动保护 I 段 C 相动作，正极闭锁，如图 5－3－10 所示。

索引	时间	主机名	系统告警	事件等级	报警组	事件列表	事件状态
16750	2020-05-09 05:28:30.066	S3ASC1	B	报警	辅助系统	综合楼污水处理装置液位计低水位告警	出现
16751	2020-05-09 05:29:39.801	S3P1PCP1	B	紧急	阀控接口	阀控系统VBC_OK信号	消失
16752	2020-05-09 05:29:39.801	VBI	B	正常	正极阀控接口B	主机值班	消失
16753	2020-05-09 05:29:39.801	VBI	B	报警	正极阀控接口B	主机停机	出现
16754	2020-05-09 05:29:39.801	VBI	A	正常	正极阀控接口A	主机值班	出现
16755	2020-05-09 05:29:39.801	VBI	A	正常	正极阀控接口A	主机备用	消失
16756	2020-05-09 05:29:39.802	S3P1PCP1	B	紧急	系统监视	紧急故障	出现
16757	2020-05-09 05:29:39.802	S3P1PCP1	A	正常	切换逻辑		值班
16758	2020-05-09 05:29:39.803	S3DCC1	A	正常	暂态故障录波	触发DCC录波	
16759	2020-05-09 05:29:39.803	S3DCC1	B	正常	暂态故障录波	触发DCC录波	
16760	2020-05-09 05:29:39.803	S3P1PCP1	B	正常	切换逻辑		退出值班
16761	2020-05-09 05:29:39.803	S3P1PCP1	B	轻微	切换逻辑		退出备用
16762	2020-05-09 05:29:39.810	S3P1PPR1	C	正常	保护	触发录波	
16763	2020-05-09 05:29:39.810	S3P1PPR1	A	正常	保护	触发录波	
16764	2020-05-09 05:29:39.810	S3P1PPR1	B	正常	保护	触发录波	
16765	2020-05-09 05:29:39.812	S3P1VCT1	B	正常	阀冷接口	CCP_ACTIVE信号	消失
16766	2020-05-09 05:29:39.813	S3P1VCT1	A	正常	阀冷接口	CCP_ACTIVE信号	出现
16767	2020-05-09 05:29:39.851	S3P1PCP1	B	紧急	切换逻辑	控制类保护引起备用系统退出备用信号	出现
16768	2020-05-09 05:29:40.135	P1VCT	B	正常	正极阀冷B	CCPB 系统ACTIVE 1	消失
16769	2020-05-09 05:29:40.135	P1VCT	B	正常	正极阀冷B	CCPB 系统ACTIVE 2	消失
16770	2020-05-09 05:29:40.295	P1VCT	A	正常	正极阀冷A	CCPB 系统ACTIVE 1	消失
16771	2020-05-09 05:29:40.295	P1VCT	A	正常	正极阀冷A	CCPB 系统ACTIVE 2	消失
16772	2020-05-09 05:29:40.301	VBI	B	报警	正极阀控接口B	系统故障	出现
16773	2020-05-09 05:29:40.301	VBI	B	紧急	正极阀控接口B	系统紧急故障	出现
16774	2020-05-09 05:29:40.301	VBI	B	紧急	正极阀控接口B	PS935故障告警	出现
16775	2020-05-09 05:29:40.301	VBI	B	报警	正极阀控接口B	PS935 TI应用故障	出现
16776	2020-05-09 05:29:40.322	VC1	B	紧急	正极上桥臂主机B	阀控单元3（C相上桥臂）紧急故障	出现
16777	2020-05-09 05:29:40.323	VC1	B	紧急	正极上桥臂主机B	阀控单元1（A相上桥臂）紧急故障	出现
16778	2020-05-09 05:29:40.325	VC1	B	紧急	正极上桥臂主机B	阀控单元4（A相下桥臂）紧急故障	出现
16779	2020-05-09 05:29:40.327	VC1	B	紧急	正极上桥臂主机B	阀控单元5（B相下桥臂）紧急故障	出现

图 5－3－10　模拟 PCP 与 VBC 下行通道故障试验阀控系统正常切换及保护动作 OWS 事件

（4）分析诊断方法。张北柔直工程保护分区及光 CT 配置如图 5－3－11 所示，阀侧交流差动保护原理如下：差动电流 $Idif=|(IbP-IbN)-IvT|$；制动电流 $Ires=|(IbP-IbN)+IvT|*0.5$

动作 Ⅰ 段：$Idif>max$（Ihbd_set1，k_set1* Ires）

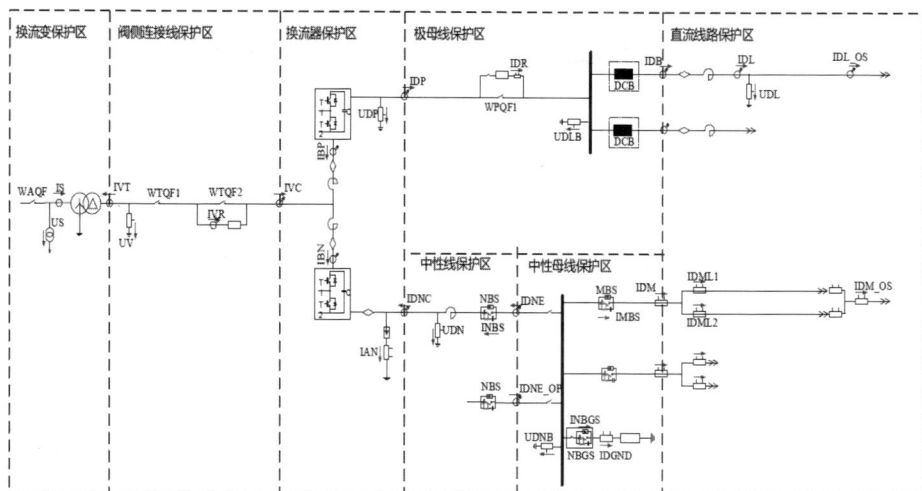

图 5-3-11　张北柔直工程保护分区及 CT 配置图

系统切换前，IbP、IbN 均为正弦波，二者幅值相等相位相反，合成电流 IbP-IbN 为 0，与 IvT 近似相等，如图 5-3-12 所示。

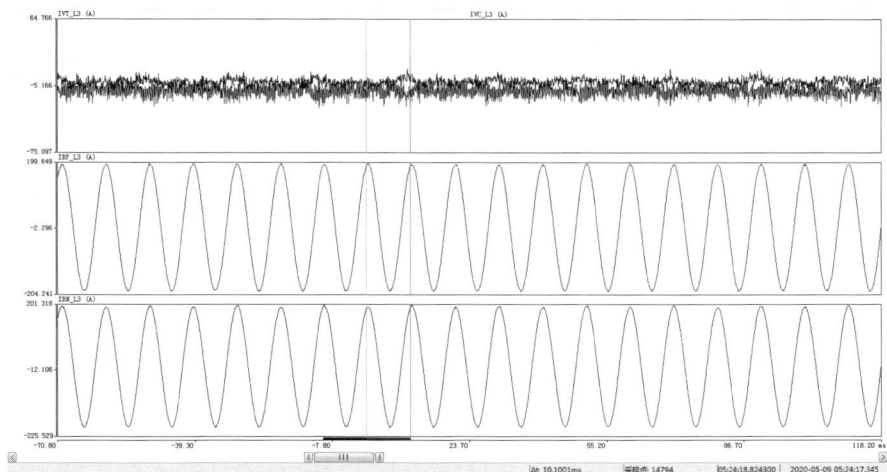

图 5-3-12　系统切换前 IbP、IbN 、IvT 正常时 PPR 录波文件

系统切换后，阀控输出波形异常，不再是正弦波，且正负极合成电流不再为零,通过波形可知,IbP-IbN 存在较大直流分量,且差流大于制动电流 200ms 后保护出口，判断保护正确动作，如图 5-3-13 所示。

219

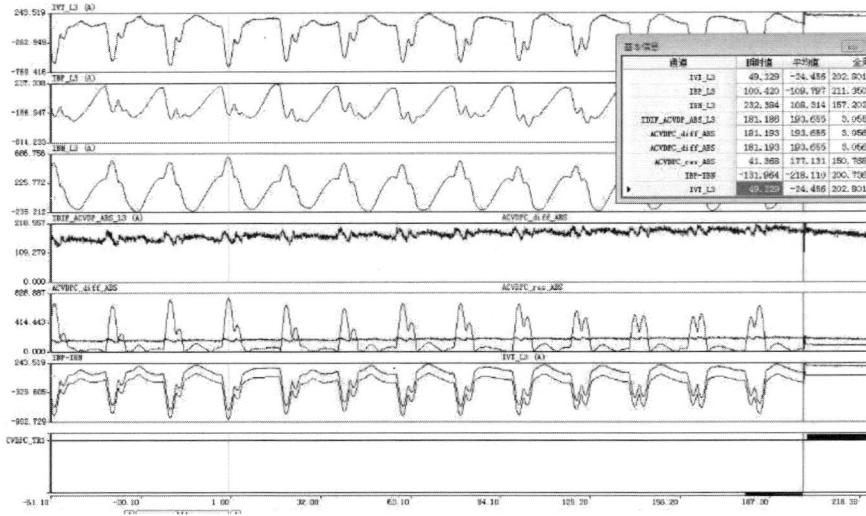

图 5-3-13　阀侧交流差动保护 C 相 1 段动作时 PPR 录波文件

通过录波分析，初步判断极控两套系统切换后阀控输出波形异常，IbP 和 IbN 不是正弦波且存在较大直流分量，使换流变阀侧电磁 CT 特性变化，从而导致 IbP、IbN、IvT 出现差流。

（5）处置措施。控保程序中对阀侧交流差动保护Ⅰ段对 IbP、IbN 采样信号增加软件滤波，去除掉直流分量后再进行相减判断出口。

（6）预防措施。建议加强对张北柔直工程的仿真，对正常运行过程中存在直流分量的电流测量增加相应软件滤波逻辑，杜绝直流分量设置不合理导致跳闸的风险。

第六篇

柔性直流耗能装置

第一章　柔性直流耗能装置的原理

第一节　交流耗能装置概述

直流耗能装置在直流电网中有其自身的局限性，当故障发生后换流阀闭锁出现，直流耗能装置就失去作用了。交流耗能装置布置在换流站的交流侧，直接将系统的盈余功率在交流侧消耗掉，即使阀闭锁也不会影响交流耗能装置吸收功率。

交流耗能装置布置在直流电网的交流侧，主要用于消耗交流电网侧输送到直流电网的盈余功率。耗能装置是由晶闸管阀部分和耗能电阻部分组成。耗能装置为三相结构，每相由一组晶闸管阀和耗能电阻串联组成。每相耗能晶闸管阀由多级晶闸管级组成，耗能电阻由的大功率电阻串联组成。柔性直流电网在孤岛运行方式下发生故障时，耗能装置吸收系统的盈余功率维持交流系统和直流系统功率平衡。本章以在张北工程中得以应用的交流耗能装置为例，对其接线方式、布置方式、工作原理以及工作方式进行介绍。

第二节　交流耗能装置的接线方式

交流耗能装置主要电压等级有 220kV 和 66kV 两种；接线方式有角接、星接不接地和星接接地方案三种。由于 220kV 交流耗能装置相对于 66kV 耗能装置绝缘要求较高、占地大、造价高，所以 220kV 耗能装置方案本书不做介绍。本章节主要介绍 66kV 交流耗能装置接线方案，有角接方案，星接不接地方案和星接接地方案三种，下面分析各方案的优劣：

（1）66kV 角接方案。66kV 角接方案接线电气拓扑如图 6-1-1 所示，该方案应用最为成熟，可靠性高。

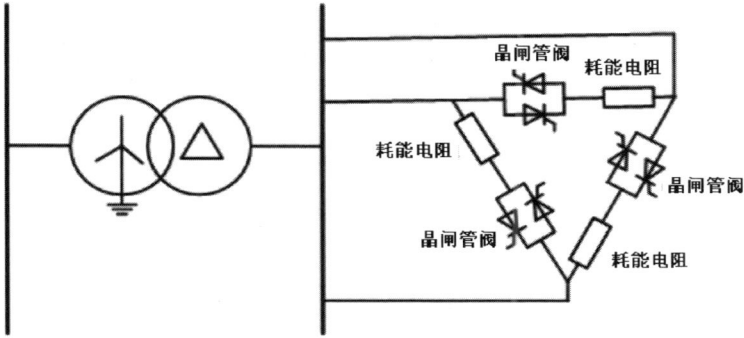

图 6-1-1　66kV 角接方案电气拓扑图

　　主要原因有：66kV 系统为不接地系统，当发生单相故障时，按规程规定可以运行 2h，设备的可用性高；角接方式下，阀组的电流小，对电力电子器件的电流应力小，有利于电力电子设备的长期可靠运行。

　　（2）66kV 星型不接地方案。66kV 星型不接地方案电气拓扑如图 6-1-2所示。66kV 星型不接地接线方案因为采用了星接方式，所以在阀组导通过程中，必然存在某相先导通，导致中性点电位升高，尚未导通的两相阀组两端将承受线电压，因此阀组的耐压等级并未降低。带来的问题是星接电流大，对阀组电力电子器件的电流应力大，降低了冲击电流耐受裕度。

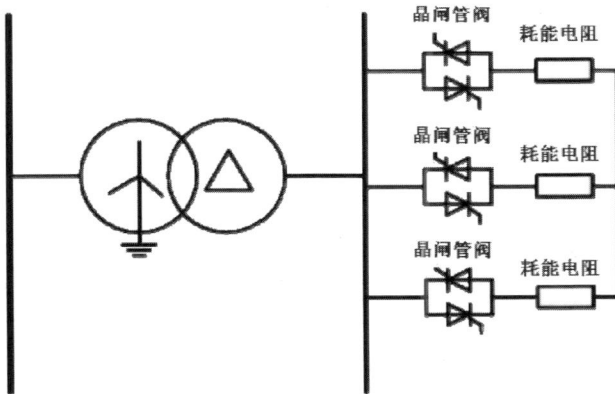

图 6-1-2　66kV 星型不接地方案电气拓扑图

（3）66kV 星接接地方案。66kV 星接接地方案电气拓扑图如图 6-1-3 所示。交流耗能装置如采用星接接地方案，阀组的耐压等级降低了，但是带来以下两个问题：当发生单相故障时，因为是接地系统，将导致设备跳闸，可用率降低；入地电流较大。

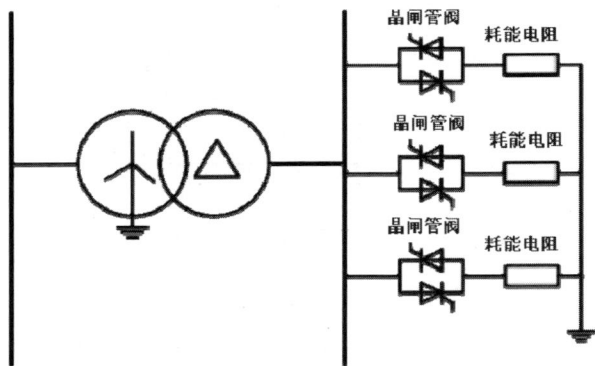

图 6-1-3 66 kV 星接接地方案电气拓扑图

采用星接接地方案时，考虑到电阻制造的正负偏差率，可能会有较大的不平衡电流通过接地点。电流水平约为 27kA，持续时间<1s。针对该不平衡电流对换流站内地网进行评估，该电流不会对地网造成很大的影响，可考虑适当增加主接地网材料截面。

另外，该不平衡电流水平折算后，较为接近 220kV 系统单相接地短路电流水平，且持续时间较长，可能会对站内原有的交流控制保护系统判据造成影响。需考虑如何消除耗能装置不平衡电流对原有交流控制保护系统的控制保护逻辑影响。

综上，综合考虑设备的可用性和运行的可靠性，角接方案比星型不接地方案和星型接地方案更具有优势。

第三节 交流耗能装置的布置方式

张北工程中交流耗能装置采用 66kV 角接布置方案。采用新型三角连接布置方案，结合 GIS 布置，交流耗能装置具备良好的检修条件。本章节将具体介绍一下 66kV 交流耗能装置的布置方案。

1. 布置原则

（1）交流耗能支路采用三角连接布置；

（2）取消分支回路汇流管母，采用新型三角连接布置方式；

（3）组间采用隔墙或围栏实现组间不同时停电检修。

2. 布置方案

交流耗能装置主要由晶闸管阀、耗能电阻和穿墙套管组成。以张北工程耗能装置布置方案为例，对耗能装置的布置方案进行介绍。

（1）晶闸管阀塔为单塔布置，需在晶闸管阀塔两侧进行检修，因此不同相晶闸管之间以及晶闸管距墙需考虑检修空间。检修小车宽度按 0.8m 控制，考虑一定的裕量，晶闸管阀相间检修空间按 1.4m 考虑，边相晶闸管阀距离阀厅墙检修空间按 1.3m 考虑。目前晶闸管阀塔尺寸为 2.1m×1.6m×3.5m（长×宽×高），故晶闸管阀相间中心距按 3.0m，边相晶闸管中心线距离阀厅墙中心线按 2.10m 控制。因此单组交流耗能装置晶闸管阀的南北向占地尺寸为 2×1.3＋3×1.6＋2×1.4＝10.2m，如图 6-1-4 所示。

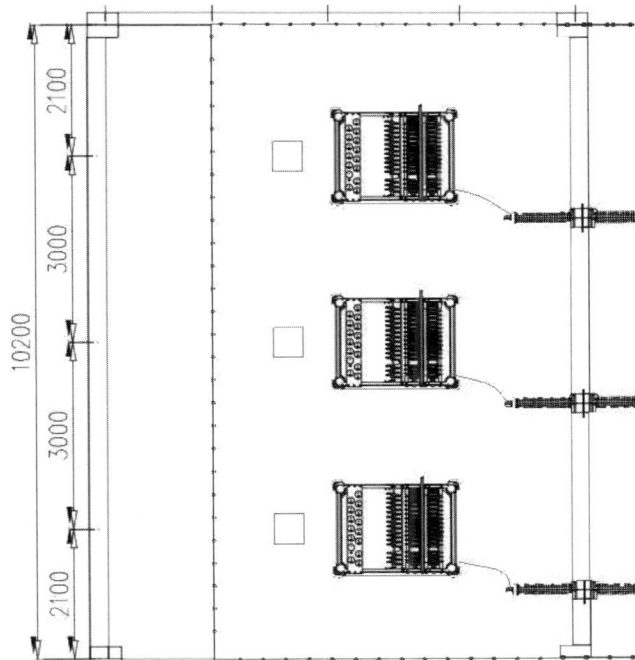

图 6-1-4 晶闸管阀平面布置图

（2）耗能电阻外形尺寸为 3.65m×1.25m×6.855m（长×宽×高），南北布置间距与晶闸管阀相同，在三角接线方式下，不同相耗能电阻之间净距均为 1.75m，边相耗能电阻与两侧围栏之间净距分别为 1.75m 和 1.20m，因此一小组交流耗能装置南北向占地尺寸为 3×1.25+3×1.75+1.2＝10.2m，与晶闸管阀小室南北布置大小相同。

东西方向考虑阀厅穿墙套管的抽出更换，耗能电阻中心线距晶闸管阀厅墙中心线控制在一定距离，充分结合电阻箱表面电位进行合理布置。围栏内三角接法的特点是平行于每相电阻箱均布置有一根通长管母，该管母的电位与同相底层电阻箱表面的电位差等同于底层电阻箱进线端子板与底层电阻箱表面的电位差。当晶闸管未导通时，电阻箱进线端子板与底层电阻箱表面的电位差为零。当晶闸管导通时，耗能电阻进线端和出线端的电位差为线电压，即 66kV。由于耗能电阻为三层电阻箱设计，根据耗能电阻接线图（图 6-1-5），电阻箱表面电位为电阻箱进线端子板与底层电阻箱表面的电位差为线电压的 1/6，即 11kV。由于耗能电阻进出线端套管雷电耐受电压为 140kV，与 20kV 电压等级相近。为此，在考虑一定裕度的前提下，耗能电阻一侧的管母与电阻箱表面的净距按 580mm 控制，大于 20kV 电压等级要求的 300mm。

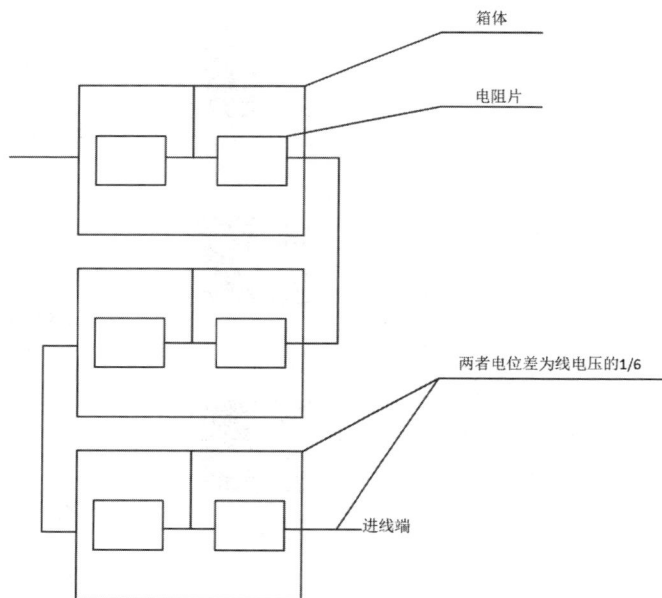

图 6-1-5　耗能电阻接线图

（3）穿墙套管偏离中心布置方案，为保证穿墙套管更换时顺利抽出，将穿墙套管偏离中心布置，不正对耗能电阻。单组交流耗能支路三角连接平面布置与断面布置如图6-1-6、图6-1-7所示。

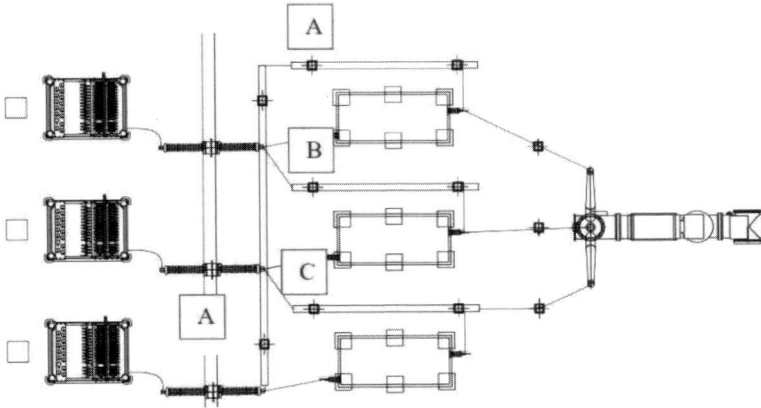

图6-1-6　单组交流耗能支路三角连接平面布置图

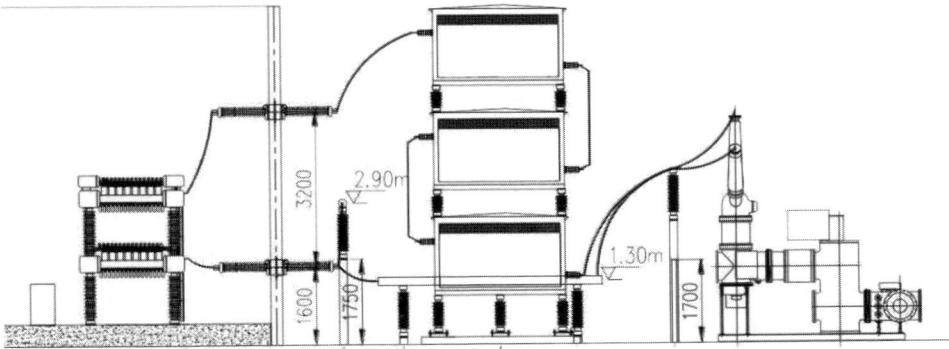

图6-1-7　交流耗能支路三角连接布置断面图

第四节　交流耗能装置的原理应用

张北工程中采用的交流耗能装置的电气拓扑如图6-1-8所示。

交流耗能装置在直流电网中有以下应用场景：

1. 直流故障穿越

在双极开环运行时，直流线路瞬时性故障时，在线路去游离时间内可能出

现送端和受端系统功率传输中断的情况类同直流耗能装置方案，如图 6-1-9
所示。

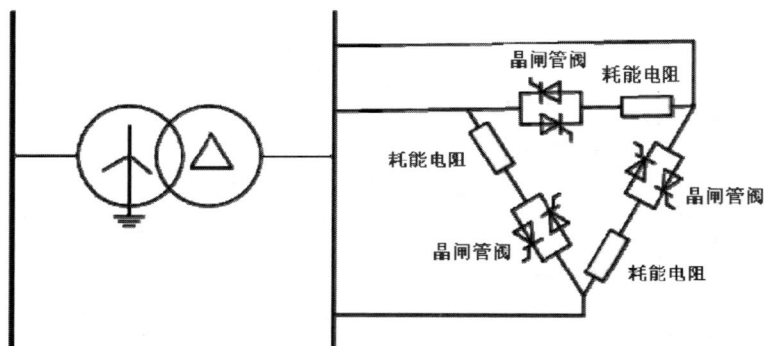

图 6-1-8　66kV 角接方案电气拓扑图

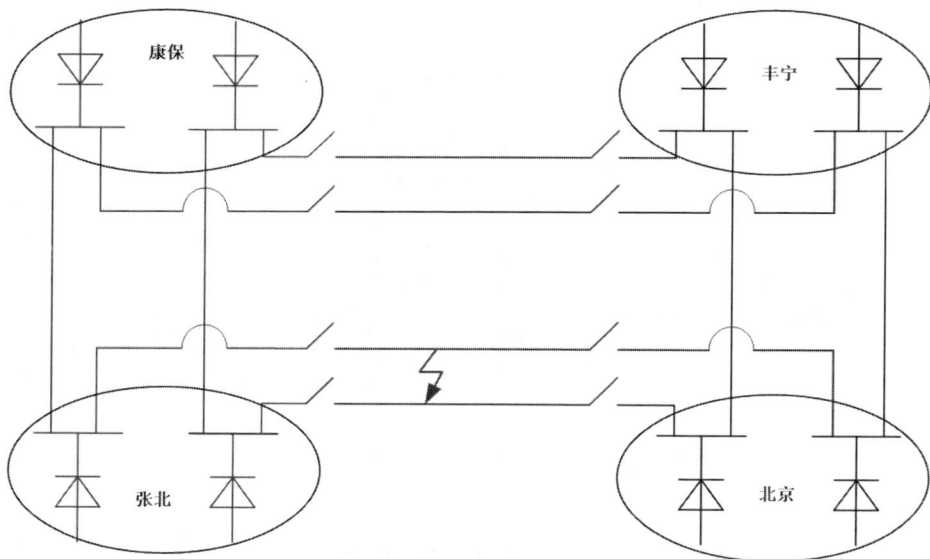

图 6-1-9　直流线路故障

功率传输中断时，由送端配置的交流耗能装置投入耗能，考虑双极故障引起双极功率受限，S2 换流站交流耗能装置容量为 3000MW，S3 换流站交流耗能装置容量为 1500MW，能够满足耗能要求，交流耗能装置允许投入的时间应大于 210ms。

228

2. 受端换流器闭锁

受端换流器闭锁时，需要由安稳系统执行切机，交流耗能装置允许投入的时间应大于安稳系统切机的动作时间，暂考虑为 150ms。

3. 受端交流故障穿越

受端交流故障时，受端换流站母线电压跌落引起送出功率受限，引起送端和受端功率差额。交流系统故障发生至交流断路器跳开时间按照 100ms 考虑时，当发生故障为永久性故障时，重合于故障相当于短时间内发生两次交流故障。按照半小时时间内连续发生 5 次受端交流故障考虑，交流耗能装置允许投入的时间应大于等于 500ms。

4. 送端单极闭锁

S2 换流站或 S3 换流站单极闭锁，最多导致闭锁极所导致的功率冗余，S2 换流站为 1500MW，S3 换流站为 750MW，交流耗能装置允许投入的时间应大于安稳系统切机的动作时间，暂考虑为 150ms。

综合直流故障、受端换流器故障、受端交流故障穿越和送端换流器单极闭锁对交流耗能装置的需求，S2 换流站配置的交流耗能装置容量为 3000MW，S3 换流站配置的交流耗能装置容量为 1500MW；耗能电阻热量耗散时间初步估计为 30min，在此期间内按照受端电网两次永久故障（不小于 400us），或者受端故障、直流线路相继故障、送端单极闭锁故障其中两种故障相继发生（不小于 410us），考虑适当裕度，交流耗能装置的耗能电阻散热最大允许投入时间选为 1.5s。

第二章 柔性直流耗能装置的结构

第一节 交流耗能装置设计参数

交流耗能装置的主要技术参数是其外在特性的重要参数。下面先整体介绍交流耗能装置的主要技术参数，再依次对晶闸管阀和耗能电阻进行介绍。

1. 交流耗能装置整机的设计参数

单套耗能装置的额定功率为 375MW，可以长期耐受 72.5kV 电压和短时耐受 2.5kA 电流，单次的最长投入时间≥1.5s，投入响应时间＜0.6ms，退出响应时间为 6.66 到 10ms。表 6－2－1 为单套耗能装置的主要技术参数表。

表 6－2－1 单套耗能装置主要技术参数表

额定电压		72.5kV
额定电流		2.5kA
额定功率		375MW
单次最大投入时间		≥1.5s
投入一次后再次投入最短时间		20min
响应时间	投入响应时间（从 PCP 发出指令到晶闸管完全导通）	＜0.6ms
	退出响应时间	6.66～10ms

2. 交流耗能装置晶闸管阀的技术参数

耗能晶闸管阀主要承担与上层控制的信号传输，同时兼具快速投切耗能电阻消耗盈余功率的作用，可以长期耐受 72.5kV 的电压并短时耐受 2.5kA 的电流。晶闸管尺寸为 5 英寸，冗余率为 11.1%，暂态电流冲击为 2.5kA/1.5s ＋ 5kA/375ms，最小的保护触发水平为 194.3kV，最大的保护触发水平为 213.3kV。

表 6-2-2　　　　　　耗能装置晶闸管阀的主要技术参数

	额定电压	72.5kV
	额定电流	2.5kA
	晶闸管	5 英寸晶闸管
	冗余晶闸管级	3 级（冗余率 11.1%）
	暂态电流冲击	2.5kA/1.5s + 5kA/375ms
晶闸管保护触发水平（不含冗余）	最小保护触发水平	194.3kV
	最大保护触发水平	213.3kV

3. 交流耗能装置耗能电阻的技术参数

耗能电阻的主要作用是在耗能装置投入后对新能源电场产生的盈余能量进行消耗，并以热量的形式散出。耗能电阻可长期耐受 72.5kV 的电压并短时耐受 2.5kA 的电流，每相额定电阻为 30Ω，电阻的最大偏差范围为 0～3.4%，暂态电流冲击为 5kA/1.5s + 5kA/375ms。

表 6-2-3　　　　　　耗能电阻的主要技术参数

额定电压	72.5kV
额定电流	2.5kA
每相额定电阻（25℃下冷态电阻）	30Ω
电阻值最大偏差范围	0～3.4%
暂态电流冲击	2.5kA/1.5s + 5kA/375ms

第二节　晶闸管阀的基本结构

一、晶闸管阀的结构特点

交流耗能装置晶闸管阀的主要特点如下：

（1）晶闸管阀采用空气绝缘、自然冷却、支撑式结构、户内安装；

（2）晶闸管阀采用模块设计，结构紧凑，阀组件是晶闸管阀设计的最基本单元，每个晶闸管组件包含 15 个串联的晶闸管级；

（3）阀塔抗震采用结构频率分布控制技术，有效避免阀塔各部件和地震波发生共振，这种设计可以使阀塔承受最高九级的地震；

（4）晶闸管阀的光电转换式触发系统及先进的光分配技术，增加光纤冗余配置，减少了现场光纤敷设工作量；

（5）采用晶闸管压力自适应技术，压接可靠，同时也便于散热和电气连接，维护便捷，可在 20 分钟内完成故障晶闸管更换工作；

（6）TCE 采用独特屏蔽技术，能够实现防尘、防水、防火、防潮、防电磁干扰。

二、晶闸管阀的整体结构

交流耗能装置中，每相晶闸管阀由 2 个晶闸管组件组成，分装在 2 个阀层内。具有足够的间距确保满足规定的电气绝缘距离。表 6-2-4 简要的给出了晶闸管阀的主要数据。

表 6-2-4 晶闸管阀主要数据

每套耗能装置中晶闸管阀阀塔数量	3
每相晶闸管阀阀塔数量	1
每相晶闸管阀中组件的数量	2
每相晶闸管内晶闸管级的数量	30
每相晶闸管阀中冗余的晶闸管级数	3

晶闸管阀的机械结构，充分考虑到了可靠性、实用性，晶闸管阀采用了标准模块。这种标准化结构，不但使晶闸管阀结构紧凑、简单，安装维修方便，而且使晶闸管阀满足机械应力和电气应力要求。晶闸管阀外形尺寸如图 6-2-1 所示。

三、晶闸管组件的机械结构

晶闸管阀组件采用模块化结构，简单可靠，如图 6-2-2 为晶闸管组件示意图。

主视图　　　　　　　　　　　　　侧视图

俯视图

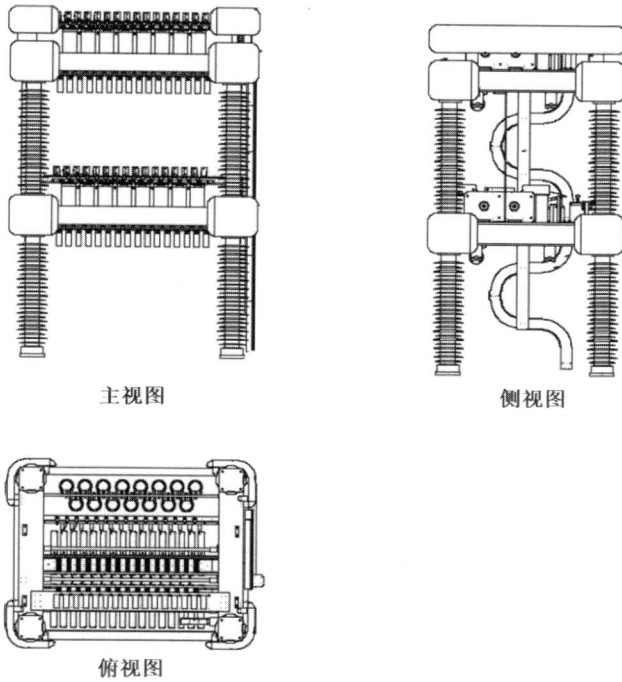

图 6-2-1　晶闸管阀外形尺寸图

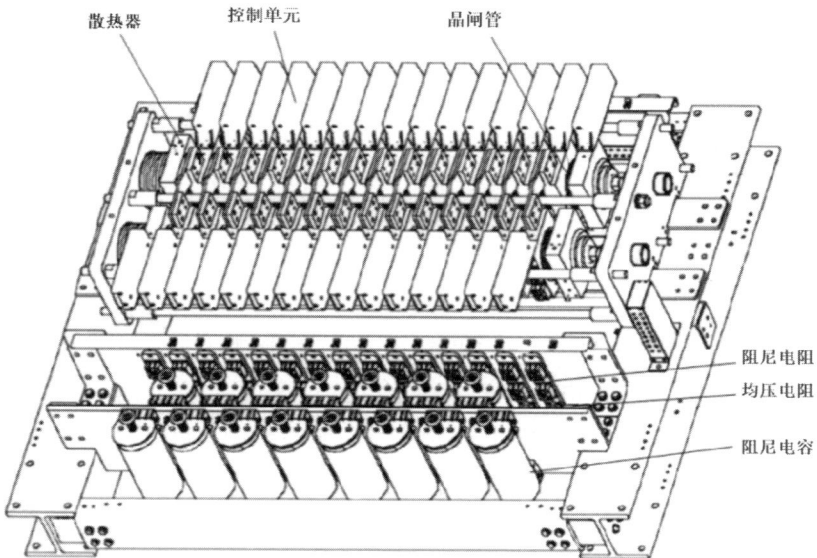

散热器　　控制单元　　晶闸管

阻尼电阻

均压电阻

阻尼电容

图 6-2-2　晶闸管阀组件示意图

晶闸管组件由 15 级晶闸管级联而成，晶闸管位于两个铝散热器之间。晶闸管和散热器交叉叠放在一起，散热器放置在阀段底部绝缘支撑梁上面，晶闸管通过散热器上的绝缘销钉卡在相邻的两个散热器之间，通过阀段两端的压紧销钉和碟簧单元，使晶闸管和散热器压紧在一起，并提供一定的压紧力，满足散热和电气连接的规范。每个晶闸管级并联一个阻尼回路，由电阻和电容串联而成，电阻安装在散热器上。

阻尼回路的电容和电阻分别用螺栓紧固，可以很方便对其中任一电容和电阻进行拆卸和安装。

每个晶闸管配一个 TCE，用于控制和保护晶闸管。TCE 安装在晶闸管阴极侧的散热器上。TCE 电路板整个装在一个金属屏蔽盒内，可防止 EMI（电磁干扰）的干扰，同时，也可以防潮、防水、防尘。金属铝屏蔽盒用两个螺丝固定在散热器上，而且拆卸和安装十分方便。

第三节　耗能电阻的结构

一、耗能电阻概述

耗能电阻是主要的耗能设备，它将系统的盈余功率转换为热能散发出去，耗能电阻主要由较薄的不锈钢带组成，具有良好的电气性能和散热性能。

耗能电阻参数如下：

耗能电阻的长期耐受 72.5kV 的电压和短时耐受 2.5kA 的电流，每相额定电阻为 30Ω，电阻的最大偏差范围为 0～3.4%，暂态电流冲击为 5kA/1.5s＋5kA/375ms。

电阻元件为 Cr20Ni80 不锈钢带（片状），机械强度高、耐受短时电流冲击大，在各种工作电流下电气和机械稳定可靠。

电阻元件材料：采用抗氧化、耐腐蚀、耐高温、温度系数低、加工性能好的 Cr20Ni80 合金材料，无磁性。最高使用温度：1100℃，在高温下稳定性好，不改变晶体结构。

电阻的温度系数小，在耗能电阻投入 1.5s 后，热态时阻值变化小于 3.4%，热阻值变化小于 5%。

电阻元件之间，用耐高温的瓷件支撑和固定，电阻元件底部由瓷绝缘柱支撑和固定，瓷绝缘子高度充分考虑消除高温时对绝缘和散热的影响。

电阻器底部支撑绝缘子耐受雷电冲击电压 450kV，耐受雷电冲击电压大于 325kV；绝缘子实际爬电比距不小于 41mm/kV。

电阻器层间支撑绝缘子耐受雷电冲击电压 200kV，耐受雷电冲击电压 325kV/3；实际爬电比距不小于 50mm/kV。

电阻器水平套管实际爬电比距不小于 100mm/kV。

二、耗能电阻结构

耗能电阻为模块化的金属框架，外箱的防护等级为 IP23，箱体顶部密封，箱体底部采用网格，箱体侧上方有网格加上百叶式的防护片，风沙和飞絮不能从上方或者平层进入箱体，只能在大风时由风从下部吹入箱体，并且有小于 12mm 的网孔阻挡，大大减少了风沙和飞絮的进入量。

耗能电阻的组成材料主要为金属材料和无机绝缘材料（陶瓷、云母等），可耐受 40℃的低温。图 6-2-3 是耗能电阻外形尺寸图，单相耗能电阻为一塔三柜式。

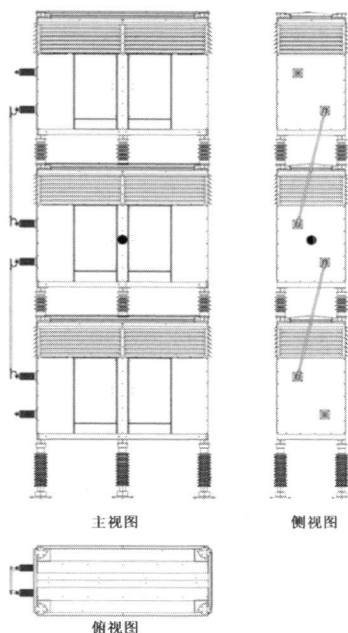

主视图　　　　侧视图

俯视图

图 6-2-3　耗能电阻外形图

第三章　柔性直流耗能装置的检修试验

第一节　准　备　工　作

按照表 6-3-1 准备相关工作。

表 6-3-1　　　　　　　　柔性直流耗能装置检修工作准备表

准备内容	标准	完成情况
现场勘察	1. 三级及以上作业风险必须勘察，现场勘察主要内容应全面，并编制现场勘察记录。 2. 工作负责人或工作票签发人应参加勘察，应在编制"三措"及填写工作票前完成现场勘察。 3. 勘察记录中作业内容与工作票应一致，关键人员是否签字。 4. 因停电计划变更、设备突发故障或缺陷等原因导致停电区域、作业内容、作业环境发生变化时，根据实际情况重新组织现场勘察。 5. 现场勘察过程中应核对待检修设备隐患及缺陷，对可能影响现场作业的应制作针对性管控措施	
检修方案	1. 现场勘察辨识的风险点及预控措施，应纳入施工检修方案、工作票（作业票）、标准化风险控制卡，并保持一致。 2. 严禁执行未经审批的施工、检修方案。检查是否严格履行编制、审核、批准流程。 3. 严格按照已审批的检修方案开展检修工作，根据作业组织分工做好现场作业人员管控	
作业计划	1. 检查周计划、日管控作业计划通过风控系统正式发布。 2. 检查作业计划关键信息（作业时间、电压等级、停电范围、作业内容、作业单位、电网风险、作业风险）是否与工作实际相符	
人员要求	1. 检查外包单位安全资质是否满足作业要求。 2. 检查各类作业人员安全准入，"三种人"资格及风险监督平台岗位标识，特种作业人员、特种设备作业人员资格证是否合格有效。 3. 检查队伍、人员是否纳入安全负面清单或黑名单。 4. 现场工作人员的身体状况、精神状态良好作业辅助人员（外来）必须经负责施教的人员，对其进行安全措施、作业范围、安全注意事项等方面施教后方可参加工作。 5. 特殊作业人员必须持有效证件上岗，特种作业的工作应设置专责监护人所有作业人员必须具备必要的电气知识，基本掌握本专业作业技能及《国家电网国家电网公司电力安全工作规程　变电部分》。 6. 检测人员需具备如下基本知识与能力： （1）了解交流耗能装置的型式、用途、结构及原理。	

236

准备内容	标准	完成情况
人员要求	（2）熟悉换流站电气主接线及系统运行方式。 （3）熟悉相关检测设备、仪器、仪表的原理、结构、用途及使用方法，并能排除一般故障。 （4）能正确完成现场交流耗能装置检测项目的接线、操作及测量。 （5）熟悉各种影响交流耗能装置检测结论的因素及消除方法。 （6）特殊工种（作业车操作人员、登高作业人员）必须持有效证件上岗	
材料器具准备	1. 对照检修方案所列清单检查安全工器具、机械器具、仪器仪表、备品备件的外观、数量、检测试验合格情况。 2. 确认作业车辆升降、移动等功能操作正常，操作控制器无异常告警。 3. 严禁使用达到报废标准或超出检验期的安全工器具	
承载力分析及应用	1. 编制作业计划前，是否对照各专业承载力分析标准开展分析。 2. 是否应用结果安排人员、机械、器具等，确保满足作业需求。 3. 同进同出人员是否按"五同"管理办法安排到位。 4. 严禁超承载力作业	
工作票准备	1. 是否根据现场勘察，由工作负责人或工作票签发人填票。 2. 是否正确选用票种，规范填写设备双重名称、工作地点、作业内容、安全措施、作业时间等关键信息	
物料要求	1. 专用导电膏； 2. 无水酒精； 3. 细砂纸； 4. 无毛纸； 5. 记号笔； 6. 光纤清洁套装； 7. 绝缘垫； 8. 变色纸； 9. 手套； 10. 防静电手环； 11. 百洁布	

第二节　风险分析与管控措施

按照表 6-3-2 准备相关工作。

表 6-3-2　　　　　　　柔性直流耗能装置检修工作准备表

序号	关键风险点	风险管控措施
1	触电风险	1. 工作前应确认现场安措，确定阀厅地刀接地并切换至就地位置，关闭电机电源和操作电源，关闭机构箱门并上锁。 2. 检修工作负责人应由有经验的人员担任，检修开始前，工作负责人应向全体工作班成员详细交待检修过程中的危险点和安全注意事项。 3. 严格按已审核批准的施工方案开展施工；工作中保持阀厅清洁；对工作中易受损的元件及时加装防护板并粘贴标识，提醒施工人员注意；检修工作完毕后进行现场清理，不得遗留任何物件。

序号	关键风险点	风险管控措施
1	触电风险	4. 设备试验工作至少由 2 人开展，试验前检查仪器完好已接地，试验电源应从试验电源屏或检修电源箱取得，严禁使用绝缘破损的电源线，用电设备与电源点距离超过 3m 的，必须使用带漏电保护器的移动式电源盘，试验设备和被试设备应可靠接地，设备通电过程中，试验人员不得中途离开，试验完成后立即关闭试验电源。 5. 注意力集中，加强监护，工作人员保持与带电设备足够安全距离。 6. 工作时工作人员严禁穿越围栏，明确现场带电部分及所要工作的任务
2	高坠风险	1. 换流阀检修属于高空作业，严禁无安全带或安全绳进行高空作业；在升降车上应使用安全帽，正确使用安全带，工作人员登上阀塔前必须身着专用工作服，进入阀体前，应取下安全帽和安全带上的保险钩，并不得携带除工具外任何物品进入阀塔，防止金属打击造成元件、光缆的损坏，但应注意防止高处坠落。 2. 工作时不得坐在阀体工作层的边缘，以防高空坠落，不得脚踏电气设备。 3. 工作前对升降车进行检查，确定合格后方可使用，对支脚不在水平位置的进行调平，升降车作业时应可靠接地，安排专人指挥。 4. 禁止将工具及材料上下投掷，应用绳索拴牢传递，传递绳应使用干燥的绝缘绳或麻绳。 5. 工作前对升降车进行检查，确定合格后方可使用，对支脚不在水平位置的进行调平，升降车作业时应可靠接地，安排专人指挥监护
3	物体打击	1. 严禁无安全带或安全绳进行高空作业；在升降车上应使用安全帽，正确使用安全带，工作人员登上阀塔前必须身着专用工作服，进入阀体前，应取下安全帽和安全带上的保险钩，并不得携带除工具外任何物品进入阀塔，防止金属打击造成元件、光缆的损坏，但应注意防止高处坠落。 2. 严格按已审核批准的施工方案开展施工；工作中保持阀厅清洁；对工作中易受损的元件及时加装防护板并粘贴标识，提醒施工人员注意；检修工作完毕后进行现场清理，不得遗留任何物件
4	光缆污染	1. 抽出光缆后及时用光纤帽保护。 2. 更换光纤时要注意光纤转弯半径满足要求，更换时不可直视光源，必要时要带护眼镜；更换后检查备用光纤数量满足，必要时重新补充。 3. 更换光纤全过程需全程佩戴防静电手环
5	主机程序、升级版本错误、违规外联、误出口	1. 工作前应确认现场安措，设备已为退出运行状态，相应安措已布置到位。 2. 程序更新前应核实阀控及对应集控系统的状态，注意对阀控装置的影响。 3. 程序更新应按照厂家规定程序进行，佩戴防静电手环和手套，核对相关信息；更换过程中禁止使用未经批准的调试设备，严禁使用移动存储设备，确保无违规外联。 4. 检修工作完毕后进行现场清理，不得遗留任何物件

第三节　检修工艺及质量标准

一、耗能阀塔检修

按照表 6-3-3 准备相关工作。

表6-3-3　　　　　　　柔性直流耗能装置耗能阀塔检修工作准备表

序号	检修工序	检修流程与工艺	质量标准	关联风险类别
1	阀塔本体清灰	采用干净、湿润的不掉毛毛巾清洁塔内各元器件表面，清洁后各元器件应光亮无灰尘，清洁时不可用力过猛，防止损坏光纤等元件	1）高空作业人员正确使用安全带； 2）作业前检查检修隔离刀闸接地； 3）工作结束时检查工作区域，避免工具、耗材遗留在阀塔上； 4）作业过程应防止触碰光纤导致损坏	
2	阀塔本体外观检查	1. 阀塔屏蔽罩无变形、放电等异常情况； 2. 换流阀组件晶闸管、电阻、电容无放电、磨损等异常情况； 3. 换流阀组件压紧力正常，连接无松动； 4. 检查力矩示线无变动； 5. 光纤外观正常，没有灼烧痕迹，光纤弯曲度正常，光纤护套表面颜色正常，捆绑光纤的扎带无断裂等	1）高空作业人员正确使用安全带； 2）作业前检查检修隔离刀闸接地； 3）工作结束时检查工作区域，避免工具、耗材遗留在阀塔上； 4）作业过程应防止触碰光纤导致损坏	1风险、2风险
3	主通流直阻测量	按照国网"十步法"工艺进行阀塔主通流接头电阻测量，每个接头控制在20μΩ以内	1）高空作业人员正确使用安全带； 2）作业前检查检修隔离刀闸接地； 3）工作结束时检查工作区域，避免工具、耗材遗留在阀塔上； 4）作业过程应防止触碰光纤导致损坏	1风险、2风险（有单独风险管控要求可以拆分单元格与检修流程与工艺对应）
4	螺栓力矩检查/校核	1. 对阀塔主通流螺栓、电气导线连接螺栓等进行力矩线的外观检查、力矩值复核； 2. 红黑双线明显、连续且覆盖螺母、平弹垫等； 3. 力矩线复核值应按照标准力矩值的80%进行	1）高空作业人员正确使用安全带； 2）作业前检查检修隔离刀闸接地； 3）工作结束时检查工作区域，避免工具、耗材遗留在阀塔上； 4）作业过程应防止触碰光纤导致损坏	
5	阀塔晶闸管级触发测试、阻抗测试	使用耗能晶闸管阀专用的HVTT806闸管级单元测试仪进行触发、阻抗功能测试	1）高空作业人员正确使用安全带； 2）作业前检查检修隔离刀闸接地； 3）工作结束时检查工作区域，避免工具、耗材遗留在阀塔上； 4）作业过程应防止触碰光纤导致损坏； 5）触发测试时，应1人监护，1人操作，谨防触发风险	
6	备用光纤衰减测试	使用光纤测试仪对备用光纤进行衰减测试	1）高空作业人员正确使用安全带； 2）作业前检查检修隔离刀闸接地； 3）工作结束时检查工作区域，避免工具、耗材遗留在阀塔上； 4）作业过程应触碰光纤应小心谨慎，避免使光纤折弯损坏； 5）测试完成后应使用光纤清洁工具进行清洁	

239

二、耗能电阻检修

按照表 6-3-4 准备相关工作。

表 6-3-4　　　　柔性直流耗能装置耗能电阻检修工作准备表

序号	检修工序	检修流程与工艺	质量标准	关联风险类别
1	耗能电阻冷态电阻值测量	1. 使用 LCR 测试仪或万用表的两端分别夹在每相耗能电阻的进出线； 2. 按照 LCR 测试仪或万用表操作步骤进行电阻值的测量； 3. 观察 LCR 测试仪或万用表界面显示值并记录测量结果，应为为 30Ω±5%	1）高空作业人员正确使用安全带； 2）断引工作需做好记录； 3）复引后应进行接头直阻测试； 4）测试完成后应拆除短接线	
2	耗能电阻绝缘电阻测量	1. 断开每个耗能电阻单元的进出线（可包含套管）； 2. 使用兆欧表的红色端连接进线/出线端子； 3. 使用兆欧表的黑色端接地； 4. 使用 2500V 档位进行绝缘电阻测量； 5. 记录测量值，应不低于 100MΩ。 备注：也可对三相耗能电阻同时进线绝缘电阻测试，具体接线方式为三相阀塔进出线位置进线短接	1）高空作业人员正确使用安全带； 2）断引工作需做好记录； 3）复引后应进行接头直阻测试； 4）测试完成后应拆除短接线	

三、耗能二次屏柜检修

按照表 6-3-5 准备相关工作。

表 6-3-5　　　　柔性直流耗能装置耗能二次屏柜检修工作准备表

序号	检修工序	检修流程与工艺	质量标准	关联风险类别
1	阀控屏柜外观检查、端子紧固	1. 检查阀控柜外观有无掉漆或损伤，若有则进行修复； 2. 检查阀控柜外部屏体是否有灰尘或污渍，用酒精进行擦拭清污； 3. 抽检阀控柜内部机箱内是否有灰尘，若有则用带酒精毛巾擦拭。擦拭工作在阀控室外进行，避免室内扬尘； 4. 清洁机箱灰尘可能涉及风扇电源拆卸，安装复原后检查电源端子是否接牢； 5. 屏柜端子螺栓紧固情况检查	1. 施工作业过程中，应尽量避免碰触光纤导致故障损坏； 2. 端子紧固检查前，需要确保屏柜处于断电状态； 3. 带电外观检查项目需要避免低压触电风险； 4. 施工作业完成后，应避免阀控屏柜内部存在遗留物	

续表

序号	检修工序	检修流程与工艺	质量标准	关联风险类别
2	阀控系统软件版本校核	阀控保护定值与最终版本一致；软件版本号为最终版本	1. 施工作业过程中，应尽量避免碰触光纤导致故障损坏； 2. 施工作业过程中，需要避免低压触电风险； 3. 施工作业完成后，应避免阀控屏柜内部存在遗留物	
3	晶闸管级与阀控间信号检查	借助晶闸管级触发功能测试，完成晶闸管级与阀控间信号的核对检查	1. 施工作业过程中，应尽量避免碰触光纤导致故障损坏； 2. 施工作业过程中，需要避免低压触电风险； 3. 施工作业完成后，应避免阀控屏柜内部存在遗留物	
4	阀控绝缘电阻测试	1. 使用 500V 兆欧表测量交流、直流电源进线对地绝缘电阻值； 2. 不低于 10MΩ	1. 施工作业过程中，应尽量避免碰触光纤导致故障损坏； 2. 施工作业过程中，需要避免低压触电风险； 3. 施工作业完成后，应避免阀控屏柜内部存在遗留物	
5	阀控柜内电源测量	1. 使用万用表测量每面柜子的风扇和照明电源输入；（UPS 电源） 2. 使用万用表测量每面柜子的直流电源输入与输出； 3. 检查电源冗余是否正常	1. 施工作业过程中，应尽量避免碰触光纤导致故障损坏； 2. 施工作业过程中，需要避免低压触电风险； 3. 施工作业完成后，应避免阀控屏柜内部存在遗留物	
6	阀控运行模式切换、主备系统切换、信号录波等功能测试	1. 进行冗余系统切换测试，该过程阀控后台显示应正常，不报故； 2. 阀控运行状态监视，自检、报警、故障指示灯应无异常； 3. 检查阀控录波功能是否正常； 4. 查看其他须检查及验证的阀控功能是否正常	1. 施工作业过程中，应尽量避免碰触光纤导致故障损坏； 2. 施工作业过程中，需要避免低压触电风险； 3. 施工作业完成后，应避免阀控屏柜内部存在遗留物	

第四章　柔性直流耗能装置典型故障案例

第一节　耗能电阻典型故障案例

耗能电阻器设计结构缺陷导致设备故障

1. 故障特征

电阻带连接抽头折弯处存在有发黑和轻微开裂导致耗能电阻器 652H 组带电运行过程中存在声音异响。

2. 监测手段

年度检修外观检查，试验检查，OWS 后台监视。

3. 案例

2020 年 10 月 8 日，S2 换流站现场人员在巡视过程中发现耗能电阻器 652H 组带电运行过程中存在声音异响。现场检查中发现最上层一个箱体内的一个电阻带连接抽头折弯处存在有发黑和轻微开裂现象，如图 6-4-1 所示，后进行更换处理。

2020 年 11 月 7 日在对耗能电阻器 652H 组处缺完毕后，S2 换流站耗能电阻器恢复带电，耗能电阻 652 组运行正常，但 663H 组出现同样的异响现象需排查原因和解决。后现场检查中发现问题点：其中一个电阻排连接抽头片存在热熔断裂现象。对 S2 换流站和 S3 换流站耗能电阻器每站 36 个箱体逐一进行检查，已完成 72 个箱体检查，检

图 6-4-1　耗能电阻异常情况

查情况如表 6-4-1 所示。

表 6-4-1   张北工程各换流站耗能电阻检查情况

换流站	完全断裂	部分断裂	较明显烧缺点	轻微现象	其他
S2	1个	3个	5个	其余	无
S3	1个	4个	4个	其余	无

4. 分析诊断方法

如图 6-4-2 所示，以 S3 换流站站为例，站内共 4 个耗能支路，通过 2 个耗能变压器接入站内 220kV 交流母线。

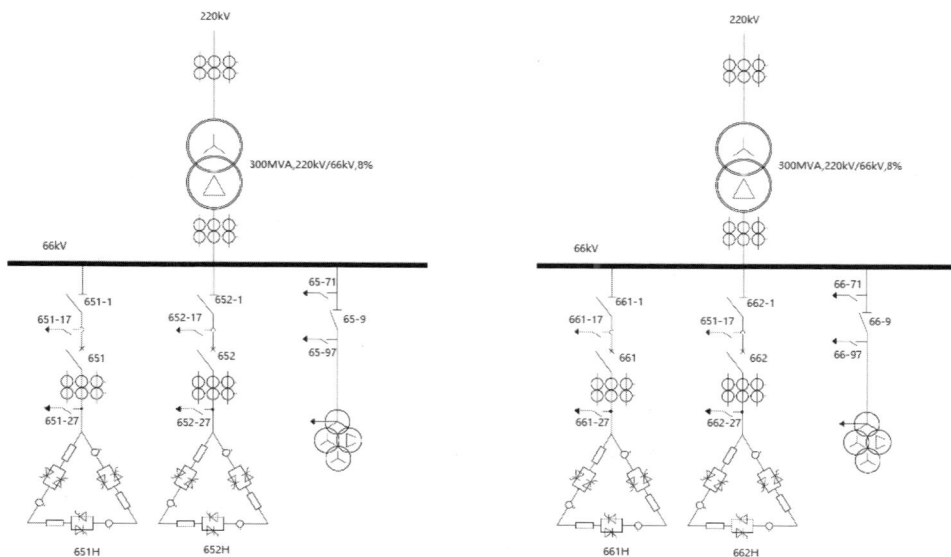

图 6-4-2　S3 换流站站耗能装置主接线图

每个耗能支路由三相组成，三相三角形连接，每相由 1 个晶闸管阀串联一个耗能电阻，每相耗能电阻 30Ω，结构图如图 6-4-3 所示。

耗能电阻与反并联的晶闸阀串联后角接于耗能变压器的二次母线端。现场出线异常时耗能装置是带电状态，晶闸管阀处于阻断状态下电阻内部存在异响。

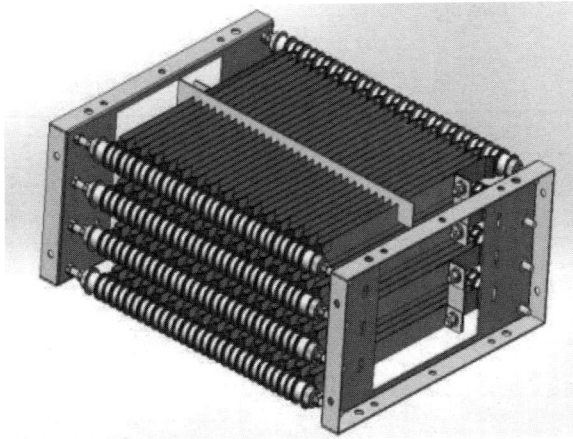

图 6-4-3 耗能电阻器结构示意图

晶闸管阀阻断时并不是把电路完全切断，而是等效一个阻值很大的开关电阻，由于其后接耗能电阻的阻值很小（30Ω），母线电压的绝大部分会分在阻断状态下的晶闸管阀上，耗能电阻仅通过几安培大小的阻断泄漏电流，电压也不足百伏。当耗能电阻出现断路时，此时耗能电阻端间的等效电阻急剧升高，远高于阻断状态下的晶闸阀的内阻。线电压便都落在了耗能电阻带烧断处的断口上，由于阻断状态下晶闸阀的高阻值限制了放电燃弧电流，在交流电的作用下电阻带断口处反复燃弧放电，现场就出现了放电的异响。

从现场检查电阻带连接处情况入手进行原因分析：

推断电阻带在电流冲击时连接处存在局部电流聚集过热现象，过流引起了连接处电阻带的开裂，经过反复的通流冲击，该开裂情况加深逐渐延伸至整个连接电阻带截面，直至最后热熔断裂，形成开路。

局部过流问题应为电阻带连接处松动贴合不紧密造成，耗能电阻在通流时电阻片收电动力影响发生了振动，电动力由电磁感应驱动，无法消除，可以在电阻带间增加绝缘云母条抑制电阻带的振动，同时加固电阻带连接处使其充分接触贴合保证通流时的稳定可靠。

综上分析，张北工程耗能电阻器故障原因为：耗能电阻通流时形成电动力，电阻带出现周期性振动，导致电阻带间连接的部位受到应力，多次电流冲击后电阻带连接部位发生松动引起电阻带连接处开裂。采用双铜排＋云母隔条方案可以有效解决通流后振动问题，避免因电阻带连接部位松动引起电阻带连接处开裂，从而彻底解决项目现场耗能电阻带电异常的问题。

5. 处置措施

对张北工程 S2 换流站和 S3 换流站耗能电阻器进行整体改造，采用双铜排＋云母隔条方案更换全部耗能电阻器。

6. 预防措施

加强对耗能电阻的筛查，每年年检期间对电阻值测试，及时发现不合格失效电阻器。

第二节　耗能晶闸管阀典型故障案例

交流耗能装置晶闸管阀延迟触发问题

1. 故障特征

晶闸管阀故障导致触发延迟，三相电流不平衡。

2. 监测手段

年度检修触发测试检查，OWS 后台监视。

3. 案例

2020 年 5 月 11 日进行 S3 换流站耗能装置 652H 支路核相试验时，耗能阀有 2 只晶闸管故障，耗能支路电流波形也有畸变，出现零序电流。6 月 13 日进行 S3 换流站耗能装置连续投退试验，每个支路投退 2 次，652H 支路仍出现晶闸管阀触发延迟，三相电流不平衡，有零序电流，未出现晶闸管故障。

4. 分析诊断方法

2020 年 5 月 11 日 04:49:48:448 时刻开始投入 652H 耗能支路，投入 1.5s，04:49:49:948 时刻投入结束。04:50:01:294 时刻出现耗能阀的晶闸管故障，共有 4 个晶闸管故障：

（1）A 相 L2A1 模块 9 号晶闸管故障；

（2）A 相 L2A2 模块 9 号晶闸管故障；

（3）C 相 L2A1 模块 4 号晶闸管故障；

（4）C 相 L2A2 模块 4 号晶闸管故障。

耗能支路电流波形均有畸变,有零序电流出现,,录波波形见图6-4-4。从耗能支路电流波形看,触发有延迟。

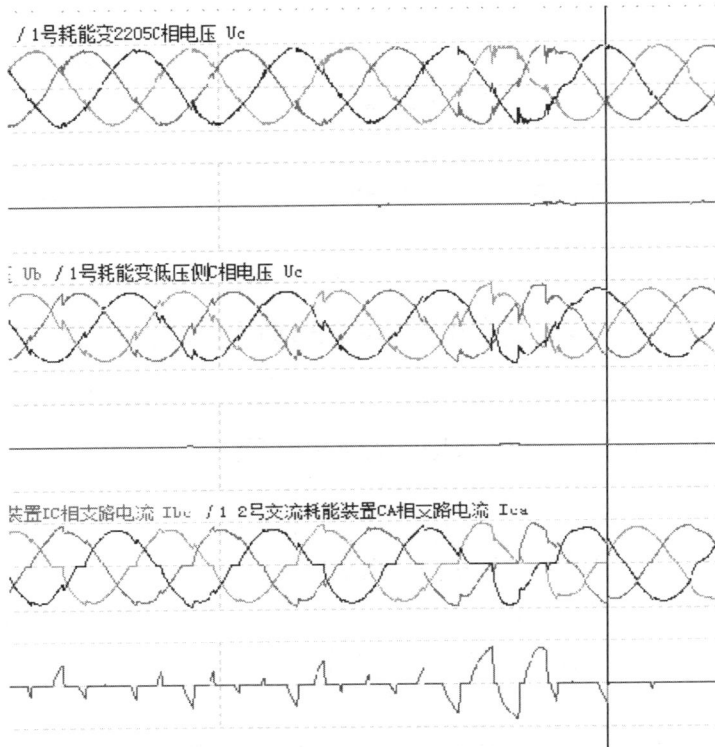

图6-4-4 652H耗能支路电流电压波形图

6月13日进行S3换流站耗能装置连续投退试验,每个支路投退2次,652H支路仍出现晶闸管阀触发延迟,三相电流不平衡,有零序电流,未出现晶闸管故障,录波波形如图6-4-5、图6-4-6所示。

5. 整改措施

将5月11日试验中故障晶闸管返回厂家分析故障原因,经过解剖分析,A相L2 A1V9晶闸管是反向恢复时瞬时功率过大击穿,即在晶闸管反向恢复时,出现反向恢复电流和反向电压乘积瞬时值过大造成晶闸管击穿。

C相L2 A2 V4晶闸管是正向过电压击穿,原因是该级晶闸管没有正常触发,BOD也没动作。现场将5月11日故障晶闸管级的4个TCE更换,返回公司测试,C相L2 A2 V4 TCE的BOD回路开路,BOD不能正常触发。

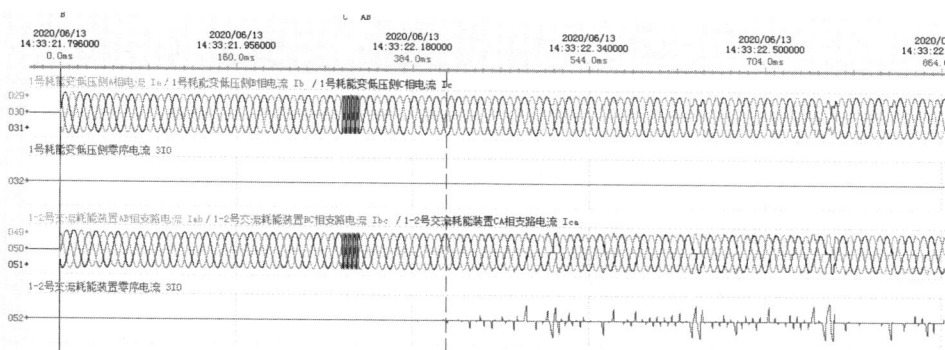

图 6-4-5 第 1 次投入 652H 支路录波

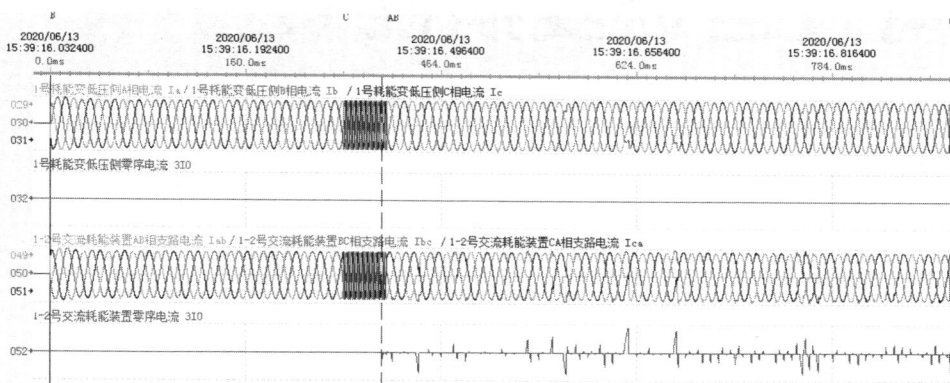

图 6-4-6 第 2 次投入 652H 支路录波

6 月 13 日 3 次试验都是在投入 400ms 左右才出现的触发延迟,因此判断原因是 652H 支路有晶闸管与 TCE 配合不好,在运行时补脉冲次数较多,TCE 中取能消耗快,需要更长时间补能,造成触发延迟。因此将 652H 支路耗能阀 TCE 全部更换。

6. 预防措施

结合年度检修对晶闸管设备进行测试排查,及时发现不合格晶闸管和 TCE 的问题。

第七篇

可控自恢复消能装置

第一章　基　本　功　能

白鹤滩-江苏±800kV 特高压直流输电工程，额定直流电压±800kV，额定容量 8000MW。送端白鹤滩建设一座常规特高压直流换流站，每极采用双 12 脉动常规直流换流器（LCC）串联方案；受端姑苏换流站高端为单 12 脉动（LCC），低端为 3 个并联的柔性直流换流器（VSC），即如图 7-1-1 所示的混合级联拓扑结构。正常工况下，柔直和常规直流各疏散一半直流功率。

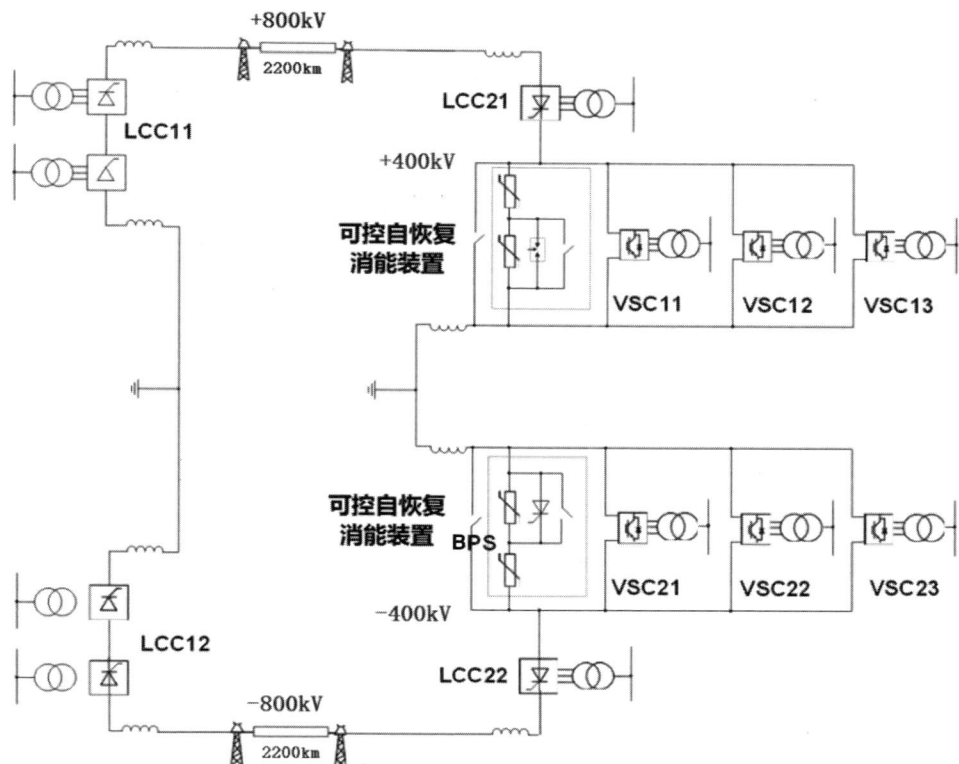

图 7-1-1　白鹤滩—江苏混合级联特高压直流输电拓扑

采用混合级联的受端姑苏换流站，在运行中可能发生以下故障工况：1）高端 LCC 换流器换相失败、功率无法馈入交流电网；2）VSC 换流器接入的受端电网发生近区短路造成功率输送受阻；3）低端 VSC 因内部故障紧急闭锁。在上述的故障工况下，送端换流站通常难以在百毫秒时间内完成功率急降，因此造成受端系统暂时功率盈余，如果不对盈余功率进行泄放消纳，则该功率将会持续向 VSC 阀组中的电容进行充电，从而导致 VSC 子模块电压升高并引发模块过压旁路闭锁，影响系统正常运行。此外，相较于 LCC 阀组中的晶闸管组件，VSC 阀组子模块中的 IGBT 器件耐压低、通流小，造价却更为昂贵。综上，为了抑制瞬时性故障引起的 VSC 系统过压、保护 VSC 阀组子模块，避免过压造成 VSC 换流器全局闭锁，有必要在 VSC 两端配置消能装置以便泄放系统的暂态盈余功率。

受端姑苏换流站首次引入了适用于混合级联特高压直流输电系统的可控自恢复消能装置，其装设在 400kV 直流母线与中性母线之间，与 3 个低端 VSC 阀组相并联，如图 7-1-1 中的红色线框部分所示。当直流系统正常运行时，可控自恢复消能装置整体接入，其转折电压高于直流运行电压，可控自恢复消能装置仅有微安级泄漏电流流过。当 3 个低端 VSC 阀组中任意一个 VSC 的任意一个桥臂内子模块电压平均值达到动作水平时，可控自恢复消能装置吸收盈余功率、实现故障穿越，并能够维持直流母线电压；当桥臂内子模块电压平均值降低至动作水平之下，可控自恢复消能装置退出。

第二章 结 构 及 原 理

　　姑苏换流站共配置两套可控自恢复消能装置，极 1 为中电普瑞技术路线，其拓扑结构如图 7－2－1（a）所示；极 2 则为南瑞继保技术路线，其拓扑结构如图 7－2－1（b）所示。两种可控自恢复消能装置均包含非线性金属氧化物电阻片构成的避雷器部分，即 MOA，其又分为 400kV 母线侧的固定元件部分和中性母线侧的受控元件部分，并且，受控元件由触发开关 K0、K1 和 K2 控制其退出和投入。两种可控自恢复消能装置的 K0 触发机制不同，中电普瑞采用间隙触发，而南瑞继保则采用晶闸管触发，但两者在收到触发合闸信号后，均可以在 1ms 内快速导通，形成电流通路；K1 为快速机械触发开关，合闸时间≤5ms；K2 为旁路开关，合闸时间≤25ms。综上，在收到触发合闸信号后，触发开关按照 K0—K1—K2 的顺序依次合闸导通。

　　正常运行时，可控开关 K0、K1 和 K2 处于开断状态，避雷器固定部分与受控部分串联接入直流输电系统，其持续运行最大电压选取与常规避雷器相同。当 VSC 交流侧发生故障，子模块电容电压升高，低端 3 个 VSC 阀组中任意一个 VSC 的任意一个桥臂内子模块电压平均值达到保护水平时，控保系统同时触发 K0、K1 和 K2，即将避雷器受控部分短路，快速降低避雷器保护水平，系统盈余能量被避雷器固定部分所吸收，实现交流故障穿越，避免 VSC 因过压而闭锁退出运行。在系统故障清除后，极控系统发出退出命令给可控自恢复消能装置控制装置，依次开断 K1 和 K2，消能装置退出，恢复至正常运行状态，作常规避雷器运行，等待下一次投入命令。

　　VSC 交流侧故障状态下投入可控自恢复消能装置，流经避雷器固定部分和触发开关的电流趋势如图 7－2－2 所示，K0 最先导通，避雷器受控部分短路，避雷器组只剩下固定部分，1mA 直流参考电压减小，即避雷器保护水平降低，此时流过 K0 的电流即避雷器固定部分的电流；其后，K1 导通，此时

K0 仍处于通态且流过避雷器的电流仍在上升，但由于 K1 支路内阻较之 K0 更小，电流实现了 K0 至 K1 的转移；最后，K2 导通，电流逐步由 K0 和 K1 转移至 K2，流过 K0 的电流足够小时即可实现自关断。待故障恢复后，依次开断 K1 和 K2，再次投入避雷器的受控部分。

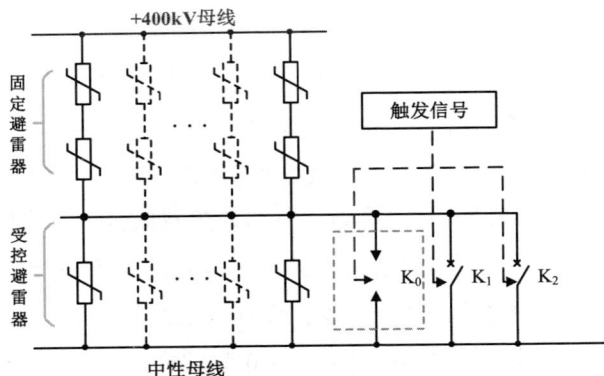

(a) 极 1 中电普瑞技术路线

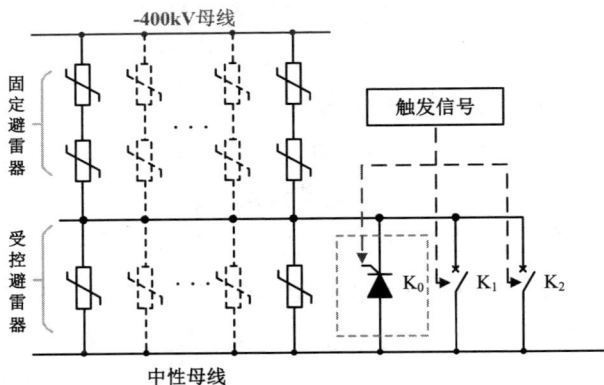

(b) 极 2 南瑞继保路线

图 7-2-1　姑苏换流站直流可控自恢复消能装置拓扑

直流可控自恢复消能装置的控制逻辑如图 7-2-3 所示，其中红色框线内为装置内部逻辑，而"系统过电压"判断逻辑则由 VSC 的阀控 VCP 完成。当 VCP 判定为"过电压"时，既可以由 VCP 直接向可控自恢复消能装置内的控制装置 EDC 发送合闸指令，也可以经由 VCP—CCP（换流器控制）—PCP（极控）上送合闸请求，并最终由 PCP 向 EDC 发送合闸指令。当过电压恢复之后，由 PCP 发送分闸指令给 EDC。在可控自恢复消能装置的内部逻辑中，EDC 同时向 K0、K1 和 K2 发送合闸指令，而在 EDC 发送分闸指令时，则是先开断 K1，后开断 K2。

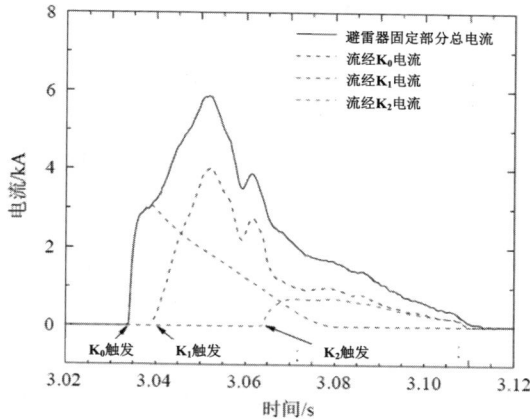

图 7-2-2　故障状态下直流可控自恢复消能装置的电流变化趋势

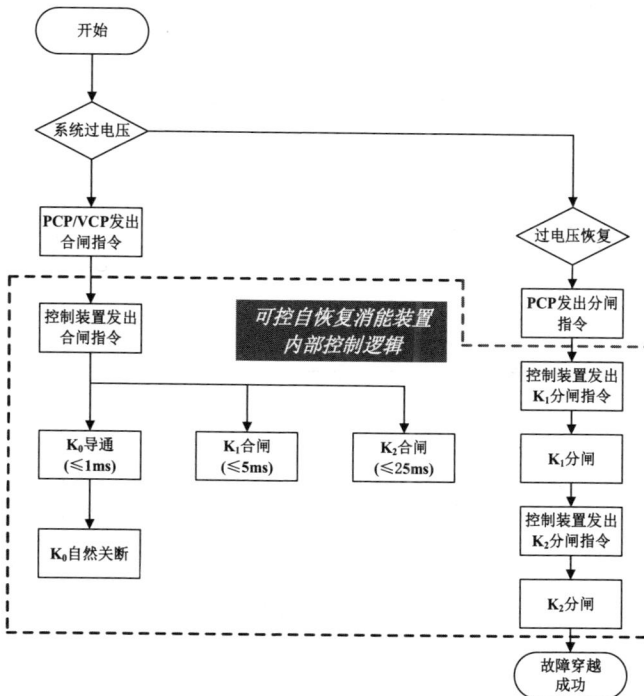

图 7-2-3　直流可控自恢复消能装置的控制逻辑

第三章 主 要 设 备

本章将从一次本体方面介绍直流可控自恢复消能装置的主要设备，一是采用晶闸管触发的南瑞继保技术路线，二是采用间隙触发的中电普瑞技术路线。除了第二章已经提及过的 K0 触发机制不同外，两种技术路线的测量设备配置也存在着一定差异。

第一节 南瑞继保技术路线

南瑞继保直流可控自恢复消能装置的单线图如图 7-3-1 所示，其中 F1 和 F2 分别为避雷器固定部分和受控部分，BCT1 至 BCT14 为分支电流测量装

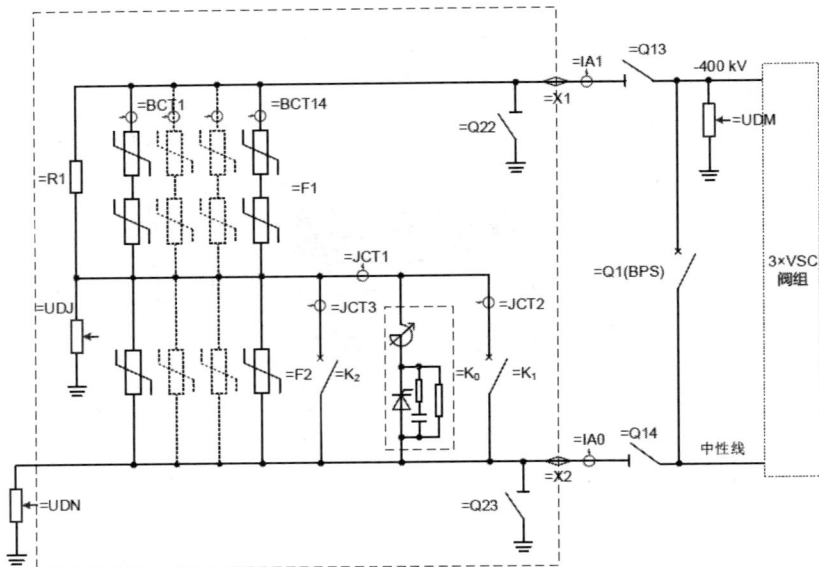

图 7-3-1 南瑞继保可控自恢复消能装置单线图

置，JCT1、JCT2 和 JCT3 为汇流测量装置，R1 为均压电阻，UDJ 为电子式电阻分压器，X1 和 X2 为套管。此外，根据消能装置的运行工况，消能装置控制保护系统还接入了 −400kV 母线电压 UDM、中性线母线电压 UDN 和装置首尾端电流 IA1/IA0 信号。

设备的三维布置如图 7−3−2 所示。

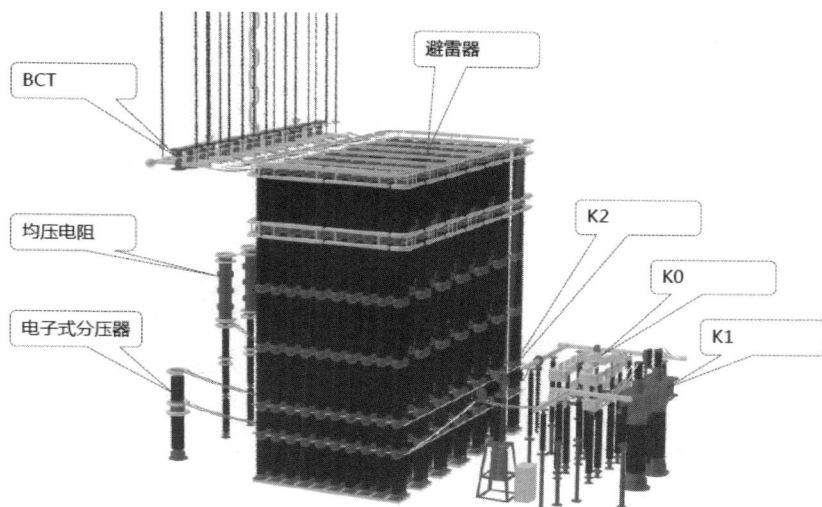

图 7−3−2　南瑞继保可控自恢复消能装置三维布置图

（一）避雷器本体

可控自恢复消能装置的避雷器部分包含固定元件和受控元件，均采用复合外套，并采用单柱单外套方式，即每支复合外套内部仅安装一柱阀片，并在阀片间采用一定厚度的金属片将每片阀片隔离，防止单个阀片失效导致整柱闪络。固定元件和受控元件采用 QA22（φ100×22）氧化锌电阻片，每一小节避雷器的串联阀片分别为 22 和 19，整体 107 串 112 并，含 20% 热备用共 136 并；其中固定元件 88 串 112 并，含热备用共 136 并；可控元件 19 串 112 并，含热备用共 136 并；可控比 17.8%。固定元件和可控元件的厂家均为平高东芝（廊坊），避雷器本体布置如图 7−3−3 所示。

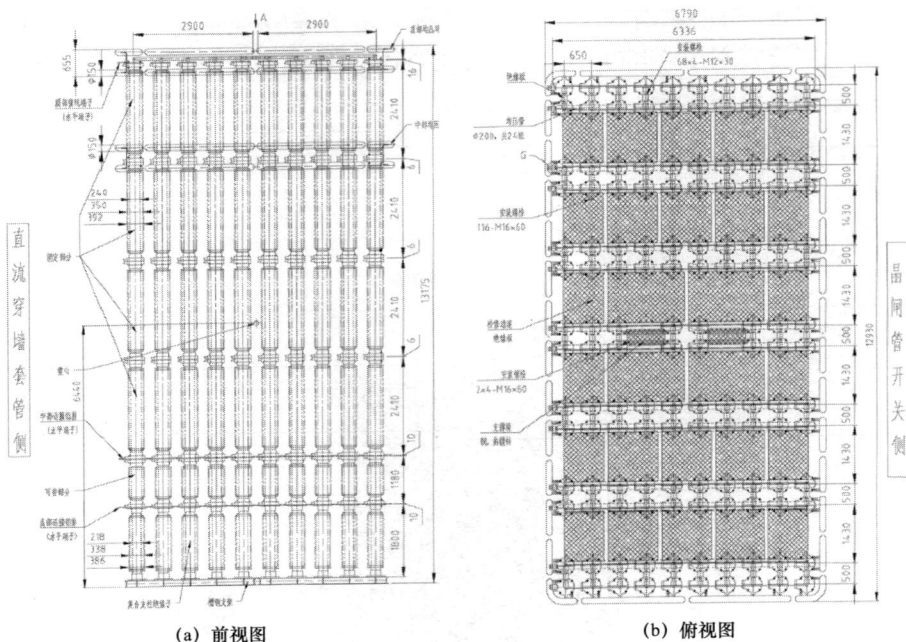

（a）前视图　　　　　　（b）俯视图

图 7-3-3　南瑞继保可控自恢复消能装置避雷器本体布置图

（二）晶闸管触发开关

晶闸管触发开关为南瑞继保产品。技术规范要求触发开关方案采用晶闸管触发开关（K0）和快速机械触发开关（K1）冗余方案，即当可控自恢复消能装置控保系统收到阀控或极控发来的合闸指令后，两个触发开关任意一个合上，就可以到达限制 VSC 两端过电压的目的。K0 由多级晶闸管级串联组成，每晶闸管级包含晶闸管以及配套的阻容均压回路、静态均压电阻和晶闸管控制单元（TCU），多级晶闸管配置一个饱和电抗器。因 K0 仅在直流系统过压期间短时导通，所以采用自然冷却方式。

串联级数按两种方法进行校核：操作冲击耐受电压及晶闸管断态重复峰值电压；操作冲击电压下 BOD 保护不动作。

① 操作冲击耐受电压及晶闸管断态重复峰值电压。

泄流晶闸管阀最小串联级数计算公式如下：

$$N_{\min} = \frac{U_{\text{SIWL}} \times k_1}{U_{\text{DRM}}}$$

其中，U_{SIWL} 为要求的操作冲击耐受电压（137kV），k_1 为阀内电压不均匀系数 1.1，U_{DRM} 为晶闸管的断态重复峰值电压。得到晶闸管的串联级数为 18，按 10%考虑冗余，总级数 20。

② 操作冲击耐受电压下 BOD 保护不动作。

泄流晶闸管阀最小串联级数计算公式如下：

$$N_{\min} = \frac{U_{\text{SIWL}} \times k_2}{U_{\text{BOD}}}$$

其中，k_2 为安全系数 1.05，UBOD 为 TCU 的 BOD 保护电压，初期按 7100V 进行晶闸管级数校核（实际为 8100V）。得到晶闸管的串联级数为 21，按 10%考虑冗余，总级数 24。

综合上述两种方法，晶闸管的串联级数 21，冗余级数 3，总级数 24。晶闸管触发开关中阀组相关设计参数如表 7-3-1 所示，此外，K0 由每 6 级为一个组件和一个饱和电抗器串联，每两个组件为一层，分两层上下叠装、卧式布置，进出线方式为上进下出，整体尺寸为：4514mm × 4655mm × 2080mm（宽 × 高 × 深），如图 7-3-4 所示。

表 7-3-1　　　　　　　　　晶闸管触发开关设计参数汇总

序号	参数		值	单位
1	晶闸管型号		KP 5500A - 8500V	
2	并联数		1	
3	串联晶闸管级数		21	级
4	串联晶闸管冗余级数		3	级
5	阻尼电容		2	μF
6	阻尼电阻		32	Ω
7	静态均压电阻		150	kΩ
8	饱和电抗器	主电感	550	μH
		电压时间面积	150	mVs
9	短路电流耐受能力		58/17.7	kA/ms

257

图 7-3-4 晶闸管触发开关整体结构设计图

TCU 同时具备交流和直流取能。TCU 具备 BOD 功能，晶闸管级端间电压超过 TCU 的 BOD 电压后，TCU 将自动触发晶闸管来保护晶闸管不受损坏。可控自恢复消能装置的晶闸管触发开关仅在系统故障期间短时导通，其触发模式与常规换流阀、SVC 阀采用在某一触发角触发模式不同。当直流系统监测到过压后，极控发控制开关合闸令给可控自恢复消能装置控制装置，控制装置发送连续的触发命令（CP）给阀控装置，阀控装置在接收到控制装置的 CP 以及 TCU 的回报信号（IP）后发送触发命令（FP）给 TCU 来导通晶闸管。若晶闸管触发开关中的晶闸管非正常关断，由于控制装置在持续发出 CP，晶闸管关断后，其对应的 TCU 将很快发出 IP 信号，VBE 同时接收到 CP 和 IP，将再次发出 FP 给 TCU 来触发导通晶闸管，能有效保证晶闸管的非正常关断。

常规晶闸管阀如直流换流阀、SVC 等，晶闸管都用于交流系统中，TCU 采用的是交流取能。本次晶闸管触发开关用于直流系统，若仍采用常规晶闸管阀模式，TCU 在可控自恢复消能装置第一次上电过程中仍可取能，但由于电压不会翻转，TCU 的取能状态不会再发生变化，运行过程中无法获知晶闸管触发开关的功能是否正常，因此晶闸管触发开关的控制系统需要实时检测其状态。

状态巡检方案：可控消能装置带电运行无异常、K0 处于断态、K1 和 K2 分位时，每隔一段时间，依次给每个晶闸管发出触发命令，晶闸管开通，阻容回路通过该级晶闸管放电，随后该级晶闸管电流低于维持电流，再次关断，晶闸管级电压开始上升，TCU 开始直流取能，取能电压建立后，且晶闸管级电压大于 IP 回报门槛值，TCU 给 VBE 发送回报 IP，若 VBE 收到该 IP，则认为晶闸管完好，否则认为该级晶闸管故障。若晶闸管级故障数量超过冗余级数，告警通知运维人员进行进一步处理。

（三）均压电阻

因晶闸管触发开关 K0 并联在可控自恢复消能装置可控元件两端，晶闸管的断态阻抗以及并联的静态均压电阻会改变可控元件的整体阻抗，因此需在可控自恢复消能装置的固定元件并联一个均压电阻，使可控自恢复消能装置的固定元件和可控元件的均压保持不变。

根据图 7-3-1 所示的消能装置单线图，设计固定元件两端的均压电阻时，固定元件和受控元件在持续运行电压附近的电阻、固定元件和受控元件的杂散电容、晶闸管触发开关 K0 的断态阻抗、晶闸管触发开关 K0 中的静态均压电阻和阻容回路、快速机械触发开关 K1 断口间的均压电阻、电子式电阻分压器的电容和电阻均需考虑。

均压电阻元件采用厚膜电阻（无感电阻）。均压电阻采用 16 并 24 串、先并联后串联的结构型式，总计 384 根厚膜电阻元件。两个电阻元件中间采用图 7-3-5 所示的过盈连接方式连接组成电阻组件，并采用多根引拔棒固定上下金属法兰组成图 7-3-6 所示的电阻模块固定支撑结构。在图 7-3-6 中，（1）为电阻模块，（2）为引拔棒，（3）为电阻元件，（4）为帽盖。四个图 7-3-4 所示的电阻模块串联组成图 7-3-7 所示的一个均压电阻单元，3 个单元组成图 7-3-8 所示的均压电阻。均压电阻为西安神电产品，阻值为 15MΩ。

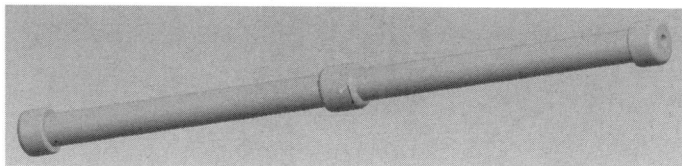

图 7-3-5　两个电阻元件组成的电阻元件

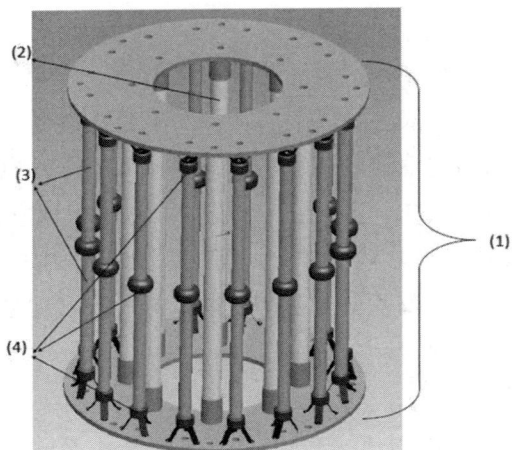

图 7-3-6　电阻模块结构

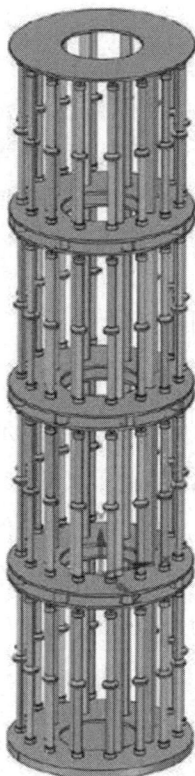

图 7-3-7　均压电阻单元

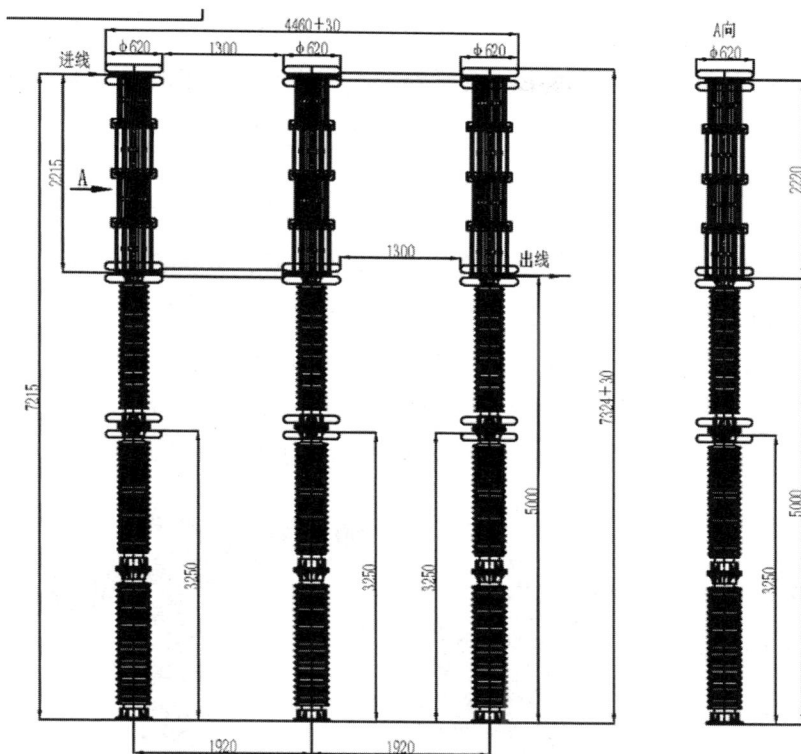

图 7-3-8　均压电阻整体结构设计

（四）快速机械触发开关

快速机械触发开关采用真空断口串联的技术路线，其具有以下特点：① 具有微秒级响应速度的电磁斥力操作机构；② 真空灭弧室作为中压断口载体，充分利用真空小间隙的绝缘能力；③ 单个断口的触发及操作机构前置，进一步减小操作功，减小运动部件的总质量及驱动器的惯性，增大驱动速度，提高开关的操作速度。南瑞继保技术路线采用双断口串联设计的快速机械触发开关。

单个断口由开关本体、储能触发控制单元、供能变压器构成，采用一体化模块化设计。两个断口通过铜排串联连接，如图 7-3-9 所示。快速机械开关采用电磁斥力原理，需要配置控制回路，完成对机械开关的驱动以及与系统的通信。储能触发控制单元主体内部结构由以下部分组成：① 储能电容器——存储电磁斥力机构所需电能；② 触发单元——由电力电子器件组成，提供微秒级

261

放电触发；③ 控制板卡——操控储能触发电路的各功能单元，保证各部分协同工作。此外，快速机械开关的供能变压器采用两级变压器串联的方案，并将变压器串联放置在一体式套管中。快速机械开关为南瑞继保产品。

（五）旁路开关

可控自恢复消能装置控保系统收到阀控或极控发来的合闸指令后，同时发触发开关的导通命令和旁路开关的合闸命令，两个触发开关很快导通，旁路开关 25ms 左右合闸成功，主要起长期通流和 10A 直流电流切断功能。可控自恢复消能装置旁路开关采用 ZPLW1 - 150 高压直流旁路开关，如图 7 - 3 - 10 所示。ZPLW1 - 150 高压直流旁路开关为西开产品，由单极组成，整体结构呈 T 型，每台开关为单柱双断口结构，包括灭弧室、绝缘支柱和操动机构等。

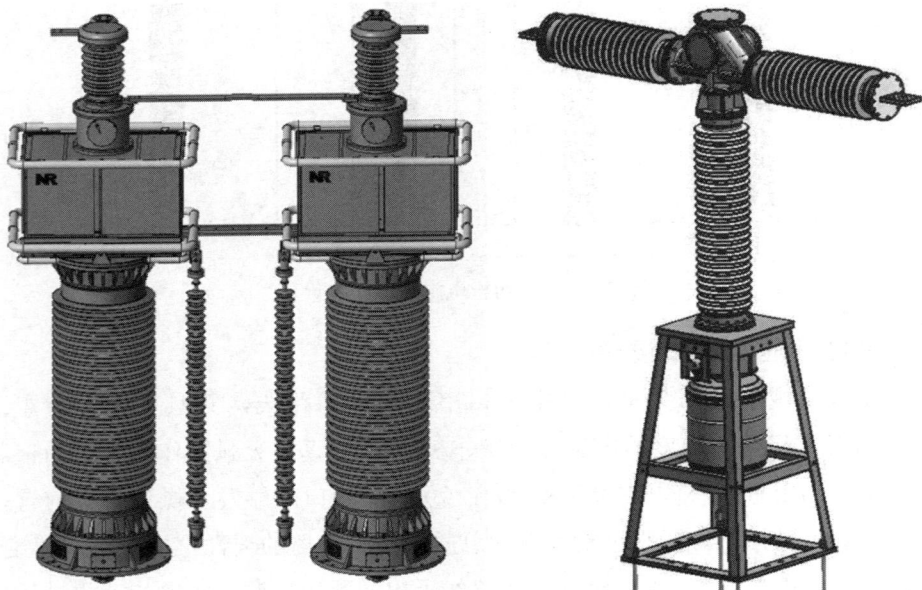

图 7 - 3 - 9　快速机械开关整体结构设计图　图 7 - 3 - 10　高压直流旁路开关结构设计图

（六）测量设备

测量装置按控制保护需求分为分支电流测量装置（BCT）、汇流测量装置（JCT）、以及电子式电阻分压器 UDJ，所有电流互感器均为全光学电流互感器（OCT）。测量装置均为南瑞继保自产的产品。此外，根据消能装置的运行工况，消能装置控制保护系统还将接入 -400kV 母线电压 UDM、中性线母线电压

UDN 和消能装置首尾端电流 IA1/IA0 的信号，如图 7 - 3 - 1 所示。

BCT：可控自恢复消能装置本体总共 136 支（含备用），每 10 支或 8 支避雷器为一组，每组安装一台 BCT，每台 BCT 配置一个光纤环，安装在固定元件高压端，用于测量避雷器的动作电流并判断其均匀性，总共安装 14 台分支电流测量装置。

JCT：共安装 3 台汇流测量装置，均安装在固定元件低压端，JCT1 安装在 K0 和 K1 的汇流母线上；JCT2 安装在快速机械触发开关的高压侧，用于测量流过快速机械触发开关的电流；JCT3 安装在旁路开关的高压侧，用于测量流过旁路开关的电流。JCT1 与 JCT2 电流相减即可得到晶闸管支路上的电流，JCT1 和 JCT3 相加即可得到控制开关总支路的电流，即为固定元件中流过的电流。每台 JCT 配置 4 个光纤环，其中 3 个光纤环给 3 套保护满足三取二要求，另一个光纤环备用。

UDJ：共安装 1 台电子式电阻分压器，安装在受控元件两端，共配置 4 个远端模块，其中 3 个远端模块给 3 套保护满足三取二的要求，另一个远端模块备用。

IA1/IA0：每台配置 4 个光电转换模块，额定电流 5000Adc，由于消能装置存在固定元件和受控元件一起吸收能量的工况，但上述配置的 JCT 均无法反应该工况，因此为实现对受控元件的保护，需要将可控消能装置首尾端电流 IA1/IA0 接入消能装置的保护系统中。

UDM：UDM 即为 -400kV 母线电压互感器，也不在消能装置的供货范围之内，但为了实现对晶闸管状态的巡检工况，需要判别消能装置是否带电，因此需要将 UDM 信号接入消能装置的控制系统中。

UDN：UDN 即为中性线母线电压互感器，也不在消能装置的供货范围之内，但为了实现对均压电阻进行监视，即通过 UDM - UDN 得到避雷器两端电压，同时与受控元件两端电压进行对比，从而监视均压电阻的工作状态，需要将 UDN 接入消能装置的控制系统中。

① 光学电流互感器。电流测量装置采用全光学电流互感器，采用光纤传感环测量直流电流，并通过光纤复合绝缘子将信号传输到地面，满足对地绝缘要求，BCT 和 JCT 原理示意分别如图 7 - 3 - 11 和图 7 - 3 - 12 所示。

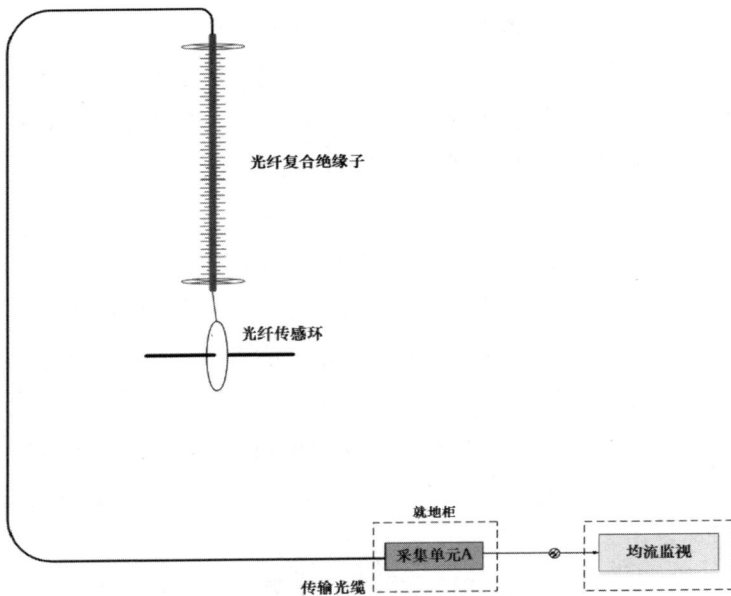

图 7-3-11 BCT 信号传输原理图

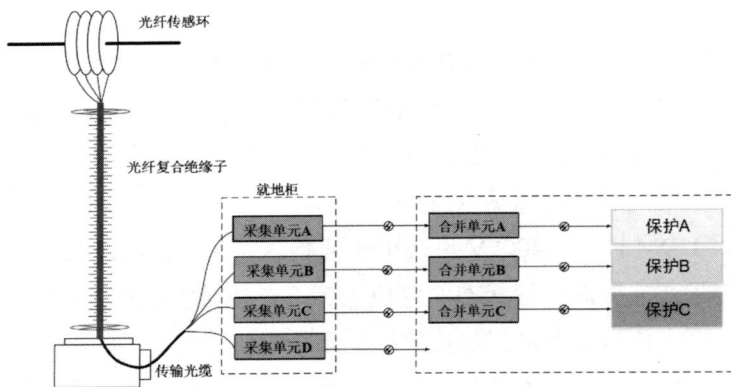

图 7-3-12 JCT 信号传输原理图

　　BCT 安装在高压侧管母上，考虑到阀厅空间和均压电阻布置，其采用吊装方式；JCT 直接安装在管母上。

　　② 电子式电阻分压器。电子式电阻分压器采用阻容式，在保证额定电压的精度前提下，其阻值选择尽量大，由于电子式电阻分压器测量的是受控元件两端的电压，因此其高电位供能采用激光供电方式，并配置 4 个远端模块，其原理如图 7-3-13 所示。电子式电阻分压器采用干式绝缘方式。

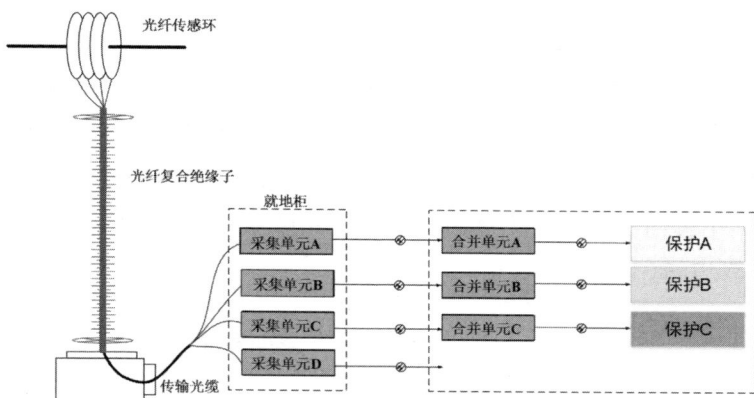

图 7－3－13　电子式电阻分压器信号传输原理图

第二节　中电普瑞技术路线

中电普瑞直流可控自恢复消能装置的单线图如图 7－3－14 所示，同南瑞继保技术路线一样，F1 和 F2 分别为避雷器固定部分和受控部分，BCT1 至 BCT14 为分支电流测量装置，JCT1 和 JCT2 为汇流测量装置（中电普瑞技术路线的 JCT 较之南瑞继保少 1 个，且安装位置位于中性线上），R_1 和 R_2 为均压电阻，PT 为保护用的阻容分压器，X1 和 X2 为套管。此外，根据消能装置的运行工况，消能装置控制保护系统还接入了 －400kV 母线电压 UDM、中性线母线电压 UDN 和消能装置首尾端电流 I_{A1}/I_{A0} 信号。

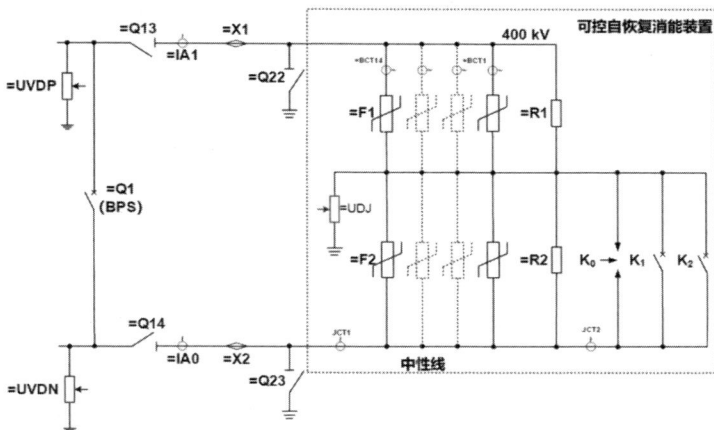

图 7－3－14　中电普瑞可控自恢复消能装置单线图

中电普瑞可控自恢复消能装置的外形如图 7-3-15 所示，触发间隙 K0 主要由间隙本体、控制器、以及供能变组成；快速机械开关 K1 采用双断口串联，断口并联有阻容均压支路，采用两台供能变供能；旁路开关 K2 采用双端口串联，无均压支路。正常运行时，触发开关 K0、快速机械触发开关 K1、旁路开关 K2 均处于分断状态；避雷器固定、受控元件串联，其保护水平高，作用与常规避雷器相同。

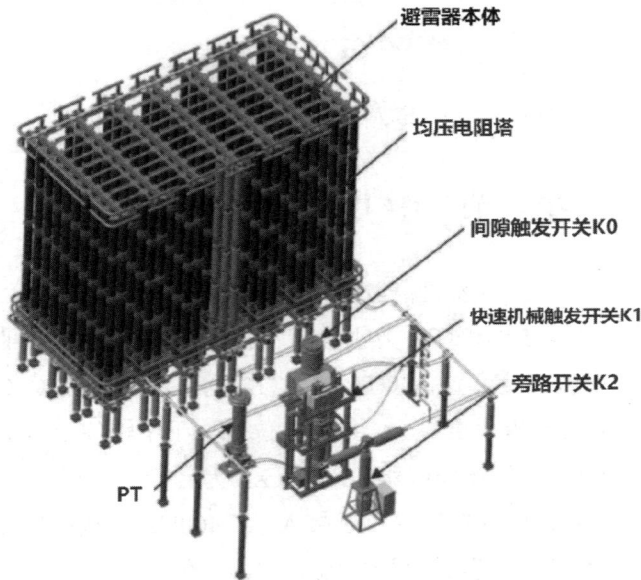

图 7-3-15　中电普瑞可控自恢复消能装置外形图

（一）避雷器本体

避雷器整体由固定元件及受控元件组成，均采用复合外套，并采用单柱单外套方式，即每支复合外套内部仅安装一柱阀片，并在阀片间采用一定厚度的金属片将每片阀片隔离，防止单个阀片失效导致整柱闪络。固定元件和受控元件每一小节避雷器的串联氧化锌阀片分别为 23 和 20，整体 112 串 112 并，含 20% 热备用共 136 并，其中固定元件 92 串 112 并，含热备用共 136 并；受控元件 20 串 112 并，含热备用共 136 并，可控比 17.9%。避雷器持续运行电压 440kVp，整体荷电率 82%；触发开关闭合后，受控元件被旁路，固定元件荷电率 98%。固定元件及受控元件的厂家为西电避雷器。

（二）触发间隙

触发间隙为西开产品，为 SF_6/N_2 混合气体等离子体喷射触发间隙，由间隙本体、控制箱、供能变和绝缘平台组成，控制箱内部安装触发器及内部控制器，整体结构如图 7-3-16 所示，间隙本体外形及结构如图 7-3-17 所示。

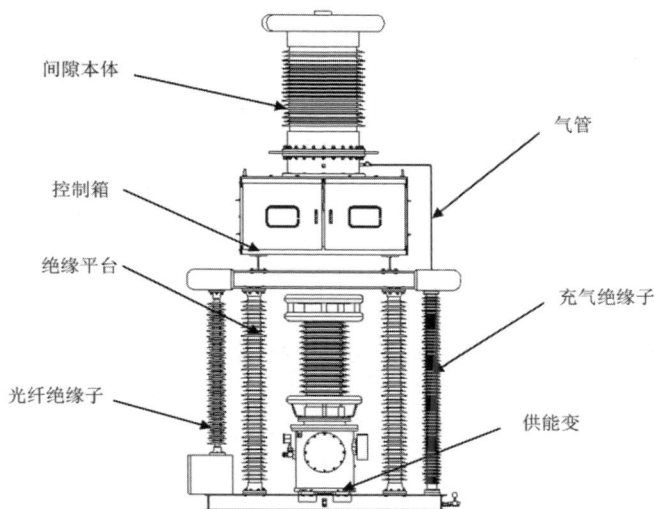

图 7-3-16　触发间隙整体结构图

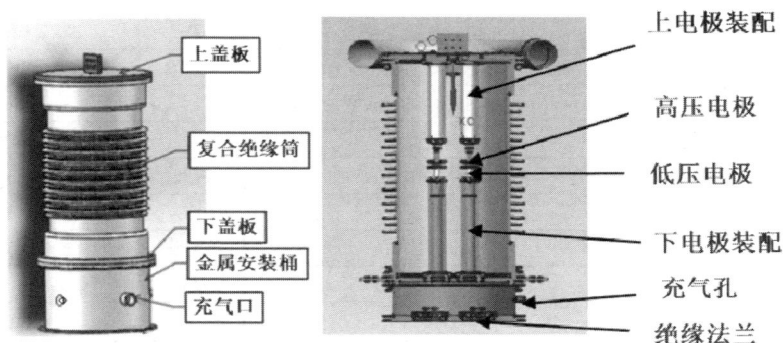

图 7-3-17　间隙本体结构图

间隙本体包括复合绝缘筒、上下盖板和过渡筒，复合绝缘筒内部安装高压电极、低压电极和触发腔，其中触发腔安装在低压电极下方。间隙采用双级接续触发方案，间隙控制器接到触发指令后，判断具备触通条件时向触发器发出放电命令，触发器中储能电容器组向双级触发腔注入能量，烧蚀触发腔产生大

267

量等离子体喷射,将低压电极与高压电极间隙短接,实现低压下的快速可靠触通。高、低压电极采用螺旋槽形状,能使电弧在电动力作用下沿电极外沿高速旋转,有效提高电极抗烧蚀能力,实现短时大电流通流。

触发器一次充电可实现连续两次触发,内置测量系统用于测量储能电容电压和间隙电流,并监测触发过程关键电气参数。间隙高压电极、低压电极、触发腔、触发器和控制器均设计为独立的两套,可同时触发提高触发可靠性,或相继触发提供连续两次触通能力。

供能变从地电位给中性线高电位的触发器和控制器部分供能。绝缘平台包括安装平台、支撑绝缘子、光纤绝缘子和充气绝缘子等,用于给间隙本体及控制柜提供绝缘支撑、光纤通信及充气通道。

间隙主要技术参数如表 7-3-2 所示。

表 7-3-2　　　　　　　　　间　隙　技　术　参　数

序号	项目			单位	参数
1	绝缘	间隙本体断口及外绝缘	额定电压	kVdc	80
5		绝缘平台	额定电压	kVdc	150
9	触发	最大触发延时		ms	0.5
10		触发极性		/	正、负极性
11		最低可触发电压		kVdc	30
12		空载触发寿命		次	2×1200
13	通流及绝缘恢复	额定短时通流电流		kA/ms	20/30
15		额定短时通流次数		次	50
	SF$_6$/N$_2$ 气体	混合比		/	30%
		最高工作压力		MPa	0.37
		额定压力		(20℃、	0.35
		报警压力		绝对压	0.32
		最低工作压力		力)	0.3
		SF$_6$ 气体年漏气率		/	0.15%

间隙控制器接收来自消能装置控保系统的触通指令,触发晶闸管控制两路触发电容相继放电,从而使间隙触发导通。控制器实时监测自身工作状态、与消能装置控保系统的通信状态,并将自检状态实时报送给消能装置控保系统和录波系统等。控制器对触发电容电压、脉变电压和间隙电流 3 路模拟量进行 AD 采样,采样频率分为低速和高速两种,低速采样结果用于间隙触发条件判

断,高速采样结果用于间隙触发性能分析。控制器可将 3 路模拟量采样数据实时报送给消能装置控保系统和录波系统等。

控制器接口设计模拟量接口、光纤接口和光以太网口,如表 7-3-3 所示。设计 3 个模拟量接口用于采集触发器两路触发电容电压和间隙电流的测量信号以监测间隙状态;设计 6 路光纤接口,2 路用于接收消能装置控制系统发出的触通命令,2 路用于向消能装置控制系统发送间隙状态相关信息及采样数据,2 路用于向录波系统发送间隙状态相关信息及采样数据;设计光以太网口用于系统调试使用。

表 7-3-3　　　　　　　　　　间隙控制器接口说明

类型	名称	功能描述	参数	数量	备注
光纤接口	触发信号光接口	用于接收消能装置控保系统的间隙触发命令	ST 接口,多模玻璃光纤,62.5/125μm	2	主/备各 1 根,光调制信号
	实时信息光接口	用于向消能装置制和录波系统实时发送两路触发电容电压是否满足触发条件判定结果,控制器自检状态及两触发电容电压波形(需要时)等		4	主/备各 2 根,FT3 通信格式、曼彻斯特编码
光以太网口(调试用)	监测及调试口	用于和上位机调试软件通信		1	通信协议待定

(三)均压电阻

可控自恢复消能装置用均压电阻分为高压部分均压电阻和可控部分均压电阻,其在消能装置中起到均压电压的作用,使可控自恢复消能装置的固定元件和可控元件的均压保持不变。

均压电阻分为高压端均压电阻和可控部分均压电阻两部分,如图 7-3-18 所示。固定电阻由 4 柱并联组成,每柱由 4 个电阻模块串联组成,每个电阻模块由 27 个厚膜电阻元件串并联组成。模块内部承力结构件为玻纤增强引拔棒支柱,厚膜电阻元件仅承受自重作。可控电阻由 4 个电阻模块并联组成。每个电阻模块由 12 个厚膜电阻元件串并联组成。模块内部承力结构件为玻纤增强引拔棒支

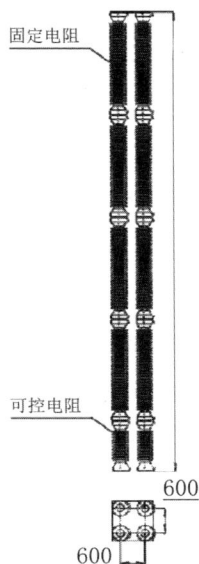

图 7-3-18　均压电阻结构图

柱,厚膜电阻元件仅承受自重作用。均压电阻的外形及结构与避雷器单元相同,电阻元件封装在复合外套内并与外界隔离。固定电阻阻值为 100MΩ,可控电阻阻值为 25.6MΩ,厂家为西安神电。

(四)快速机械触发开关

快速机械开关负责快速导通旁路,为西开产品,整体结构如图 7-3-19 所示,由两个真空单元模块串联组成,每个真空单元模块主要包括真空灭弧室、均压装置、操作机构和供能装置。两个真空单元模块共用一套供能直流电源和中央控制器。快速机械开关真空灭弧室采用固封极柱形式,断口并联均压装置,配用电磁斥力机构,合闸时间≤5ms,具备技术参数要求的关合能力、机械特性和机械操作能力。

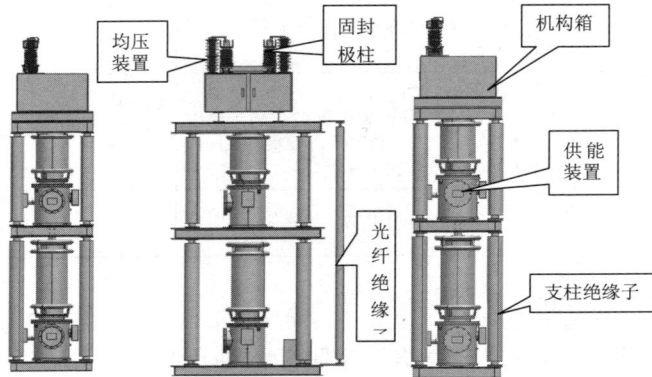

图 7-3-19 快速机械触发开关总体结构

快速机械开关负责快速导通旁路,整体结构由两个真空单元模块串联组成,每个真空单元模块主要包括真空灭弧室、均压装置、操作机构,供能装置组成。两个真空单元模块共用一套供能直流电源和中央控制器。

快速机械开关为满足合闸时间及绝缘要求,采用双断口结构。真空灭弧室串联的布置随之带来的就是断口的电压分布不均,虽然从开断后断口的绝缘性能讲,它仍然比单断口真空断路器有更可靠。但断口电压分布的均匀程度实质上决定了多断口真空开关的击穿电压增益倍数,因此,应该通过并联均压电阻最大限度地提高多断口真空开关各断口地电压分布均匀性,从而提高其击穿电压增益倍数,最大限度地发挥多断口真空开关的优势。

快速机械开关采用电磁斥力机构,其通过拉杆与真空灭弧室组件连接,通过斥力机构操作从而完成快速机械开关合、分等机械操作的基本功能。

供能变压器设计方案如图 7-3-20 所示。

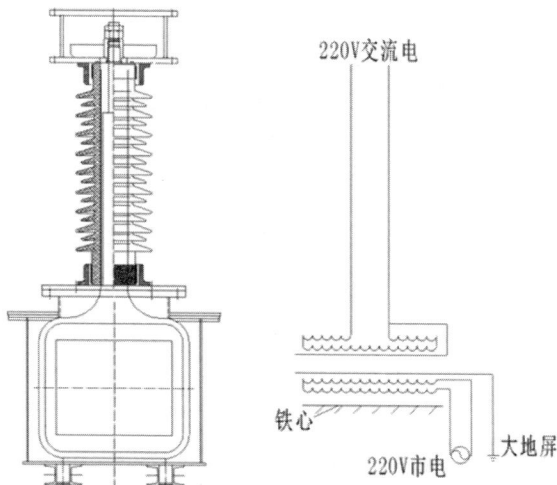

图 7-3-20　快速机械触发开关供能变压器总体结构

供能变压器采用 SF_6 气体作为绝缘介质，将硅橡胶套管、供能隔离变压器组合在一起，供能隔离变压器壳体为金属铝外壳，具有占地面积小、安全可靠的优势，适用于为快速开关及间隙提供 220V 的交流电源。变压器位于靠近地侧，通过硅橡胶套管将电压引至高处。主要特点如下：

（1）采用 SF_6 气体绝缘，不含油，无绝缘老化风险。

（2）整体结构为半金属屏蔽型，变压器本体封闭在金属外壳内，通过硅橡胶套管引出电压，结构紧凑。变压器铝壳体为零电位，硅橡胶套管内、外均有屏蔽电极，把变压器的线圈和铁心完全屏蔽在内部，抗干扰能力强，不受外界电位和电场的影响，散热性能良好。

（五）旁路开关

可控自恢复消能装置用旁路开关在旁路状态和备用状态之间的快速转换，保证可控避雷器装置的可靠运行，在交流系统出现故障时，快速将可控避雷器受控元件部分旁路，利用避雷器固定元件部分吸收冗余能量，深度限制可控避雷器残压，实现交流故障穿越。在收到分闸命令后，能够可靠开断避雷器的残余直流持续电流。因此旁路开关需具备合闸时间≤25ms，还应在满足白鹤滩工程技术规范要求的绝缘要求的同时具备额定电压 85kVdc，额定电流 10Adc 的直流电流开断能力。

ZPLW1-150 高压直流旁路开关为西开产品，总体结构如图 7-3-21 所示。

图 7-3-21 旁路开关总体结构

为单极柱式结构产品，由灭弧室、绝缘支柱、操动机构组成。每台开关为双断口结构，断口不配置并联均压装置，产品整体呈"T"型布置，配用一台液压弹簧操动机构实现开关的分、合闸操作，灭弧室和支柱绝缘套管均采用空心复合绝缘子。旁路开关方案设计中控制模块采用双冗余设计，配置两套相同而又各自独立的分、合闸控制回路。同时旁路开关控制回路中设置单独的防跳回路，保证开关分、合闸操作的可靠性。另设置两套监测产品分合闸位置信号的辅助开关，可靠、正确地监视产品分合闸状态，气体密度继电器采用双报警双闭锁形式，并具备远传功能，可以实时、可靠监视产品气压状态。

（六）测量设备

① 直流电压测量装置。直流电压测量装置由阻容分压器、远端模块组成，其原理如图 7-3-22 所示。分压器由高压臂和低压臂两部分集合而成。阻容分压器的高压臂与低压臂具有相同的时间常数，使分压器具有很好的频率特性及暂态特性。分压器的电阻、电容元件固定在硅橡胶复合绝缘筒内，内绝缘为 SF_6 绝缘。直流电阻分压器为南瑞继保产品，外形如图 7-3-23 所示，直流分压器的额定直流电压为 227kV，一次电压测量范围为 ±341kV。

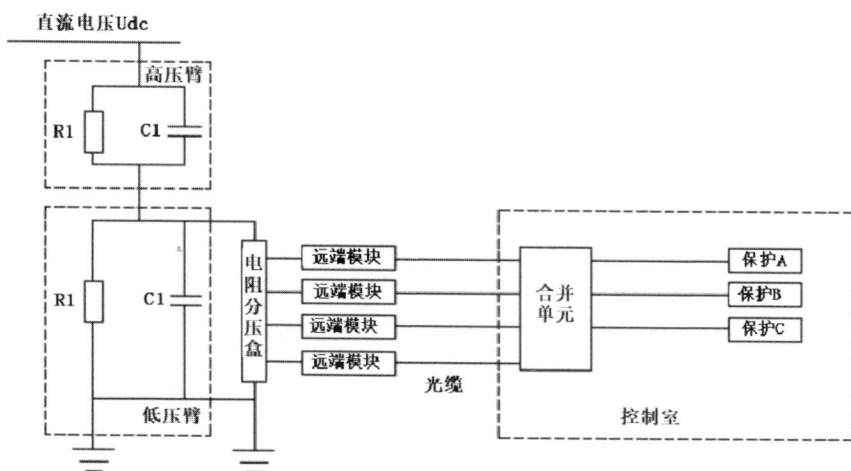

图 7-3-22　直流电压测量装置工作原理图

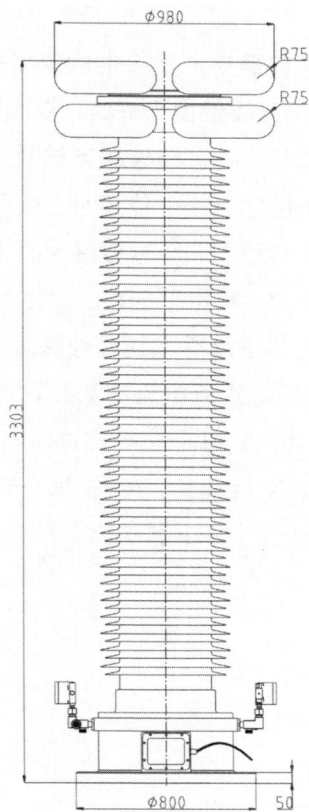

图 7-3-23　直流电压测量装置外形图

② 直流电流测量装置。纯光学式直流电流测量装置采用法拉第效应的原理所实现的一种光纤电流传感器，具有测量带宽大（交直流皆可检测）、抗电磁干扰能力强等优点，其具体的传感结构示意图如图 7-3-24 所示。

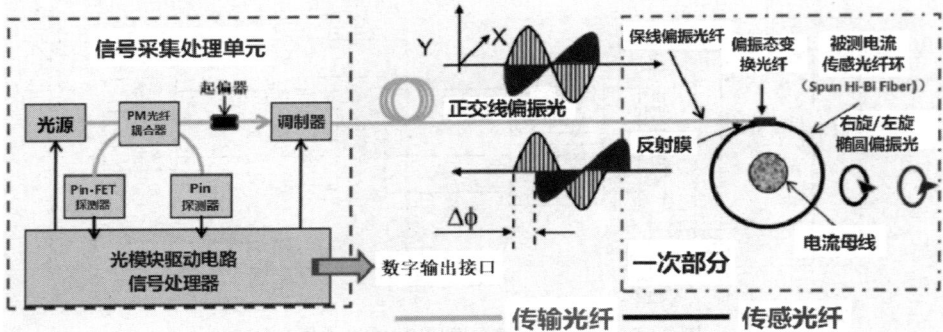

图 7-3-24　光纤电流传感器结构示意图

从光源产生的光经过起偏器后产生一束线偏振光，与调制器熔接时（特指光纤连接）成轴 45°对准，进入线保偏光纤时，变成两束相互正交的线偏振光，然后经过一段偏振变换光纤后，两束线偏振光转变成相互正交的椭圆（圆）偏振光进入到传感光纤中，在传感光纤中传播时，由于受到电流磁场的作用，两束相互正交的光之间产生了相位差，经过传感光纤末端反射镜反射后，返回传播时再经历一遍电流磁场作用，相位差加倍。回传的相互正交的两束具有相位差的光在起偏器发生干涉，其干涉后光强度经探测器转换为电压信号。

BCT1～BCT14 每个光纤式直流电流测量装置含 1 个一次传感器、1 个二次采集器、1 套支架金具。JCT1 每个光纤式直流电流测量装置含 1 个一次传感器、1 个二次采集器、1 套支架金具。JCT2 每个光纤式直流电流测量装置含 1 个一次传感器、1 个二次采集器、1 套支架金具。均为上海康阔纯光 CT。

第四章　控　制　保　护　系　统

本章将介绍直流可控自恢复消能装置的二次控保系统，一是采用晶闸管触发的南瑞继保技术路线，二是采用间隙触发的中电普瑞技术路线。两种技术路线都采用的是南瑞继保的控制保护装置。除了上文中已经提及过的 K0 触发机制不同，以及光 CT 的配置也存在差异，两种技术路线的保护配置也存在着一定差异。

第一节　南瑞继保技术路线

可控自恢复消能装置的控保系统按直流控保设计原则进行设计，整体配置如图 7-4-1 所示，配置原则为：

（1）控制系统按双套冗余配置，与直流极控（PCP）、VSC 阀控制保护（VCP）、保护装置交叉连接；

（2）双套控制系统分别与晶闸管触发开关的阀控装置（VBE）、快速机械触发开关的触发控制回路、旁路开关的控制回路进行通信，发出分合闸指令并接收状态监视信号；

（3）保护系统配置三套保护装置，与直流极控、控制装置交叉连接，保护的三取二功能由极控和控制装置实现；

（4）配置均流监视装置，接收分支电流测量装置的测量数据，对不同组电流进行计算，大于定值时给出告警信号。并将采样数据通过通信协议上送给直流后台，后台对分支电流数据进行记录；

（5）每台汇流测量装置配置 4 个光纤传感环，3 个光纤传感器用于 3 套保护，满足保护三取二要求，1 个备用；

（6）每台分支电流测量装置配置一个光纤环，用于均流监视装置，测量避雷器的动作电流，计算其不均匀系数，并判断其均匀性；

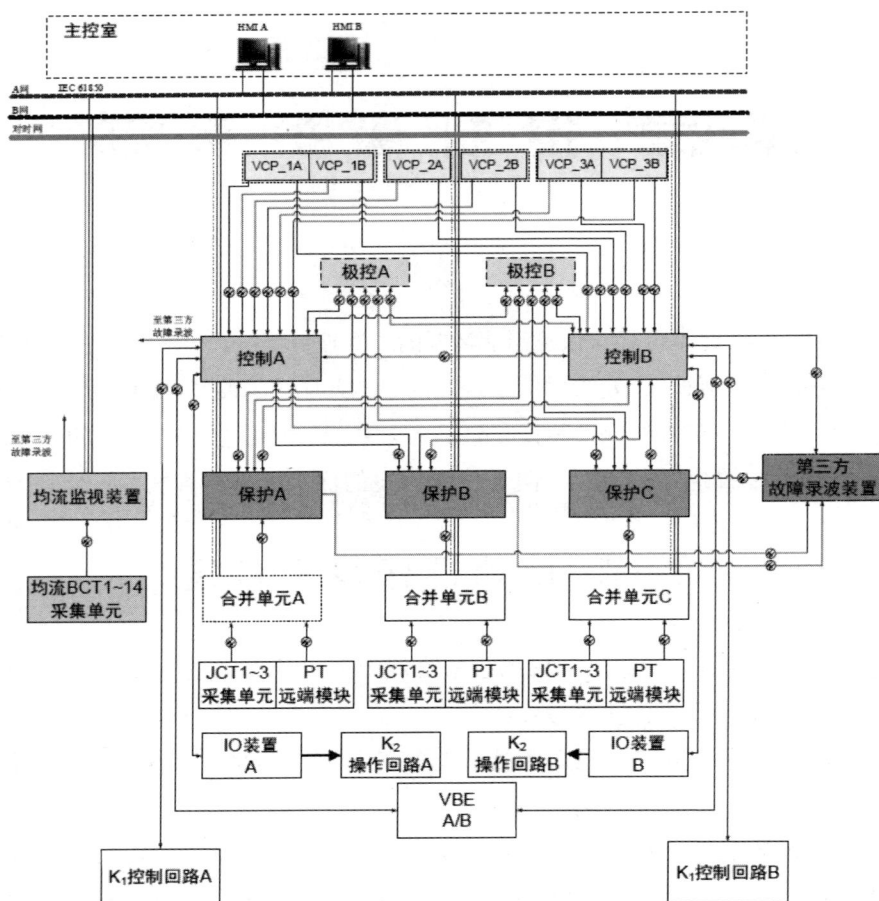

图 7-4-1　南瑞继保可控自恢复消能装置控制保护整体配置

（7）所有控保装置通过 IEC61850 通信规约接入直流 SCADA 系统，所有模拟量、监视信号、遥控信号等均可通过直流 SCADA 进行控制；

（8）每套可控自恢复消能装置的控制和保护装置均配置两路完全独立的电源同时供电，且工作电源与信号电源分开，一路电源失电，不影响可控自恢复消能装置控制和保护装置的工作；

（9）控制和保护装置内部具备故障录波功能，可以手动触发录波，当控制和保护装置整组启动后可以自动启动录波，记录可控自恢复消能装置的主要电气状态数据和波形，以及直流控制保护系统通信的所有电气信号、可控自恢复消能装置内部的关键中间信号等；

（10）可控自恢复消能装置的控制和保护装置也可以根据直流控制保护系统要求提供相关的重要电气量及与其他装置交互的电气信号量与业主提供的第三方故障录波装置兼容的接口；

（11）控制保护装置的程序具备软件版本管理功能。

（一）控制功能配置

手动控制，通过监控系统对快速机械触发开关、旁路开关进行遥控分合闸。自动控制，控制装置接收分、合闸命令的路径如图 7−4−2 所示。系统过压时，消能装置的控制装置有 2 个途径接收合闸命令，途径 1：阀控制保护（VCP）装置直接发给控制装置（5M/50K 光调制波）；途径 2：阀控制保护（VCP）−装置换流器控制保护（CCP）装置−极控制保护装置（PCP）−消能装置控制。控制装置收到任意一个 VSC 阀控制保护（VCP）的合闸命令或任意一个直流极控（PCP）的合闸命令后，同时发出晶闸管触发开关 K0、快速机械触发开关 K1 和旁路开关 K2 的合闸指令。系统过压恢复后，直流极控发出分闸指令，控制装置依次发出 K1 分闸指令，K1 分闸成功后再发出 K2 分闸指令，控制流程如前图 7−4−3 所示。

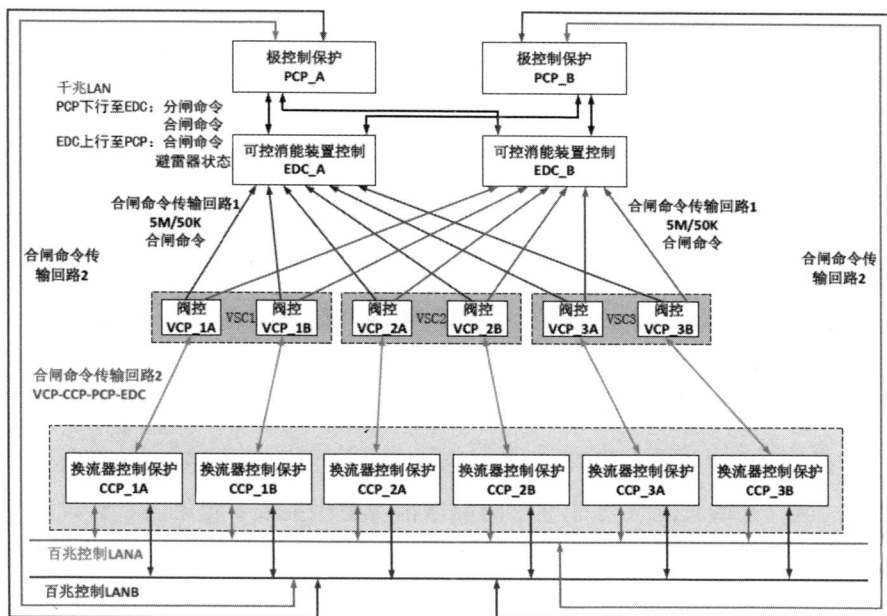

图 7−4−2　南瑞继保可控自恢复消能装置控制保护系统架构

（二）保护功能配置

针对可控自恢复消能装置各组成部分可能发生的异常情况，保护功能及测量点配置如图7-4-3所示，可归类为避雷器本体保护、晶闸管触发开关保护、快速机械触发开关保护、旁路开关保护及分压比监视。

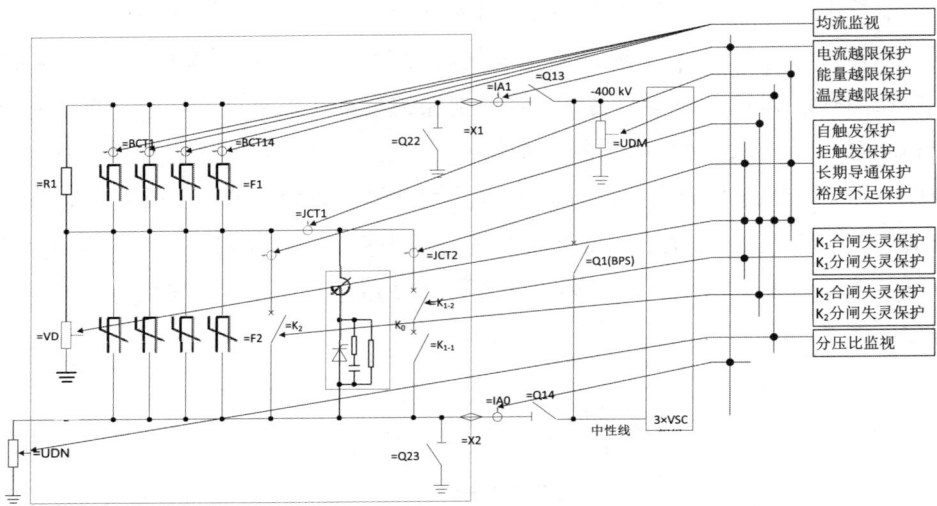

图7-4-3 南瑞继保可控自恢复消能装置保护功能配置

i. 避雷器本体保护。根据串补等工程中避雷器保护相关经验，可能引起避雷器损坏的有吸收能量过大、温度过高；另外，根据前期研究，正常情况下避雷器最大电流为 20kA，只有在固定元件整体绝缘闪络时电流才会达到88kA。因此，避雷器本体保护配置有能量越限保护、温度越限保护、电流越限保护，动作逻辑及出口见表7-4-1（××表示具体数值待定）。

ii. 晶闸管触发开关保护。根据可控串补、可控高抗等工程中晶闸管开关的相关经验，晶闸管开关可能发生的异常情况有拒触发、自触发、长时间导通导致的过载（自然冷却）、损坏级数大于设计值导致裕度不足，因此配置的保护功能、动作逻辑及出口见表7-4-2（××表示具体数值待定）。

表 7 - 4 - 1　　　　　　　消能装置避雷器本体保护及动作逻辑

保护功能	定值	延时	动作逻辑	动作出口
能量越限	×× MJ	0	根据避雷器电流（IA1 或 IA0）反推电压，采用电流与电压的乘积进行积分，计算避雷器吸收的能量，超过定值保护动作	PCP 三取二后闭锁低阀（同时闭锁 VSC、跳交流侧开关、合 BPS）
温度越限	×× ℃	0	根据避雷器吸收的能量、温升系数、环境温度，计算避雷器的温度，超过定值保护动作	
电流越限	×× kAp	200 μs	根据避雷器电流（IA1 或 IA0）大小判断，超过定值保护动作	

表 7 - 4 - 2　　　　　　晶闸管触发开关 K_0 保护功能及动作逻辑

保护功能	定值	延时	动作逻辑	动作出口
拒触发	×× kA	×× ms	保护装置收到触发命令后，K0 支路电流小于定值且 VD 电压大于定值，持续时间大于定值，保护动作	1. 告警；2. 若 K1 也拒触发，PCP 三取二后，闭锁低阀（先闭锁 VSC 和跳交流侧开关，后合 BPS）
自触发	×× A	×× ms	无触发命令，K0 支路电流大于定值或 VD 电压小于定值且持续时间大于定值，保护动作	1. 合闸 K1/K2，延时后再分闸；2. 一定时间内 K0 自触发次数越限，请求退出运行（延时 29min，具体时间待定，闭锁低阀）
长期导通	×× A	×× ms	K0 支路电流大于定值且持续时间大于定值，保护动作	PCP 三取二后执行闭锁低阀（同时闭锁 VSC、跳交流侧开关、合 BPS）
裕度不足	××	×× ms	晶闸管损坏级数或 IP 回报光纤数大于定值，保护动作	请求退出运行（延时 29min，具体时间待定，闭锁低阀）

晶闸管触发开关保护逻辑如图 7 - 4 - 4～图 7 - 4 - 6 所示。

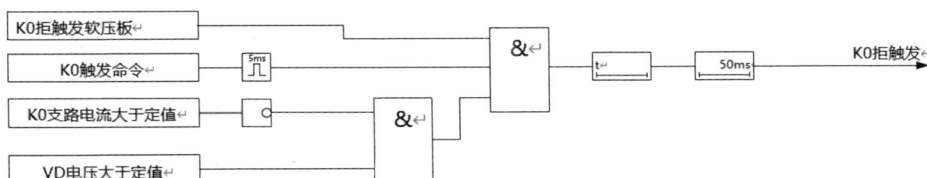

图 7 - 4 - 4　南瑞继保 K0 拒触发保护

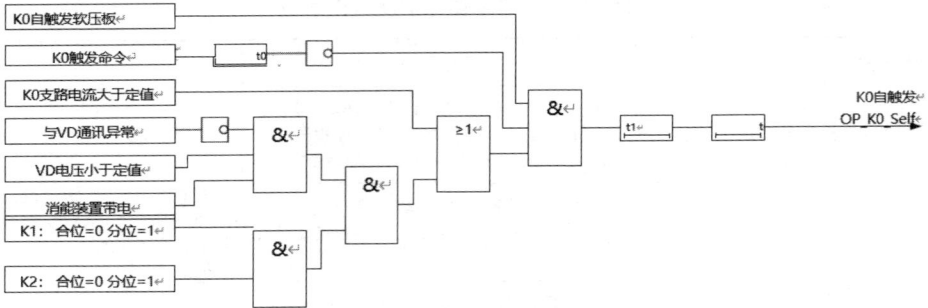

图 7-4-5　南瑞继保 K0 自触发保护

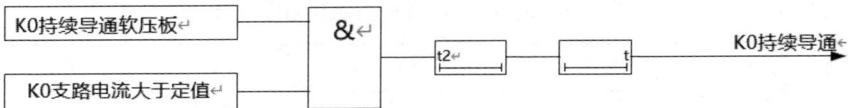

图 7-4-6　南瑞继保 K0 持续导通保护

iii. 快速机械触发开关保护。快速机械触发开关相关保护配置和动作逻辑如表 7-4-3 所示（××表示具体数值待定）。

表 7-4-3　　　　快速机械触发开关 K1 保护功能及动作逻辑

保护功能	定值	延时	动作逻辑	动作出口
K1 合闸失灵	×× A	×× ms	保护装置收到合闸命令，K1 支路电流小于定值且 K1 在分位，或 VD 电压大于定值，持续一定时间后保护动作	1. 告警 2. 若 K0 也拒触发，PCP 三取二后，闭锁低阀（先闭锁 VSC 和跳交流侧开关，后合 BPS）
K1 分闸失灵	—	×× ms	保护装置收到分闸命令，K1 为合位且持续一定时间，保护动作	请求退出运行（延时 29min，具体时间待定，闭锁低阀）

快速机械触发开关保护逻辑如图 7-4-7 和图 7-4-8 所示。

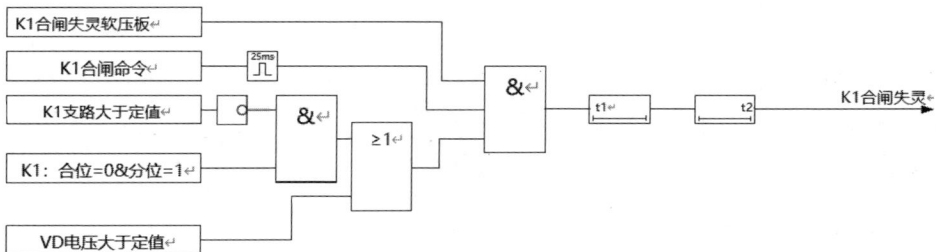

图 7-4-7　南瑞继保 K1 合闸失灵保护

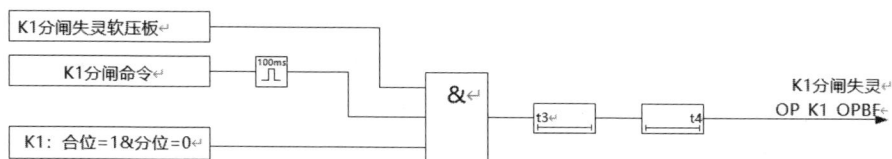

图 7-4-8 南瑞继保 K1 分闸失灵保护

iv. 旁路开关保护。旁路开关相关保护配置和动作逻辑如表 7-4-4 所示（××表示具体数值待定）。

表 7-4-4 旁路开关 K2 保护功能及动作逻辑

保护功能	定值	延时	动作逻辑	动作出口
K2 合闸失灵	/	××ms	保护装置收到合闸命令，K2 支路电流小于定值且 K2 在分位，或 VD 电压大于定值，持续一定时间后保护动作	PCP 三取二后，送整流侧移相后闭锁低阀（先闭锁 VSC、跳交流侧开关，后合 BPS）
K2 分闸失灵	/	××ms	保护装置收到分闸命令，K2 为合位且持续一定时间，保护动作	请求退出运行（延时 29min，具体时间待定，闭锁低阀）

旁路开关保护逻辑如图 7-4-9 和图 7-4-10 所示。

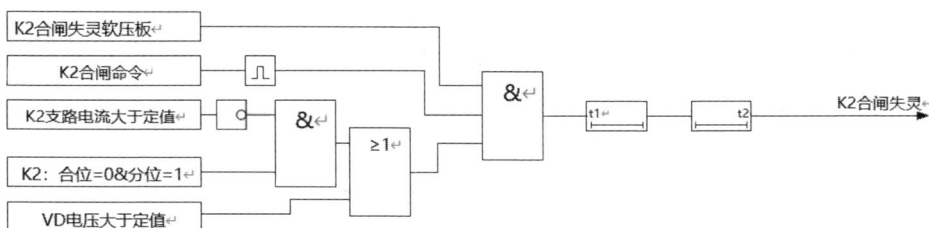

图 7-4-9 南瑞继保 K2 合闸失灵保护

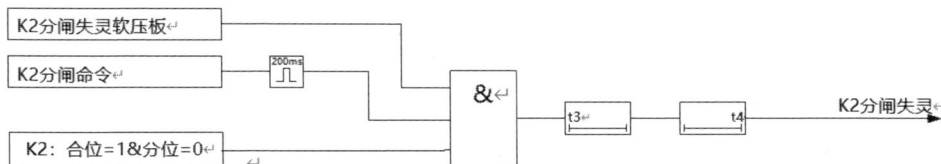

图 7-4-10 南瑞继保 K2 分闸失灵保护

v. 分压比监视。通过 400kV 母线电压、中性母线电压、可控元件端间电压计算固定元件和可控元件的分压比，超出允许范围且持续一定时间后保护动作，请求退出运行（延时 29min，具体时间待定，闭锁低阀）。

（三）状态监视

i. 避雷器均流监视。固定元件和受控元件均为 136 并，每 10 并为一组配置一个光 CT，用来监视避雷器分支间的均流特性。

均流监视装置单一配置，接入 14 个光 CT 采样数据，采用如下算法计算每组避雷器的不均匀系数，即用每组避雷器的电流除以该组的组数，然后再除以所有避雷器单柱流过电流的平均值，即为该组避雷器的不均匀系数：

$$\eta_k = \frac{|i_{MOV\_k}|}{n_k \times |i_{AVE\_S}|}$$

其中：

$$i_{AVE\_S} = \frac{i_{MOV\_1} + \cdots + i_{MOV\_14}}{n_1 + \cdots + n_{14}}$$

避雷器组号为：$k = 1, 2, \cdots, 14$。

避雷器组内并联柱数为：$n = 8, 10$。

表 7-4-5　　　　　　　　　均流监视告警逻辑

保护功能	定值	延时	动作逻辑	动作出口
均流监视告警	1.05	10ms	仅当分支电流大于 4A 时,启动不均匀系数计算,当某一组避雷器不均匀系数大于 1.05 时,持续时间大于 10ms,发出告警信号	告警

ii. 晶闸管触发开关状态监视。控制装置接收 VBE 返回的状态监视信号，包括 VBE_OK、VBE_TRIP 等信号，并监视与 VBE 之间通信状态，异常时告警。

iii. 快速机械触发开关状态监视。控制装置接收快速机械触发开关控制板卡返回的状态监视信号，包括合闸电容储能、分闸电容储能、开关分合位等信号，并监视与控制板卡之间通信状态，异常时告警。

此外控制装置还对快速机械触发开关两个断口间位置不一致情况进行监视。

iv. 旁路开关监视。IO 装置接收旁路开关的分合位信号等信号，上送控制装置。控制装置同时监视与 IO 装置之间的通信状态，异常时告警。

ⅴ. 分压比监视。当控制开关未合闸时，监视固定元件两端电压与受控元件两端电压的比值，从而监视固定元件和受控元件的分压比，间接监视均压电阻的运行状态，超出允许范围时请求退出运行。

ⅵ. 其他光纤回路监视。控制保护装置监视控制与 VSC 阀控（VCP）、控制与极控（PCP）、控制与保护、控制保护与电流电压的合并单元之间的通信状态，异常时告警。

（四）屏柜配置及接口

可控自恢复消能装置控制柜组屏设计如图 7 - 4 - 11 所示。

图 7 - 4 - 11　南瑞继保消能装置控制保护系统组屏设计

柔性直流输电 >>>

其中控制保护屏 3 面、晶闸管触发开关阀控屏 1 面、电流测量设备采集单元屏 2 面。控制装置背板接口类型及数量如图 7-4-12 所示，接口分配如表 4-6 所示。

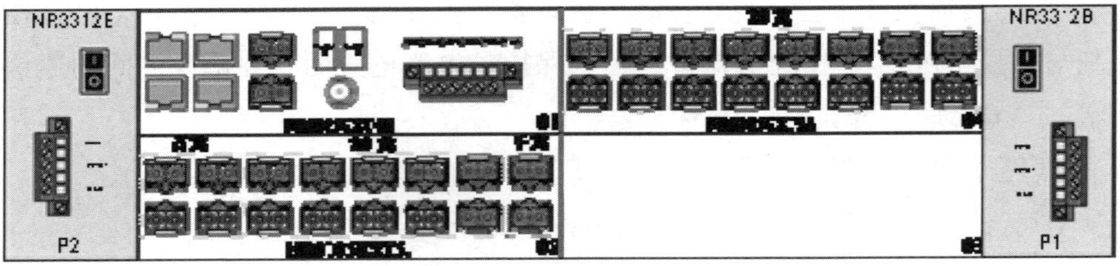

图 7-4-12　控制装置背板接口类型及数量

保护装置背板接口类型及数量如图 7-4-13 所示。

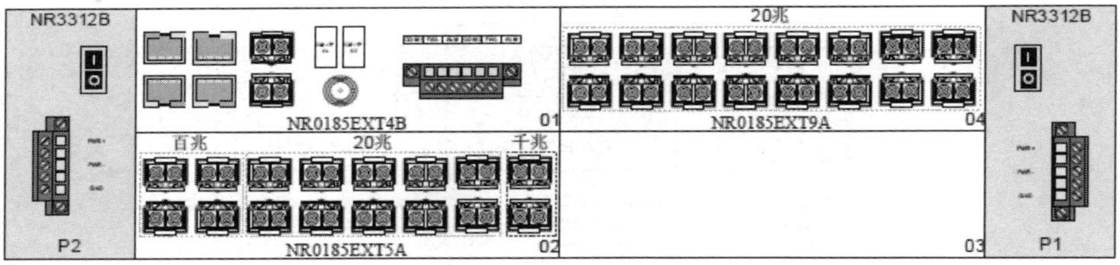

图 7-4-13　保护装置背板接口类型及数量

均流监视装置只与分支 BCT 的采集单元通信，通信协议采用 IEC 60044-8。均流监视装置背板接口类型及数量如图 7-4-14 所示。

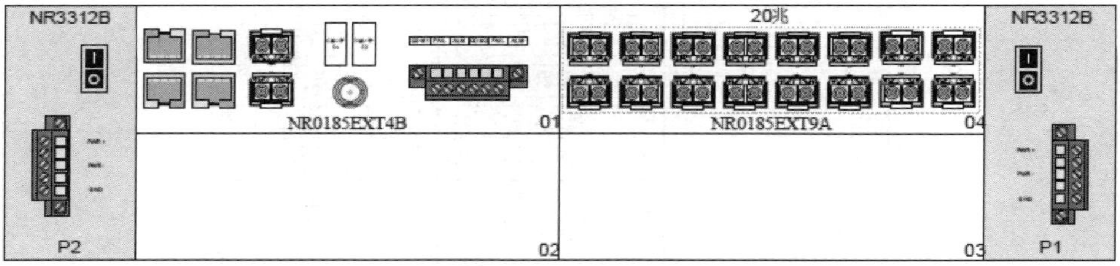

图 7-4-14　均流监视装置背板接口类型及数量

第二节　中电普瑞技术路线

根据招标技术规范、设计联络会会议纪要、前期研究阶段成套设计例会会议纪要等文件,配置原则为:

(1)控制装置按双套冗余配置,与直流极控、保护装置交叉连接通信,与三套柔直阀控交叉连接;

(2)每套控制装置分别与触发间隙控制系统、快速机械触发开关控制系统连接通信,发出分/合闸指令并接收开关的状态监视信号;

(3)配置两套 IO 装置,接入旁路开关分合位等开关量信号、阀厅温度,发出旁路开关分合闸命令,两套 IO 装置分别与两套控制装置连接通信;

(4)配置三套保护装置,与控制装置、直流极控交叉连接,三取二由直流极控和控制装置实现,三套保护装置中两套保护装置都动作时才出口;

(5)保护用测量设备(CT、PT)按三套配置,分别供三套保护装置使用;

(6)控制和保护装置内部具备故障录波功能,可以手动触发录波或自动启动录波,记录可控自恢复消能装置的主要电气状态数据和波形、与直流极控、柔直阀控通信的所有电气信号等;

(7)配置均流监视装置,接收分支电流测量设备的测量数据,对不同组电流进行计算,大于定值时给出告警信号;

(8)控制装置、保护装置、均流监视装置可实现与业主提供的第三方故障录波装置的接口,根据要求提供相关信号;

(9)控保装置通过 IEC 61850 通信规约接入直流 SCADA 系统,所有模拟量、监视信号、遥控信号等均可通过直流 SCADA 进行监视和控制;

(10)每套可控自恢复消能装置的控制保护装置均配置两路完全独立的电源同时供电,且工作电源与信号电源分开,一路电源失电,不影响可控自恢复消能装置控制和保护装置的工作。

根据上述原则,控制保护系统的整体配置如图 7-4-15 所示。

(一)系统接口

ⅰ.控制、保护、PCP 间接口。柔直阀控(VCP)改为与消能控制装置直接连接,当 VCP 检测到柔直子模块过压后,将发合闸投入命令给消能装置的控制装置。VCP 与控制装置间采用 5M/50K 调制波信号,且仅 VCP 的值班系统发送合闸投入命令。可控消能装置的控制装置与 VCP、PCP 连接关系如图 7-4-16 所示。

为增加系统的可靠性,VCP 的合闸投入命令经换流器控制保护(CCP)→PCP→控制装置的冗余转发通道暂定备用。PCP、控制装置、保护装置之间交叉冗余连接,如图 7-4-17 所示,装置间采用 IEC 60044-8 协议。

ii. 控制装置间接口。在直流的监控、远动系统中,对于开关位置、模拟量等需要在主界面显示的信息,一般由主机(双套配置,主备模式)上送,监控或远动只选择当前为值班状态的主机的信号。为适应该模式,可控消能装置的冗余控制装置对上采用主备模式,主机间进行交互实现切换功能。

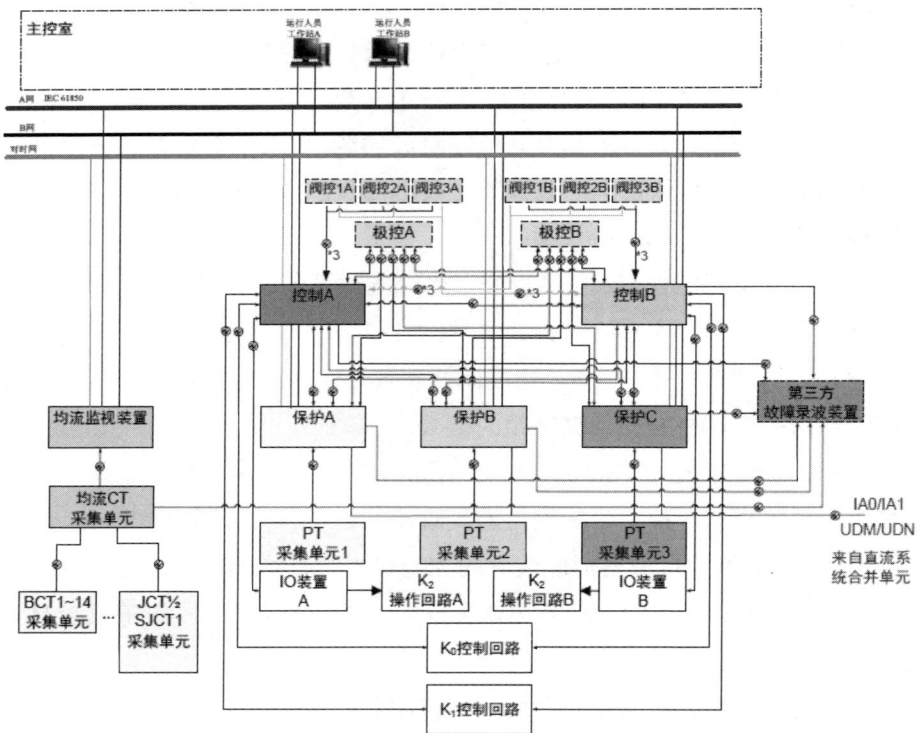

图 7-4-15 控制保护系统整体配置

286

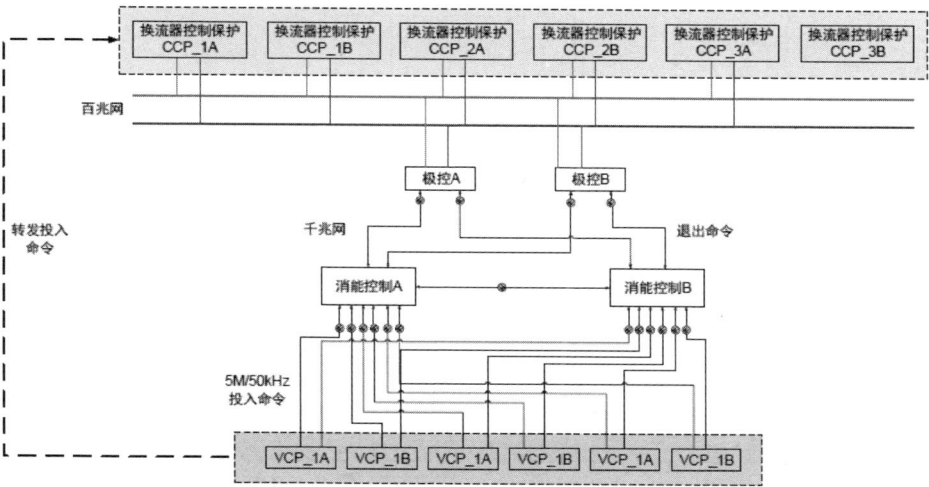

图 7-4-16　消能装置控制装置与直流系统 VCP、PCP 通信连接示意图

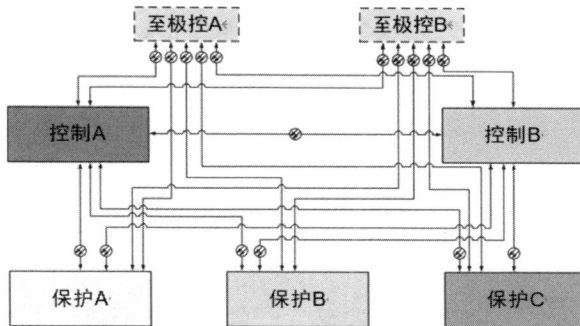

图 7-4-17　消能装置控制、保护、PCP 间通信连接示意图

iii. 控制与间隙控制系统接口。间隙 1 和 2 并非真正意义上的互为备用。为了提高可靠性，需要每次间隙 1 和 2 按先后顺序动作。因此，控制装置与间隙控制器交叉冗余连接，以确保一套控制装置处于检修状态，单套控制装置仍可将指令发到间隙控制器 A 和 B，如图 7-4-18 所示。控制装置下间隙控制器的触发指令采用 1M/10K 调制波，间隙控制器上送控制装置的信号采用 IEC 60044-8 协议。

iv. 控制与快速开关控制系统接口。快速开关控制器 A 和 B 互为备用，控制装置与快速开关控制器交叉冗余连接，控制装置仅采用 IEC 60044-8 协议，如图 7-4-19 所示。

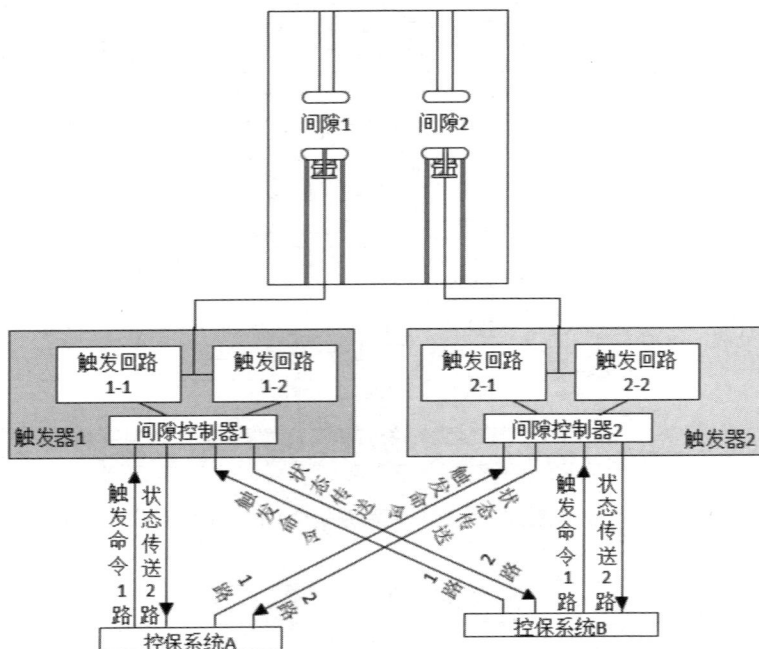

图 7-4-18 消能装置控制装置与间隙控制器通信连接示意图

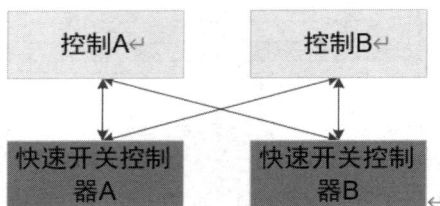

图 7-4-19 消能装置控制装置与快速开关通信连接示意图

v. 控制与旁路开关接口。配置两套 IO 装置，接入旁路开关分合位等开关量信号、阀厅温度（4~20mA 信号），发出旁路开关分合闸命令，两套 IO 装置分别与两套控制装置连接通信，采用 CAN 通信。

vi. 与测量系统接口。三套保护装置分别与三套 PT 采集单元通信，接收PT 采样数据，采用 IEC 60044-8 协议。分别与三套直流系统合并单元通信，接收 IA0、IA1、UDM、UDN 采样数据，采用 IEC 60044-8 协议。

均流监视装置单套配置，接入避雷器分支电流 CT（BCT1~14）、JCT1、JCT2，采用 IEC 60044-8 协议。

（二）控制功能配置

可控自恢复消能装置的控制功能包括：

（1）接收 VCP、PCP 的合闸指令，触发/合闸触发间隙 K0、快速机械触发开关 K1 和旁路开关 K2；

（2）接收 PCP 的分闸指令，分闸快速机械触发开关 K1 和旁路开关 K2；

（3）接收触发间隙 K0、快速机械触发开关 K1 和旁路开关 K2 状态监视信号，并判断控制开关的状态是否异常，给出告警信号；

（4）接收保护装置保护动作信号，合闸/分闸控制开关；

（5）监视与控制装置连接的所有光纤连接状态，判断状态是否异常，给出告警信号；

（6）根据接收到的控制开关状态信号、保护动作信号等信息，综合判断可控自恢复消能装置是否可用，将可用/不可用状态发给极控；

（7）就地模式下，实现手动控制开关的分合；

（8）远方模式时，实现控制开关的分合。

i. 直流控保分/合闸。当系统过电压，控制装置接收到 VCP、PCP（备用通道）的合闸指令后，如果设备可用，则立即执行合闸操作；系统过电压恢复后，控制装置接收到 PCP 的分闸指令后，如果设备可用，则立即执行分闸操作。分/合闸控制流程如图 7 - 4 - 20 所示。

（1）合闸过程中，K0 拒触发、K1 合闸失灵、K2 合闸失灵由保护装置判断，保护动作后送极控和控制装置；

（2）分闸过程中，首先分 K1，然后分 K2，K1 分闸失灵、K2 分闸失灵由保护装置判断，保护动作后送；若发生 K1 分闸失灵，不再分 K2。

（3）分闸成功在控制装置内判断，保护和控制是交叉连接的，保护判分闸失灵后控制将退出顺控流程。

ii. 保护分/合闸。间隙自触发、快速开关偷合/偷分、旁路开关偷合/偷分，保护动作后由送控制装置，控制装置接收到保护的动作信号后，如果设备可用，则立即执行分/合闸操作。分/合闸控制流程如图 7 - 4 - 21 所示。

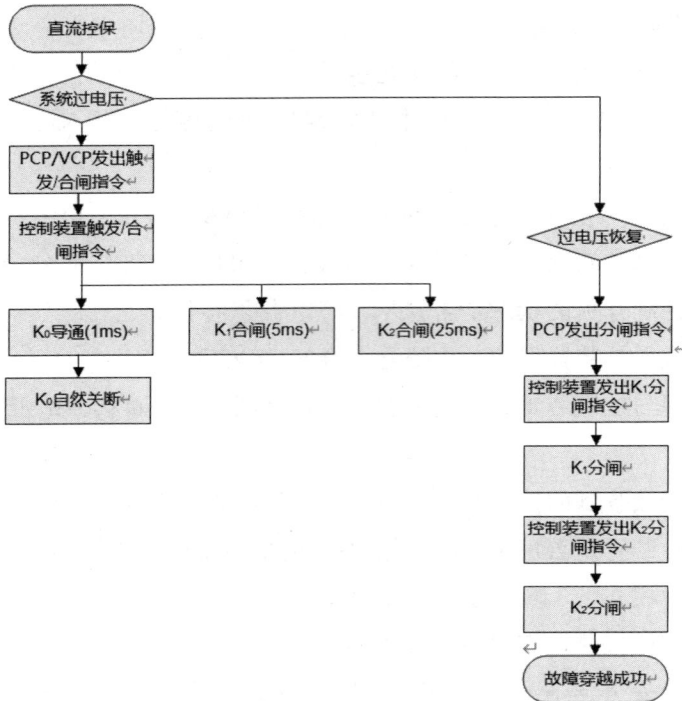

图 7-4-20 分合闸控制流程图

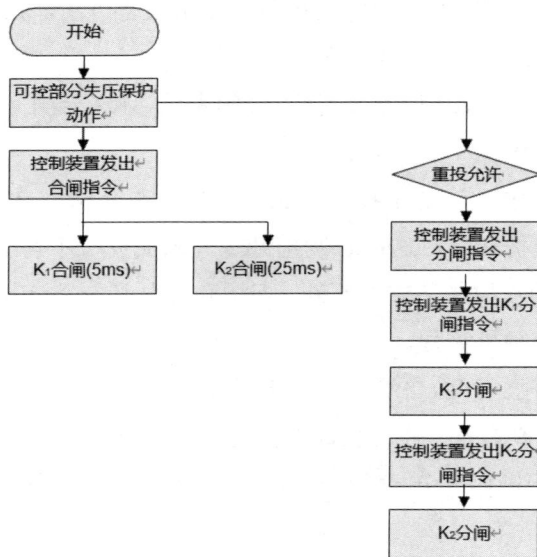

图 7-4-21 可控部分失压分合闸控制流程图

iii. 间隙触发控制。间隙由 2 个主间隙并联组成。需要考虑间隙与快开的配合，要求在间隙击穿后与快开预击穿前这段时间内尽可能避免间隙击穿后熄弧。

如果两个主间隙中固定其中一个间隙先于另一个间隙导通，那么先导通的那个间隙可能会烧蚀次数明显多于后导通的，对触头寿命会有些微影响。若能让两个主间隙触发导通顺序轮换，则对触头的寿命会有一些改善。工程上两个主间隙的通流能力和触头的寿命均按单个间隙也能满足工程应用要求来设计的，理论上可以单纯把它们看成互为备用，对它们的触发导通顺序不作硬性规定。

因此，在间隙触发时序方面的要求：

（1）同一次触发指令下，两个间隙触发间隔时间要求可以方便整定；

（2）两个间隙触发导通顺序如条件允许建议设计成可以轮换的。

间隙动作时序如图 7-4-22（a）所示，控保系统 A 和 B 同时给间隙控制器 1 发送触发指令，并延时 t 后同时给间隙控制器 2 发送触发指令。间隙控制器 1、2 接到控保系统 A 或 B 的触发指令后立即命令触发回路 1-1、触发回路 2-1 将间隙 1、间隙 2 相继触发导通，之后 200ms 内不再接收触发指令。200ms 后如有重合闸需求，动作时序如图 7-4-22（b）所示，再重复上述动作，改由触发回路 1-2 和触发回路 2-2 将间隙 1、2 相继触发导通。

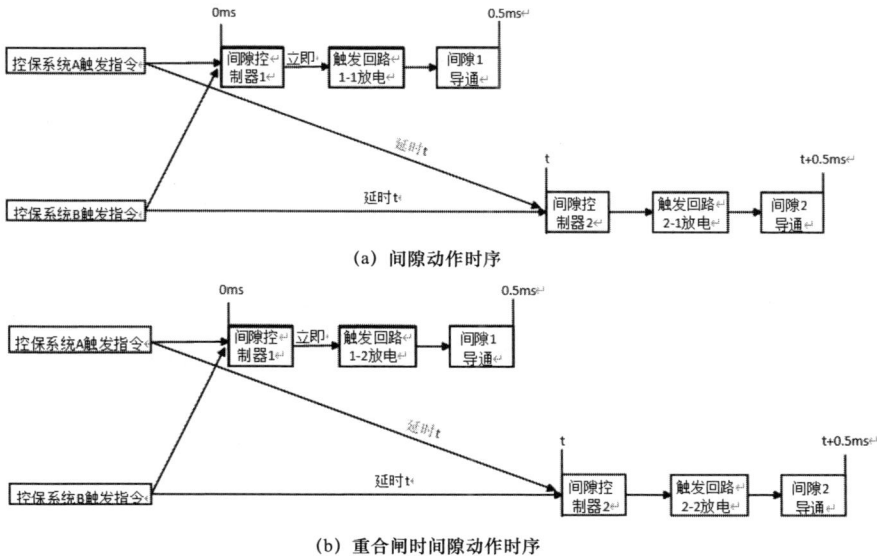

(a) 间隙动作时序

(b) 重合闸时间隙动作时序

图 7-4-22 间隙动作时序图

iv. K1 控制。控制装置 A 和控制装置 B 与 K1 控制器 1 和 K1 控制器 2 间交叉连接。控制装置接收到分/合闸指令后,直接向 K1 控制器 1 和 2 同时发指令,实现对 K1 的操作。

v. K2 控制。K2 分、合闸线圈回路均独立冗余配置。控制装置接收到分/合闸指令后,通过 IO 装置输出分/合闸控制信号给 K2 分合闸操作回路,实现 K2 的控制。控制装置与 IO 装置、K2 控制回路无需交叉互联。

vi. 状态监视。

(1) 控制与 VCP、PCP 连接监视。VCP 发送控制装置信号:合闸命令(5M/50K);

PCP 发送控制装置信号:合闸命令(VCP→CCP→PCP→控制装置的备用通道)、分闸命令;

控制装置发送 PCP 信号:消能装置已投入、消能装置已退出、消能装置不可用、PCP 下行至控制装置的下行光纤连接状态、VCP 上行至控制装置的上行光纤连接状态。

a)控制装置将与 6 个 VCP 的光纤连接状态、VCP 发送的 5M/50K 数据信号、PCP 下行至控制装置的下行光纤连接状态都发送给 PCP,由 PCP 综合判断是否需要将 VSC 阀组退出运行。

b)PCP 同时接收到两套控制装置的"消能装置不可用"信号,30min 后将消能装置退出。

(2) 控制与保护连接监视。控制装置监视保护装置上行控制装置的光纤连接状态、保护装置状态自检信号。当控制装置与三套保护自检的连接均异常或三套保护均为试验状态,控制装置发出"保护不可用""可控消能装置不可用"告警,如图 7-4-23 所示。

(3) 触发间隙状态监视。控制装置监视间隙控制器上行控制装置的光纤连接状态、间隙控制器返回的间隙状态自检信号。当间隙控制器与控制装置的光纤连接均异常或间隙 1 和间隙 2 同时自检异常时,控制装置发出"间隙不可用"告警,控制装置主机进行系统切换,如图 7-4-24 所示。

图 7-4-23　保护装置不可用

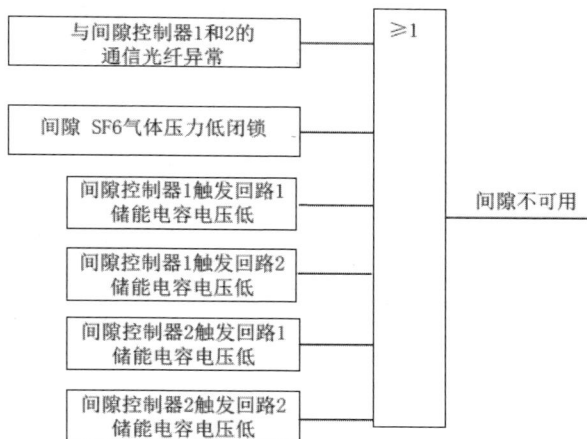

图 7-4-24　触发间隙不可用

触发间隙、快速机械触发开关同时不可用，控制装置给 PCP 发"可控消能装置不可用"告警。

（4）快速机械触发开关状态监视。控制装置监视快速开关控制器上行控制装置的光纤连接状态、快速开关控制器返回的快速开关状态自检信号。当快速开关控制器与控制装置的光纤连接异常或快速开关自检异常时，控制装置发出"快速开关不可用"告警，控制装置主机进行系统切换，如图 7-4-25 所示。

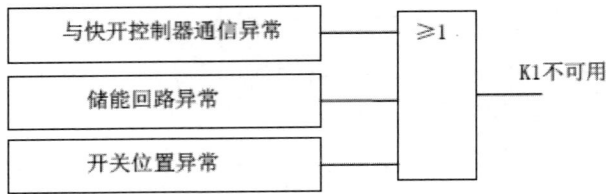

图 7-4-25　快速机械触发开关不可用

（5）旁路开关状态监视。控制装置监视 IO 装置与控制装置的连接状态、IO 装置返回的旁路开关状态自检接点信号。当 IO 装置与控制装置的连接异常或旁路开关自检异常时，控制装置发出"旁路开关不可用""可控消能装置不可用"告警，控制装置主机进行系统切换，如图 7-4-26 所示。

图 7-4-26　旁路开关不可用

（6）供能变压器状态监视。控制装置监视由 IO 装置传过来的供能变压器的 SF_6 气体压力低闭锁信号（SF_6 气体状态监测 IED 给出）。当检测到气体压力低闭锁信号有效，控制装置发出"供能变压器不可用"告警，控制装置主机进行系统切换，如图 7-4-27 所示。

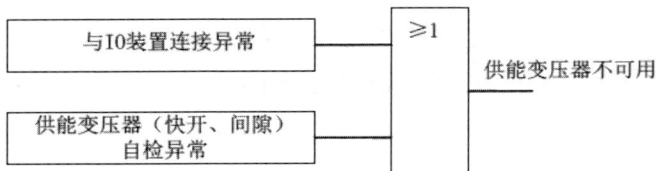

图 7-4-27　供能变压器不可用

（7）消能装置不可用状态。"可控消能装置不可用"由如图 7-4-28 中信号组成，PCP 收到两套控制的不可用信号，30min 后退出可控消能装置。

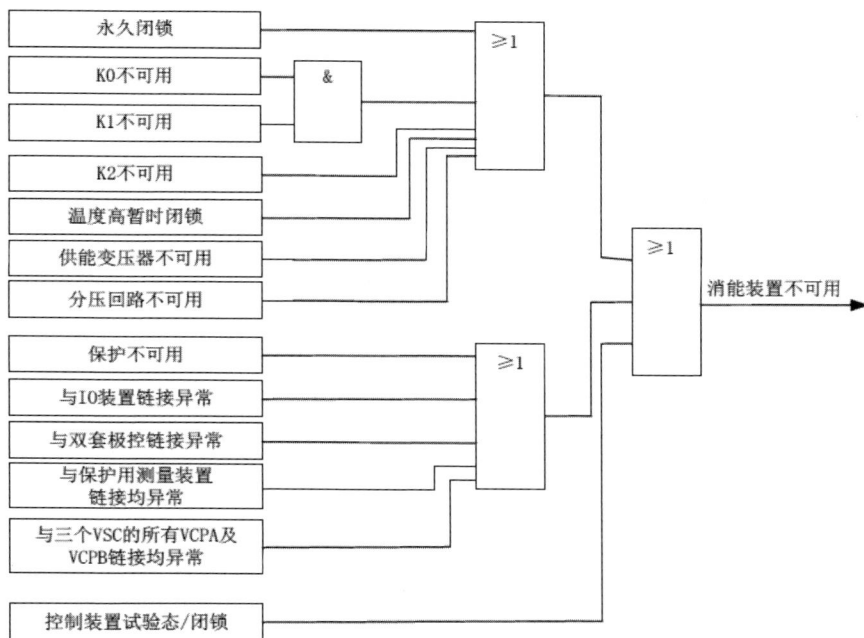

图 7-4-28 消能装置不可用

"永久闭锁"由如图 7-4-29 中保护动作信号组成，永久闭锁需在确认设备无异常后人工复归。

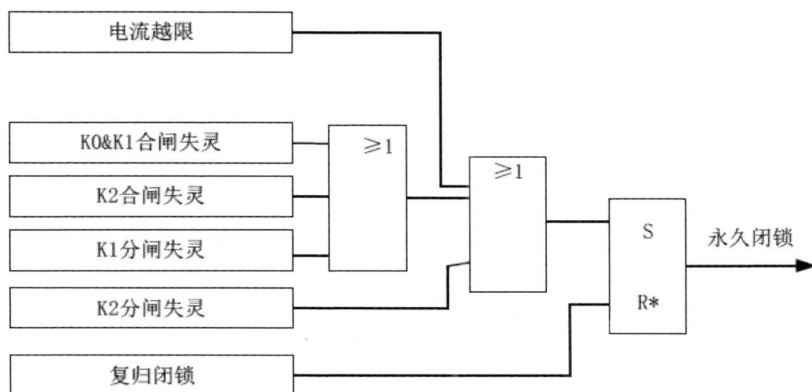

图 7-4-29 永久闭锁

（三）保护功能配置

保护装置实现可控自恢复消能装置所有保护/告警功能，均流监视功能由均流监视装置实现。

i. 保护输入信号。保护装置的对外接口如图7-4-30所示，来自3套PT采集单元的电压信号和来自外部三个合并单元（UDM、UDN、IA0、IA1）的测量信号分别供三套保护使用，保护装置其余的信号输入均由控制装置发出或转发。

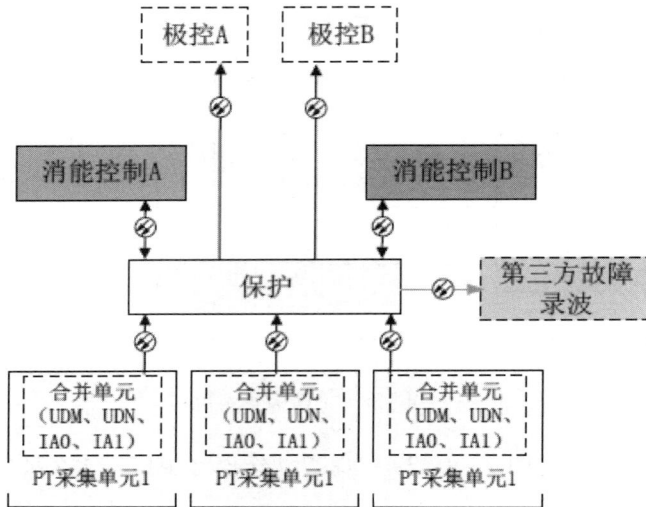

图7-4-30　保护装置对外接口

控制装置发出信号：触发间隙触发指令、快速机械触发开关合闸/分闸指令、旁路开关合闸/分闸指令等；对于分合闸指令，保护装置同时接收两套控制装置的指令。

控制装置转发信号：快速开关的分/合位、旁路开关的分合位、阀厅温度等。对于上述转发信号，若保护装置和两套控制装置的光纤连接均正常，保护装置以值班状态的控制装置信号为准；若和其中一套控制装置连接异常，则以光纤连接正常的为准；若和两套控制装置的连接均异常，保护转为试验状态，退出运行。

ii. 避雷器保护。保护装置通过汇流互感器IA0、IA1监测流过避雷器的电流，并利用伏安特性计算吸收的能量，根据环境温度和阀片比热容计算阀片温度，电流、能量、温度越限后相关保护动作。

异常处理：

IA0、IA1 合并单元与保护装置间光纤连接异常时，保护装置将 IA0、IA1 通道数据置零，闭锁避雷器相关保护，并告警；

能量越限：根据 JCT1 电流和伏安特性曲线反推电压，然后电压和电流积分，能量越限仅在能量上升过程中判断，能量下降时不判。电流小于一定值且持续一定时间后，能量按一个固定速率下降。定值根据系统设计确定。

温度越限：根据吸收能量、避雷器阀片比热容计算温升，与当时的避雷器温度相加得到避雷器温度。定值根据阀片允许温度确定。

表 7-4-6　　　　　　　　　　避雷器保护及动作逻辑

保护功能	定值	延时	动作逻辑	动作出口
能量越限	×× MJ	0	根据总电流、伏安特性曲线，计算避雷器吸收的能量，超过定值保护动作	PCP 三取二后闭锁低阀（同时闭锁 VSC、跳交流侧开关、合 BPS）
温度越限	×× ℃	0	根据避雷器吸收的能量、温升系数、环境温度，计算避雷器温度，超过定值保护动作	
电流越限	×× kAp	200 μs	总电流超过定值，保护动作	

iii. 可控部分失压闪络保护。该保护对可控部分闪络进行保护。保护判据：PT（5%）+ 母线电压 + IA0，IA1（0.5%）+ 控制输出合闸指令状态 + K1、K2 位置信息。可控部分失压保护相关保护功能、动作逻辑及出口见表 7-4-7 和图 7-4-31。

表 7-4-7　　　　　　　　可控部分失压保护功能及动作逻辑

保护功能	参数	定值	延时	动作逻辑	动作出口
可控部分失压保护	母线电压	××V	—	母线电压高于设定门槛（暂定 0.6p.u.），控制装置未发出合闸指令，K1、K2 均为分位，且失压保护定值设为可控部分额定电流的 0.1～0.2p.u.时保护动作	出口行为按两种出口方式可配置考虑：1）合 K1、K2，并直接请求退出运行；2）先合 K1、K2，若总电流小，则再分 K1、K2，如果还失压则最终请求退出运行；若总电流大，并直接请求退出运行
	总电流	××A	××ms		
	次数	次			

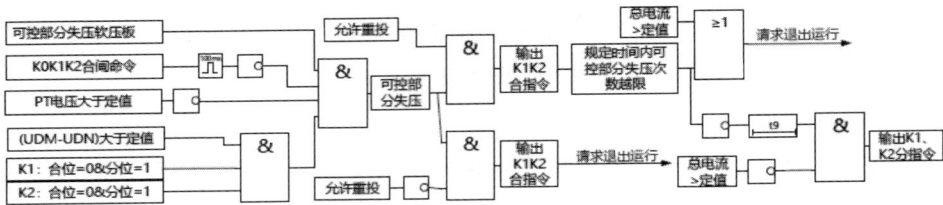

图 7-4-31 可控部分失压闪络保护动作逻辑

iv. 触发开关拒触发保护。K0 及 K1 同时拒触发保护。判据：结合 PT（5%）和 K1 位置信息。

在有触发指令情况下，如果 PT 有压，且 K1 位置为分位，则 K0 和 K1 均没有正确动作，该告警判断条件至少 15ms，若作为保护出口则延迟大，需要极控考虑此工况的过电压措施，装置只向极控、后台发告警信号。触发开关拒触发保护的相关保护功能、动作逻辑及出口见表 7-4-8 和图 7-4-32。

表 7-4-8 触发开关拒触告警功能及动作逻辑

保护功能	参数	定值	延时	动作逻辑	动作出口
触发开关拒触保护	/	/	××ms	在收到触发指令 15ms 后如果 PT 有压，且 K1 位置为分位，则给出告警信息	1. 告警；2. PCP 三取二后，闭锁低阀（先闭锁 VSC 和跳交流侧开关，后合 BPS）；3. 请求退出运行

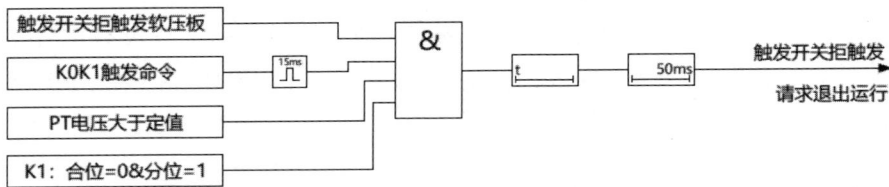

图 7-4-32 触发开关拒触保护动作逻辑

v. 间隙拒触发告警。间隙拒触发告警整定如表 7-4-9，动作逻辑如图 7-4-33 所示。

表 7-4-9 间隙拒触发告警整定表

告警功能	定值	延时	动作逻辑	动作出口
间隙拒触发告警	/	××ms	在收到触发指令后 5ms 以内间隙两端有压	告警

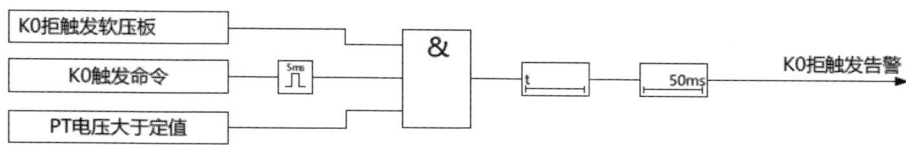

图7-4-33 间隙拒触发告警保护动作逻辑

vi. 快速机械触发开关保护及告警。快速机械触发开关相关保护配置和动作
逻辑如表7-4-10和图7-4-34~图7-4-37所示。

表7-4-10 快速机械触发开关保护及动作逻辑

保护功能	定值	延时	动作逻辑	动作出口
K1 合闸失灵告警	/	××ms	控制发出合闸命令，延时15ms后判断PT无压和K1为分位，给出告警	告警
K1 分闸失灵	/	××ms	控制发出分闸命令，延时后判断PT无压且开关在合位，保护动作	向极控请求退出运行（延时29min，具体时间待定，闭锁低阀）
K1 偷合告警	/	/	无合闸指令，判断PT无压且K1由分位变位合位	1. 尝试合K1和K2后再分一次；2. 在规定时间内偷合次数过多，申请退出运行
K1 偷分	/	/	无分闸指令，K1由合位变为分位	1. 告警；2. 在合闸指令后25ms（K2合时间）+21ms（快开返回分位时间）内，判断分位。这种情况要做保护，申请退出运行

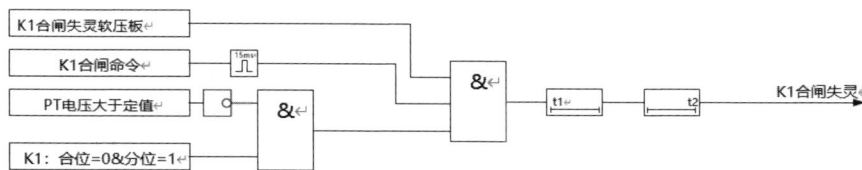

图7-4-34 K1合闸失灵告警逻辑

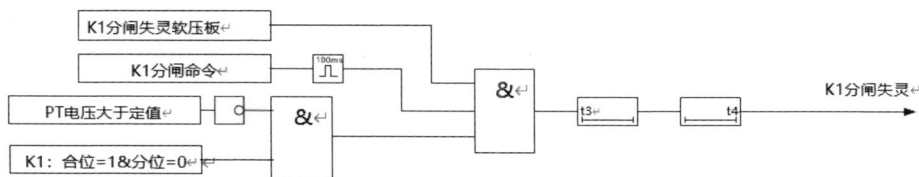

图7-4-35 K1分闸失灵保护动作逻辑

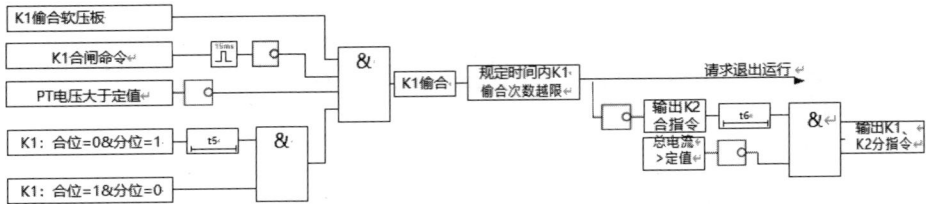

图 7-4-36　K1 偷合保护动作逻辑

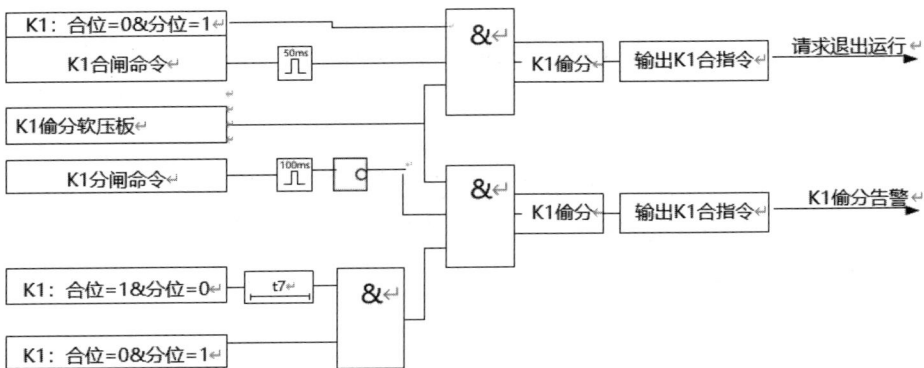

图 7-4-37　K1 偷分保护动作逻辑

vii. 旁路开关保护。旁路开关相关保护配置和动作逻辑如表 7-4-11 和图 7-4-38~图 7-4-41 所示。

表 7-4-11　　　　　　　　旁路触发开关保护及动作逻辑

保护功能	定值	延时	动作逻辑	动作出口
K2 合闸失灵保护	/	××ms	控制发出合闸命令，延时后判断开关在分位，保护动作	1. PCP 三取二后，送整流侧移相后闭锁低阀（先闭锁 VSC、跳交流侧开关，后合 BPS）； 2. 请求退出运行
K2 分闸失灵保护	/	××ms	控制发出分闸命令，延时后判断 PT 无压且开关在合位，保护动作	请求退出运行（延时 29min，具体时间待定，闭锁低阀）
K2 偷合			无合闸指令，PT 无压且 K2 由分位变位合位	1. 请求 K2 分闸； 2. 规定时间内偷合次数过多，申请退出运行
K2 偷分			无分闸指令，K2 由合位变为分位	请求 K2 合闸

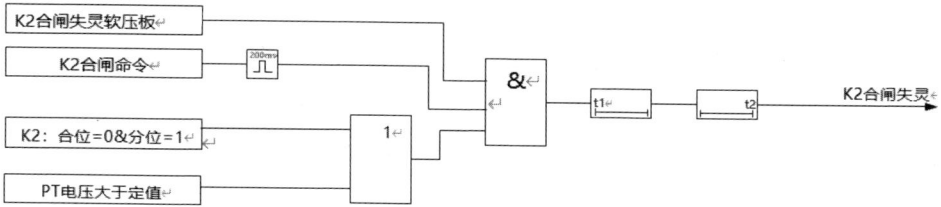

图 7-4-38　K2 合闸失灵保护动作逻辑

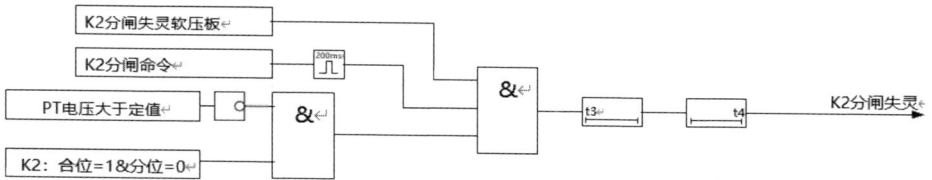

图 7-4-39　K2 分闸失灵保护动作逻辑

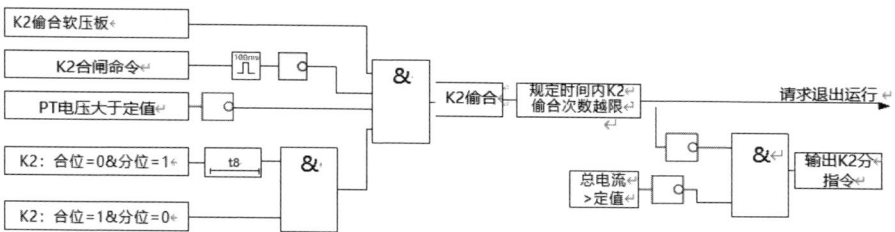

图 7-4-40　K2 偷合保护动作逻辑

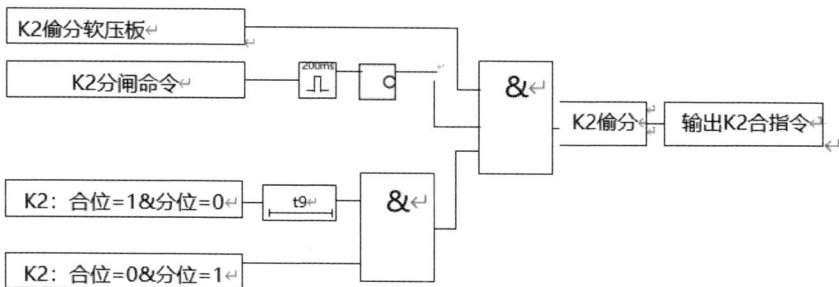

图 7-4-41　K2 偷分保护动作逻辑

viii. 分压比状态监视。保护装置综合正极母线电压、中性线电压和 PT 电压，计算分压比，若判断出分压比异常，保护装置发出"分压回路不可用"给控制装置。

301

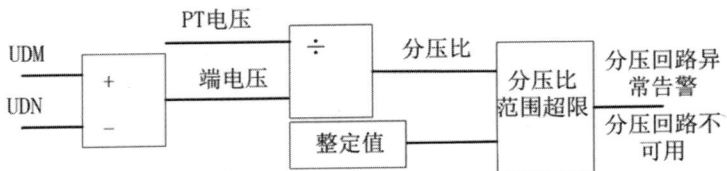

图 7-4-42　分压回路状态监视

（1）稳态运行时，元件冗余缺失定值设为 5.654，矮 4 片可准确检测。

（2）元件冗余缺失 1、2、3 片时，比值的测量值范围互相重叠，且均与无矮片测量值范围重叠，无法准确检测并区分等级。

（3）元件冗余耗尽定值设为 5.865，矮 5 片荷电率满 100%可准确检测。

（4）矮片冗余缺失告警与矮片冗余耗尽告警均上报系统，并启动录波，请求下次检修时对 MOA 受控元件进行检测。

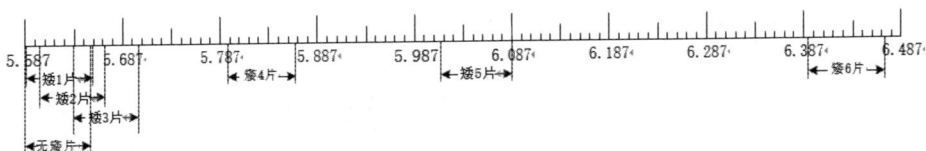

图 7-4-43　矮片后的比值

ix. 测量状态监视。保护装置监视测量装置和合并单元与保护装置的连接状态、测量装置返回的测量回路状态自检信号。当测量装置与控制装置的连接异常或测量装置自检异常时，保护装置发出"测量装置不可用"告警给控制装置。

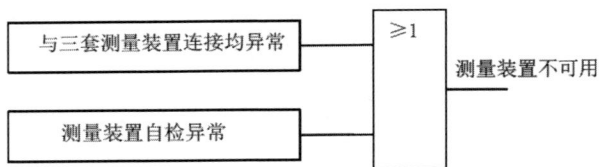

图 7-4-44　测量装置不可用

（四）均流监视

均流监视装置需要充分利用 BCT1～BCT14 等测量信息，实现对可控自恢复消能装置一次设备的实时状态监测。其主要功能有：

（1）MOV 固定部分均流监视；

（2）测量装置状态监视。

i. CT 正常时均流监视算法。将避雷器固定元件进行分组，对每个分组配置电流测量装置，设计避雷器均流监视策略，在避雷器动作过程中，通过检测避雷器固定元件各分组之间的电流不平衡程度，判断避雷器是否有阀片击穿损坏。避雷器固定元件分组方案和均流监视策略设计需要考虑以下几个因素：

（1）避雷器不平衡监视在单柱避雷器中有 1 个阀片击穿后应能可靠识别，考虑避雷器正常电流偏差（初始不平衡）的影响；

（2）需要考虑电流测量装置测量精度和纹波的影响；

（3）在避雷器固定元件各组柱数不相等情况下，均流监视策略应仍能有效判断是否有阀片损坏。

避雷器固定元件总柱数 n 为 112，初步设计分为 14 组（2 组 8 柱 + 12 组 10 柱）。均流监视策略设计如下：

实时计算各组电流的偏差比例，计算方法为第 j 组电阻片柱的电流比例偏差为：

$$e_j = \frac{i_j / m_j}{i_t / n} - 1 \qquad (j = 1, 2, \cdots, p)$$

其中，m_j 为每组柱数，i_j 为每组电流，i_t 为避雷器总电流。

以下对定值 a 的确定方法进行分析。

设单柱避雷器中有 1 个阀片击穿变为矮片后，该柱避雷器电流相对其他并联避雷器柱电流偏大 $x(i)$，i 为总电流。在不考虑初始偏差时，可计算出当有一个阀片损坏后，该组电流增大比例偏差 t 为：

$$t = \frac{m_j + x(i)}{m_j} \cdot \frac{n}{n + x(i)} - 1$$

考虑初始偏差 b 时，可计算出当有一个阀片损坏后，该组电流增大比例偏差 t 为：

$$t = \frac{[(1+b) m_j - b + x]}{m_j} \frac{n}{(n - m_j) + [(1+b)m_j - b + x]} - 1$$

设 i_j 和 i_t 电流测量误差为 $dj(ij)$ 和 $dt(i)$，b 为正常偏差。

303

均流监视方法：

告警定值设置大于无矮片时修正后的初始不均匀系数偏差，若某组避雷器不均匀系数偏差大于告警定值，则认为该组发生矮片。

发生 1 个矮片所引起的该组 MOV 不均匀系数增大理论上不低于 5.5%，因此告警定值 a_1 设置为 4%，并且需要校核告警值小于阀片损坏导致的分组电流偏差。即：

$$a_1 < t|_{x=c(i)} \left\{ \frac{i_j[1-d_j(i_j)]/m_j}{i_t[1+d_t(i)]/n} \right\} \bigg/ \left(\frac{i_j/m_j}{i_t/n} - 1 \right)$$

ii. CT 故障时均流监视算法。由于 BCT1～BCT14 为单光纤环配置，需要考虑单个 CT 故障下的均流监视方法。

设第 j 个 BCT 故障，则该支路电流可由总电流 JCT1 减去其他支路电流。

$$I_{BCTj} = I_{JCT1} - \sum_{i=1,i\neq j}^{N=14} I_{BCTi}$$

设 JCT 故障，则总电流由 14 个 BCT 电流相加得到。

$$I_{JCT1} = \sum_{i=1}^{N=14} I_{BCTi}$$

获得故障 CT 所在电路的电流后，仍按照 CT 正常时均流监视公式进行计算。

iii. 测量装置状态监视。均流监视装置监视与测量装置的连接状态、测量装置返回的测量回路状态自检信号。当测量装置与均流监视装置的连接异常或测量装置自检异常时，均流监视装置发出"均流监视系统不可用"告警给极控。

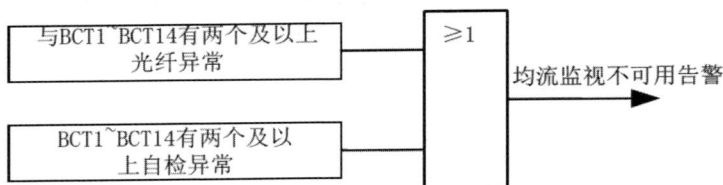

图 7-4-45 测量装置状态监视

（五）屏柜配置及接口

中电普瑞可控自恢复消能装置的控制保护装置基于南瑞继保 UAPC 平台开发，硬件配置与白鹤滩-江苏直流控制保护系统保持一致。控制保护屏如图 7-4-46 所示，共 3 面；就地采集如图 7-4-47 所示，共 3 面。

=EDCP1A	栅消能装置控制保护柜A	=EDCP1B	栅消能装置控制保护柜B	=EDCP1C	栅消能装置控制保护柜C
合并单元A		合并单元B		合并单元C	
风扇		风扇		风扇	
IO装置A		IO装置B			
控制装置A		控制装置B		均流监测装置	
保护装置A		保护装置B		保护装置C	
网络交换机A		网络交换机B			

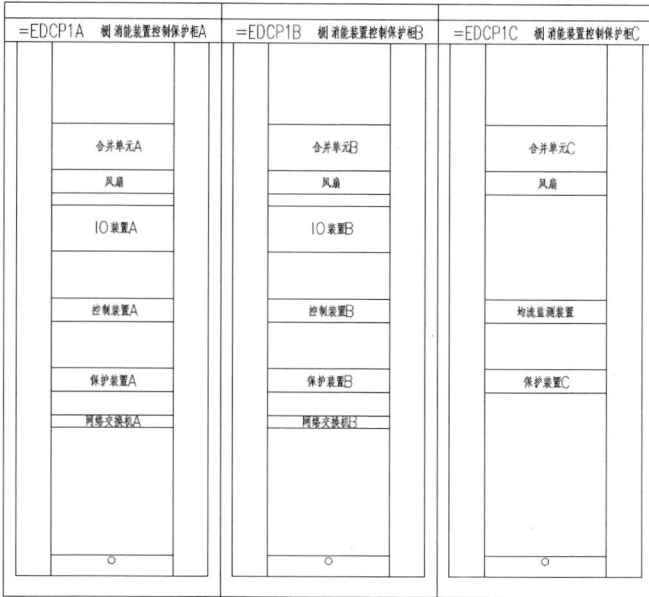

图7-4-46 中电普瑞可控自恢复消能装置控保设备组屏方案

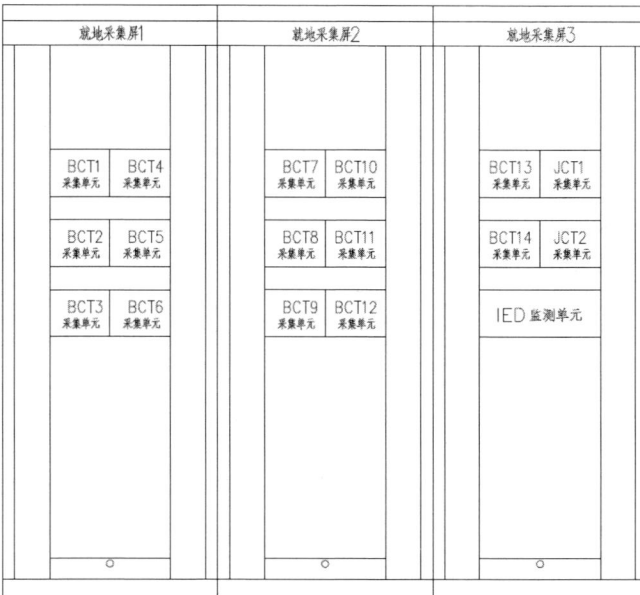

就地采集屏1		就地采集屏2		就地采集屏3	
BCT1 采集单元	BCT4 采集单元	BCT7 采集单元	BCT10 采集单元	BCT13 采集单元	JCT1 采集单元
BCT2 采集单元	BCT5 采集单元	BCT8 采集单元	BCT11 采集单元	BCT14 采集单元	JCT2 采集单元
BCT3 采集单元	BCT6 采集单元	BCT9 采集单元	BCT12 采集单元	IED 监测单元	

图7-4-47 中电普瑞可控自恢复消能装置就地采集组屏方案

第五章 可控自恢复消能装置检修试验

第一节 准 备 工 作

按照表 7-5-1 准备相关工作。

表 7-5-1 柔性可控自恢复消能装置检修工作准备表

准备内容	标准	完成情况
现场勘察	1. 三级及以上作业风险必须勘察，现场勘察主要内容应全面，并编制现场勘察记录； 2. 工作负责人或工作票签发人是否参加勘察，是否在编制"三措"及填写工作票前完成现场勘察； 3. 勘察记录中作业内容与工作票是否一致，关键人员是否签字； 4. 因停电计划变更、设备突发故障或缺陷等原因导致停电区域、作业内容、作业环境发生变化时，根据实际情况重新组织现场勘察； 5. 现场勘察过程中应核对待检修设备隐患及缺陷，对可能影响现场作业的应制作针对性管控措施	
检修方案	1. 现场勘察辨识的风险点及预控措施，是否纳入施工检修方案、工作票（作业票）、标准化风险控制卡，并保持一致； 2. 严禁执行未经审批的施工、检修方案。检查是否严格履行编制、审核、批准流程； 3. 严格按照已审批的检修方案开展检修工作，根据作业组织分工做好现场作业人员管控	
作业计划	1. 检查周计划、日管控作业计划通过风控系统正式发布； 2. 检查作业计划关键信息（作业时间、电压等级、停电范围、作业内容、作业单位、电网风险、作业风险）是否与工作实际相符	
人员要求	1. 检查外包单位安全资质是否满足作业要求； 2. 检查各类作业人员安全准入，"三种人"资格及风险监督平台岗位标识，特种作业人员、特种设备作业人员资格证是否合格有效； 3. 检查队伍、人员是否纳入安全负面清单或黑名单	
材料器具准备	1. 对照检修方案所列清单检查安全工器具、机械器具、仪器仪表、备品备件的外观、数量、检测试验合格情况； 2. 确认作业车辆升降、移动等功能操作正常，操作控制器无异常告警； 3. 严禁使用达到报废标准或超出检验期的安全工器具	
承载力分析及应用	1. 编制作业计划前，是否对照各专业承载力分析标准开展分析； 2. 是否应用结果安排人员、机械、器具等，确保满足作业需求； 3. 同进同出人员是否按"五同"管理办法安排到位； 4. 严禁超承载力作业	

续表

准备内容	标准	完成情况
工作票准备	1. 是否根据现场勘察，由工作负责人或工作票签发人填票； 2. 是否正确选用票种，规范填写设备双重名称、工作地点、作业内容、安全措施、作业时间等关键信息	

第二节　风险分析与管控措施

按照表 7-5-2 准备相关工作。

表 7-5-2　　　　柔性可控自恢复消能装置检修工作准备表

序号	关键风险点	风险管控措施
1	人身触电	1. 工作前应确认现场安措，确定检修设备地刀接地并切换至就地位置，关闭电机电源和操作电源，关闭机构箱门并上锁； 2. 检修试验时，相邻设备带电。吊车、高空作业车需满足吊车吊臂与带电部位的安全距离，车辆外廓需满足与带电设备的安全距离，人员作业需满足与带电设备的安全距离
2	高空坠落	1. 严格遵守安全带高挂低用的规定，对于无法高挂低用的工作，应使用延长绳进行保护； 2. 安全带使用前应进行检查，安全带合格证在合格范围，安全带配件齐全、无破损、安全带拉力检查试验后应无变形、破裂等情况，安全带穿戴好后应相互检查穿戴方式是否正确； 3. 使用高空作业车高空作业，作业前对车辆进行检查，确保吊篮安全性
3	高处坠物	1. 高处作业下方危险区应设警戒带安全标志牌； 2. 高空作业器具应使用工具包，工器具不准随意乱放；上下传递构件、工器具时应使用传递绳（传递绳无破损）
4	感应电伤人	1. 车辆接地线、个人保安线应有合格证，在合格范围内，截面积不得小于 16mm²，接地线和个人保安线应采用多股软铜线，并有绝缘皮包裹，不得采用其他导线代替，车辆接地线接应可靠地，个人保安线应可靠夹取设备； 2. 测试仪器应可靠接地（无接地要求的仪器可不接地），测试线上端与设备连接时，下端未与仪器连接前，应与构架接地点可靠连接； 3. 测试完成后，应用接地线对被试设备放电
5	机械伤害、设备倾覆、设备损坏	1. 吊装过程中应设专人指挥，指挥人员应站在能全面观察到整个作业范围及吊车司机和司索人员的位置，对于任何工作人员发出紧急信号，必须停止吊装作业，吊机下方不允许人员穿行； 2. 起吊应缓慢进行，离地 100mm 左右，应停止起吊，使吊件稳定后，指挥人员检查起吊系统的受力情况，确认无问题后，方可继续起吊； 3. 确认所有绳索从吊钩上卸下后再起钩，不允许吊车抖绳摘索，更不允许借助吊车臂的升降摘索； 4. 设置揽风绳控制方向，起吊过程，被吊设备在其他设备附近时，控制起吊速度和角度，应避免设备磕碰损坏
6	气体中毒	1. 对于户内设备，进入室内前应先开启强排风装置 15min 后，监测工作区域空气中 SF₆ 气体量不得超过 1000μL/L，含氧量大于 18%，方可进入； 2. 户内充气或回收时，应将窗门及排风设备打开，作业人员应进行不间断巡视，随时查看气体检测仪含氧量是否正常，并检查通风装置运转是否良好、空气是否流通，如有异常，立即停止作业，组织作业人员撤离现场。再次进入时，应佩戴防毒面具或正压式空气呼吸器

307

第三节 检修工艺及质量标准

一、避雷本体检修

按照表 7-5-3 准备相关工作。

表 7-5-3　　柔性可控消能装置避雷器本体检修工作准备表

序号	检修工序	检修流程与工艺	质量标准	关联风险类别
1	外观检查	1. 检查喷口压力释放装置是否存在罩子脱落或者表面损伤； 2. 检查绝缘子表面是否出现碳黑痕迹或者裂纹	外观整洁，无明显放电、击穿痕迹	机械伤害、物体打击、触电、高处坠落、搭接面发热、设备损伤
2	瓷套检修	1. 检查瓷套外表清洁情况； 2. 检查瓷套外表修补情况； 3. 检查增爬裙的黏着情况及憎水性； 4. 检查防污涂层的憎水性； 5. 涂料及硅橡胶增爬裙的憎水性良好	1. 瓷套外表清洁无积污； 2. 瓷套外表修补良好，如瓷套径向有穿透性裂纹，外表破损面超过单个伞群10%或破损总面积虽不超过单个伞群10%，但同一方向破损伞裙多于二个以上者，应更换瓷套； 3. 增爬裙若有粘着不良，应补粘牢固，若老化失效应予更换； 4. 防污涂层的憎水性失效应擦净重新涂覆。（参考《国家电网有限公司直流换流站检修管理规定》）	
3	构架及基础的检查	检查构架及基础是否锈蚀	无锈蚀	
4	计数器	检查引线，计数指示	引线良好，动作可靠、指示正确	
5	引线检查	检查避雷器引线	牢固、可靠	
6	接地情况检查	接地线除铜锈，擦拭干净	接地点良好，接地线无锈蚀	
7	紧固件检查	按作业指导书螺栓紧固力矩要求检查	所有紧固件螺栓按作业指导书螺栓紧固，力矩要求进行检查，无松动现象	
8	设备表面清扫	1. 设备表面应清洁； 2. 用抹布擦拭瓷瓶	1. 设备表面清扫干净； 2. 各螺栓无脱落与松动，连接良好	
9	断复引恢复检查	各线夹及接线板完好无开裂接头连接可靠，涂上导电油	外观整洁，无明显放电、击穿痕迹，接触电阻合格	

二、K2 旁路开关检修

按照表 7-5-4 准备相关工作。

表 7-5-4 柔性可控消能装置 K2 旁路开关检修工作准备表

序号	检修工序	检修流程与工艺	质量标准	关联风险类别
1	外观检查及设备清扫	对断路器支柱绝缘子、灭弧室绝缘子、并联电容绝缘子、合闸电阻绝缘子进行清洁	断路器支柱绝缘子、灭弧室绝缘子、并联电容绝缘子经过清洁后表面无污秽及杂物	机械伤害、物体打击、触电、高处坠落、搭接面发热、设备损伤
2	断路器本体检查	对断路器本体进行检查	1. 外绝缘积尘和污垢清洗干净，表面清洁； 2. 金属连接件螺栓按力矩紧固，无松动； 3. 本体外观检查正常，各压力指示正常； 4. 接地无锈蚀，本体接线连接良好，色标正确清晰； 5. 本体无锈蚀点	
3	压力开关检查	对压力开关进行检查	1. 检查压力开关动作值与弹簧行程是否对应； 2. 对压力开关齿轮、齿条等传动部件进行润滑	
4	动作计数器动作情况检查	对动作计数器动作情况进行检查	1. 外观清洁、无破损； 2. 工作正常，动作可靠、正确； 3. 计数器回路功能正常	
5	辅助回路和控制回路电缆、接地线外观检查	对辅助回路和控制回路电缆、接地线外观进行检查	1. 辅助回路和控制回路电缆、接地线外观完好； 2. 电缆排列整齐美观； 3. 电缆号头和号牌清晰、整洁； 4. 外观无破损、烧损、过热、放电痕迹； 5. 接地线标识明显、清晰，无锈蚀、脱开、断股、现象； 6. 用 1000V 兆欧表测量电缆的绝缘电阻，不小于 10MΩ（参考《国家电网有限公司直流换流站检修管理规定》）	
6	储能电机检查	对储能电机进行检查	1. 储能电机无异常声响或气味，外观检查无异常； 2. 储能电机功能正常，用 500V 兆欧表检查绝缘电阻≥1MΩ； 3. 检查支座碳刷，碳刷长度应满足厂家技术要求，否则应更换碳刷（参考《国家电网有限公司直流换流站检修管理规定》）	
7	机构箱检查	对机构箱进行检查	1. 机构箱清洁、无杂物； 2. 机构箱密封良好，无进水受潮，加热驱潮装置功能正常； 3. 机构箱无变形、锈蚀等现象； 4. 机构箱外壳应可靠接地，并符合相关要求； 5. 电缆孔洞封堵到位，密封良好，通风口通风良好； 6. 二次回路接线正确规范、接触良好；接线排列整齐美观，端子螺丝无锈蚀；同一个接线端子上不得接入两根以上导线	

续表

序号	检修工序	检修流程与工艺	质量标准	关联风险类别
8	SF$_6$断路器气体管道及表计检查	对SF$_6$断路器气体管道及表计进行检查	1. 管道接头连接情况良好，管道表面无锈蚀、破损现象； 2. SF$_6$压力表防震液无渗漏，表面指示清晰； 3. SF$_6$压力值与历次记录进行比对，无明显下降；SF$_6$压力值在断路器铭牌规定范围内； 4.用检漏仪进行检漏，无漏气现象	机械伤害、物体打击、触电、高处坠落、搭接面发热、设备损伤
9	支柱绝缘子检查	对支柱绝缘子进行检查	1. 绝缘子表面清洁、无破损开裂，无放电现象； 2. 对于污秽情况较好的地区，进行盐密、灰密综合评估后，根据实际情况进行检查清洗； 3. 至少3年进行一次清洗	
10	接地引下线检查	对接地引下线进行检查	1. 接地扁铁（铜）无锈蚀，连接可靠； 2. 接地标识明显、清晰，无脱落； 3. 接地导通试验数据合格； 4. 接地引下线无锈蚀、脱开、断股现象	

三、K1旁路开关检修

按照表7-5-5准备相关工作。

表7-5-5　　　柔性可控消能装置K1旁路开关检修工作准备表

序号	检修工序	检修流程与工艺	质量标准	关联风险类别
1	外观检查及设备清扫	对设备外观进行检查，并进行清洁	1. 快速机械开关、供能变外观正常； 2. 绝缘子无破损、无电蚀痕迹、无异物附着； 3. 供能变气室压力正常； 4. 高压引线、等电位连接线及接地线连接正常	机械伤害、物体打击、触电、高处坠落、搭接面发热、设备损伤
2	外绝缘检查	对设备外绝缘进行检查	1. 外绝缘积尘和污垢清洗干净，表面清洁； 2. 金属连接件螺栓按力矩紧固，无松动； 3. 本体外观检查正常，各压力指示正常； 4. 接地无锈蚀，本体接地线连接良好，色标正确清晰； 5. 本体无锈蚀点	
3	均压电阻、均压电容检查	均压电阻、均压电容检查进行检查	均压电阻、均压电容外观正常，无损伤	
4	操动机构机构箱检查	对操动机构机构箱进行检查	1. 放电电阻；缓冲器；传动部件；直流电源；电压探头；储能电容；晶闸管和二极管；晶闸管控制器；测量采集单元；双稳弹簧；位置传感器外观清洁、无破损； 2. 工作正常，动作可靠、正确	
5	光纤接口及光纤绝缘子检查	光纤接口及光纤绝缘子进行检查	1. 光纤接口外观正常，无损伤；光纤紧固无松动；线缆与光纤表面无可见划伤、污秽等； 2. 光纤绝缘子完整，无损伤	

序号	检修工序	检修流程与工艺	质量标准	关联风险类别
6	基座及接地系统检查	对基座及接地系统进行检查	1. 基座及法兰无裂纹、锈蚀； 2. 接地扁铁（铜）无锈蚀，连接可靠； 3. 接地标识明显、清晰，无脱落； 4. 接地导通试验数据合格； 5. 接地引下线无锈蚀、脱开、断股现象	机械伤害、物体打击、触电、高处坠落、搭接面发热、设备损伤
7	引流线及金属连接件检查	对引流线及金属连接件进行检查	1. 引流线无烧伤、断股、散股； 2. 引流线拉紧绝缘子紧固可靠、受力均匀； 3. 均压环装配牢固，无倾斜、变形、锈蚀； 4. 接线板、设备线夹、导线外观无异常，螺栓应与螺孔匹配； 5. 等电位连接线及接地装置应连接可靠、焊接部位无开裂、锈蚀	
8	密度继电器检查	对气体管道及表计进行检查	1. 管道接头连接情况良好，管道表面无锈蚀、破损现象； 2. 密度继电器指示正常，符合产品技术规定； 3. 密度继电器动作值符合产品技术规定	
9	主控制器检查	对主控制器进行检查	上电后，各状态信号正确上送，储能电容充电正常，下发分、合闸命令后，能正确动作，分、合闸线圈的斥力盘动作灵活、无卡阻，分、合指示正常	
10	供能变检查	对供能变进行检查	1. 检查供能变外观无破损； 2. 检查供能变防爆口是否正常	

四、K0 触发间隙检修

按照表 7-5-6 准备相关工作。

表 7-5-6　　　柔性可控消能装置 K0 触发间隙检修工作准备表

序号	检修工序	检修流程与工艺	质量标准	关联风险类别
1	外观检查及设备清扫	对设备外观进行检查，并进行清洁	1. 快速机械开关、供能变外观正常； 2. 绝缘子无破损、无电蚀痕迹、无异物附着；供能变气室压力正常； 3. 高压引线、等电位连接线及接地线连接正常	机械伤害、物体打击、触电、高处坠落、搭接面发热、设备损伤
2	外绝缘检查	对设备外绝缘进行检查	1. 外绝缘积尘和污垢清洗干净，表面清洁； 2. 金属连接件螺栓按力矩紧固，无松动； 3. 本体外观检查正常，各压力指示正常； 4. 接地无锈蚀，本体接地线连接良好，色标正确清晰； 5. 本体无锈蚀点	
3	均压电阻、均压电容检查	均压电阻、均压电容检查进行检查	均压电阻、均压电容外观正常，无损伤	

续表

序号	检修工序	检修流程与工艺	质量标准	关联风险类别
4	光纤接口及光纤绝缘子检查	光纤接口及光纤绝缘子进行检查	1. 光纤接口外观正常，无损伤；光纤紧固无松动；线缆与光纤表面无可见划伤、污秽等； 2. 光纤绝缘子完整，无损伤	机械伤害、物体打击、触电、高处坠落、搭接面发热、设备损伤
5	基座及接地系统检查	对基座及接地系统进行检查	1. 基座及法兰无裂纹、锈蚀； 2. 接地扁铁（铜）无锈蚀，连接可靠； 3. 接地标识明显、清晰，无脱落； 4. 接地导通试验数据合格； 5. 接地引下线无锈蚀、脱开、断股现象	
6	引流线及金属连接件检查	对引流线及金属连接件进行检查	1. 引流线无烧伤、断股、散股； 2. 引流线拉紧绝缘子紧固可靠、受力均匀； 3. 均压环装配牢固，无倾斜、变形、锈蚀； 4. 接线板、设备线夹、导线外观无异常，螺栓应与螺孔匹配； 5. 等电位连接线及接地装置应连接可靠、焊接部位无开裂、锈蚀	
7	密度继电器检查	对气体管道及表计进行检查	1. 管道接头连接情况良好，管道表面无锈蚀、破损现象； 2. 密度继电器指示正常，符合产品技术规定； 3. 密度继电器动作值符合产品技术规定	
8	触发器箱部件检查	对触发器箱部件进行检查	触发器箱内放电电阻、脉变、升压变压器、避雷器、储能电容、晶闸管和二极管、晶闸管控制器、测量采集单元等部件外观、功能正常	
9	供能变检查	对供能变进行检查	1. 检查供能变外观无破损； 2. 检查供能变防爆口是否正常	

五、K0 晶闸管触发开关检修

按照表 7-5-7 准备相关工作。

表 7-5-7　柔性可控消能装置 K0 晶闸管触发开关检修工作准备表

序号	检修工序	检修流程与工艺	质量标准	关联风险类别
1	外观检查及设备清扫	1. 检查设备有无烧灼、放电、氧化痕迹	均压罩、电抗器、电阻器、电容器、可控硅、可控硅控制单元、光纤盒内防火包、光纤接头、避雷器、绝缘子等部位无烧灼、放电、氧化痕迹	机械伤害、物体打击、触电、高处坠落、搭接面发热、设备损伤
		2. 检查电抗器、电阻器、可控硅（包括散热器）有无裂痕、变形	1. 外表无裂痕、无变形、安装牢固； 2. 所有可控硅压装紧固	
		3. 检查电容器有无渗漏、变形	阀塔上所有电容器无渗漏、无变形、安装牢固	

序号	检修工序	检修流程与工艺	质量标准	关联风险类别
1	外观检查及设备清扫	4. 检查光纤有无断裂、破损	1. 阀塔上光纤连接可靠、排布整齐，无断裂、无破损； 2. 备用光纤安装有保护套	机械伤害、物体打击、触电、高处坠落、搭接面发热、设备损伤
		5. 检查支撑绝缘子、拉杆有无裂痕	支撑绝缘子、拉杆正常，无裂痕、无破损	
		6. 检查可控硅控制单元外观有无异常、松动	1. 外观无异常，插紧到位，插座端子连接完好； 2. 触发导线插接良好无松动	
		7. 阀塔防火隔板、防火包、防火棉等阻燃附件检查	1. 防火隔板、防火包、防火棉等附件外观正常，无烧蚀、老化痕迹； 2. 使用直阻仪对防火包阻值进行测量，结果应满足要求	
2	阀塔清扫	清扫屏蔽罩及底盘金属外框，元件、器具表面及固定框架，悬吊绝缘子及冷却水管外表面	1. 屏蔽罩及底盘金属外框明亮清洁，元件、器具表面及固定框架应清洁无尘，悬吊绝缘子及冷却水管应清洁无尘； 2. 采用无毛专用抹布	
3	通流回路及器件连接情况检查	1. 测量主通流回路上搭接面直阻是否符合要求； 2. 检查通流回路元器件连接情况，是否有松动、变形； 3. 按标准力矩 80% 附件通流回路上的螺栓力矩，紧固松动螺栓	1. 主通流回路搭接面直阻符合要求； 2. 各电气元件连接正常； 3. 主通流回路螺栓力矩紧固，无松动现象	
4	阀控系统检查	1. 阀控屏柜清灰	清理阀控屏柜内浮灰，确保屏柜内整洁	
		2. 阀控屏柜端子排	1. 端子接线良好； 2. 底部电缆封堵良好	
		3. 屏柜主机检查	1. 主机光纤、网线插接良好，无过度弯折现象； 2. 主机负载率正常，程序无卡死现象； 3. 主机功能正常，前后面板指示灯正常	

六、均压电阻检修

按照表 7-5-8 准备相关工作。

表 7-5-8 柔性可控消能装置均压电阻检修工作准备表

序号	检修工序	检修流程与工艺	质量标准	关联风险类别
1	外观检查及设备清扫	1. 检查设备外观； 2. 对设备进行清扫	外观无变形、表面清洁、无严重锈蚀	机械伤害、物体打击、触电、高处坠落、搭接面发热、设备损伤
2	外绝缘检查	检查设备外绝缘	绝缘子表面无缺损、裂纹或放电痕迹	
3	表面锈蚀检查	对设备表面锈蚀进行检查	检查均压电阻表面应无锈蚀	
4	接地引下线外观情况检查	对设备接地引下线进行检查	1. 接地扁铁（铜）无锈蚀，连接可靠； 2. 接地标识明显、清晰，无脱落； 3. 导通试验合格，双根截面满足通流要求； 4. 接地引下线无锈蚀、脱开、断股现象（参考《国家电网有限公司直流换流站检修管理规定》）	
5	基础构架及防腐情况检查	对基础构架及腐蚀情况进行检查	1. 基础构架应稳定； 2. 螺丝应无严重锈蚀	

七、光电流互感器检修

按照表 7-5-9 准备相关工作。

表 7-5-9 柔性可控消能装置光电流互感器检修工作准备表

序号	检修工序	检修流程与工艺	质量标准	关联风险类别
1	控保主机状态确认和光通道关闭	1. 确认相关主机是否需要退出	对应测点的控保主机及激光器投退由监护人和工作负责人进行多次核查，确保不误退	机械伤害、物体打击、触电、高处坠落、搭接面发热、设备损伤、继电保护三误
		2. 关闭与测点有关的所有合并单元激光器软压板		
2	一次断引及检查	1. 对一次设备引线采取防感应电措施，做好放电工作	可使用松锈剂，拆除螺栓，利用麻绳做好防坠措施	
		2. 拆除光 CT 一次部分的金属连接线，检查有无开裂发热迹象，更换开裂部件	1. 一、二次拆除内容必须做好书面记录，以便以后的一、二次恢复、核查等工作； 2. 光 CT 各侧引线接头无开裂发热迹象，投运后红外测温正常	
3	本体检查	1. 外绝缘表面检查：清洁外绝缘积尘和污垢，必要时可用清洁剂，然后用清洁水清洗并擦拭干净	绝缘子表面应清洁，无裂纹、破损和闪络放电痕迹，表面清洁	
		2. 本体外观检查：光电式电流互感器密封及外观情况	密封良好，本体无锈蚀，器身外涂漆层清洁，无爆皮掉漆情况，波纹管、绝缘护套无破损	

序号	检修工序	检修流程与工艺	质量标准	关联风险类别
3	本体检查	3. 均压环检查：检查外观、排水孔是否通畅、螺栓等部件紧固情况	1. 无锈蚀、变形、破损，表面光滑、安装无倾斜； 2. 排水孔开口位置正确，排水通畅； 3. 无固定螺栓松动、脱落，或螺栓垫圈不符合要求情况	
4	高压连接光纤检查	1. 打开传感头盖板	1. 开盖时注意螺丝等金属附件，防止高空落物； 2. 开盖检查时严禁使用无线通信工具； 3. 严禁踩踏光CT金属构架	
		2. 检查光纤外护套外观	1. 操作时应注意保护光纤，确保光纤的弯曲半径不小于40mm； 2. 严禁踩踏光CT金属构架； 3. 光纤外护套无明显拉伸、弯曲等现象； 4. 绝缘表面无放电现象； 5. 憎水性良好	
		3. 检查憎水性情况		
		4. 紧固传感头盖板	紧固时注意螺丝等金属附件，防止高空落物	
5	支柱、接地引下线及基础检查	1. 支柱、基础状态检查	1. 支柱牢固，无倾斜变形，无明显污染情况； 2. 支柱各焊接部位无开裂、变形、锈蚀情况； 3. 基础无破损、开裂、下沉或倾斜现象	机械伤害、物体打击、触电、高处坠落、搭接面发热、设备损伤、继电保护三误
		2. 接地引下线状态检查	1. 接地引下线无锈蚀，连接可靠； 2. 接地标识明显、清晰，无脱落； 3. 接地导通试验数据合格； 4. 接地引下线无锈蚀、脱开、断股现象	
6	接线盒及光纤回路检查	1. 光纤转接盒密封、干燥及外观情况检查	1. 接线盒密封良好、无灰尘及杂物，内部无受潮、凝露、积水情况； 2. 接线盒内干燥剂无异常变色； 3. 光纤不得由上部进出，导水方向应为斜向下方，有效防止雨水流入； 4. 光纤弯曲半径不宜小于40mm，并满足设备说明书要求； 5. 端子连线无虚接，端子引线无锈蚀，电缆、光纤连接正常； 6. 防雨罩安装紧固，防雨功能完善（参考《国家电网有限公司直流换流站检修管理规定》）	
		2. 光纤尾纤洁净以及紧固情况检查	1. 光纤弯曲半径不宜小于40mm，光纤自然悬垂长度不宜超过30cm，不应存在弯折、窝折的现象，不应承受任何外重，光纤尾纤表皮应完好无损； 2. 光纤尾纤接头应干净无异物，如有污渍应立即清洗干净（仅对运行期间出现异常的光纤进行检查）； 3. 光纤尾纤接头应连接可靠，不应有松动现象（参考《国家电网有限公司直流换流站检修管理规定》）	

续表

序号	检修工序	检修流程与工艺	质量标准	关联风险类别
7	各侧接头恢复	1. 检查各线夹及接线板完好无开裂接头连接可靠，涂上导电油	各螺栓无脱落与松动，连接良好	
		2. 金属附件检查及处理：按力矩要求紧固，导线、母线接触良好	1. 按力矩表要求； 2. 防止在检修时损坏、刮伤导线、均压环等部件而引起放电	

八、直流分压器检修

按照表 7-5-10 准备相关工作。

表 7-5-10　　　柔性可控消能装置直流分压器检修工作准备表

序号	检修工序	检修流程与工艺	质量标准	关联风险类别
1	外绝缘表面检查	1. 检查直流分压器外绝缘（硅橡胶）有无放电痕迹，有无裂纹	无放电痕迹，无裂纹	机械伤害、物体打击、触电、高处坠落、搭接面发热、设备损伤
		2. 检查本体及补气口有无渗漏	无渗漏	
		3. 外绝缘憎水性检查	憎水性在标准条件下测试结果为 HC5～HC6 级时，应采取防闪络措施	
		4. 清洁外绝缘积尘和污垢，必要时可用中性清洗剂，然后用清洁水清洗并擦拭干净	绝缘外护套表面清洁	
2	金属连接件检查	1. 均压罩及金属部件检查	均压罩表面光滑无放电痕迹，金属部件打磨光滑	
		2. 检查导电连接件有无开裂发热迹象	电气连接件无开裂发热迹象，投运后红外测温正常	
		3. 对锈蚀点进行防腐和补漆处理	对生锈部位用细纱纸去除锈蚀，并补涂合格防锈漆和同色面漆	
		4. 连接线检查	按力矩要求紧固良好	
3	接地系统检查	1. 检查设备接地情况	接地铜牌无锈蚀，连接可靠	
		2. 检查设备接地标识	接地标识明显、清晰，无脱落	
4	二次接线端子盒检查	1. 二次接线端子箱密封检查	检查盒盖和法兰的密封情况，密封良好，内部无受潮、积水情况	
		2. 二次端子箱端子检查	端子箱清洁，连线无虚接，端子引线无锈蚀，电缆、光纤连接正常	
		3. 端子盒防雨罩检查	防雨罩安装紧固	

序号	检修工序	检修流程与工艺	质量标准	关联风险类别
5	SF$_6$气体压力检查	检查压力无报警,报警信号远传良好	1. SF$_6$气体密度不允许低于额定压力; 2. 若带压力指示装置直接读取压力值,否则使用经校验合格的表计读取压力值	机械伤害、物体打击、触电、高处坠落、搭接面发热、设备损伤
6	SF$_6$气体泄漏检查	用泄漏检测仪检查套管有无泄漏	密封良好无泄漏	
7	SF$_6$气体水分检查	每三年检查水分,做微水试验	含水量在规定范围内	
8	SF$_6$气体分解产物检查	检查有无发现 SO$_2$、HF 等分解产物	无分解物	
9	合并单元屏外观及接地检查	1. 屏柜内设备外观检查; 2. 屏蔽电缆的屏蔽层必须两端可靠接地; 3. 屏柜内二次端子紧固检查	1. 接线应无机械损伤,端子压接应紧固; 2. 检查屏上所有裸露的带电器件间距均应大于 3mm	
10	合并单元屏清扫	1. 用防静电毛刷、防静电吸尘器清扫主机及屏柜; 2. 主机清扫前,必须关闭主机电源; 3. 取出主机滤网,更换新的主机滤网	控制保护屏内应清洁,过滤网清洁	
11	光纤、总线检查	1. 检查总线连接、固定情况; 2. 检查光纤外观、弯曲度及备用数量	总线各连接处完好,光纤无损坏,备用光纤数量满足要求	

九、消能控制保护装置检修

按照表 7-5-11 准备相关工作。

表 7-5-11 柔性可控消能装置消能控制保护装置检修工作准备表

序号	检修工序	检修流程与工艺	质量标准	关联风险类别
1	控制保护屏外观及接地检查	1. 屏柜内设备外观检查; 2. 屏蔽电缆的屏蔽层必须两端可靠接地; 3. 屏柜内二次端子紧固检查	1. 接线应无机械损伤,端子压接应紧固; 2. 检查屏上所有裸露的带电器件间距均应大于 3mm	机械伤害、物体打击、触电、高处坠落、搭接面发热、设备损伤
2	控制保护屏清扫	1. 用防静电毛刷、防静电吸尘器清扫主机及屏柜; 2. 主机清扫前,必须关闭主机电源; 3. 取出主机滤网,更换新的主机滤网	控制保护屏内应清洁,过滤网清洁	

序号	检修工序	检修流程与工艺	质量标准	关联风险类别
3	板卡和主机内配件外观检查	1. 板卡和其他配件外观检查； 2. 电源及信号线检查； 3. 散热风扇运行声音检查	板卡和其他配件无弯曲、变形、挤压现象，外部应无积灰，电源、信号线无断痕	
4	光纤、总线检查	1. 检查总线连接、固定情况； 2. 检查光纤外观、弯曲度及备用数量	总线各连接处完好，光纤无损坏，备用光纤数量满足要求	
5	绝缘检查			
5.1	测试交流电流回路绝缘电阻	1. 确认所测电流互感器在检修状态且未进行高压试验； 2. 确认备测电流回路端子及接线，划开（解开）端子连线，断开（解开）回路接地点； 3. 对线正确后，测试三相相间回路电阻，确认平衡，并记录数值； 4. 选择绝缘测试仪 1000V 档测试备测线芯对地及相间绝缘，记录绝缘值； 5. 将被测回路对地放电； 6. 测试完成后，恢复交流电流回路接线，恢复接地线及拆除的短接片，紧固端子		机械伤害、物体打击、触电、高处坠落、搭接面发热、设备损伤
5.2	测试交流电压回路绝缘电阻	1. 确认所测电压互感器在检修状态且未进行高压试验； 2. 确认备测电压回路端子及接线，划开（解开）端子连线，断开（解开）回路接地点； 3. 对线正确后，选择绝缘测试仪 1000V 档测试备测线芯对地及相间绝缘，记录绝缘值； 4. 将被测回路对地放电； 5. 测试完成后，恢复交流电压回路接线，恢复接地线，紧固端子	1. 使用 1000V 摇表测，要求大于 1MΩ； 2. 跳闸回路：使用 1000V 兆欧表测量绝缘电阻不小于 10MΩ（参考《国家电网有限公司直流换流站检修管理规定》）	
5.3	测试控制信号、跳闸回路绝缘电阻	1. 在测绝缘前，应确认工作不会造成一次设备和控制保护设备状态改变，明确被测回路允许掉电、测量回路上无弱电元器件； 2. 确认备测回路端子及接线，划开（解开）端子连线、确认被测回路两端无电压； 3. 对线正确后，选择绝缘测试仪 1000V 档测试备测线芯绝缘，记录绝缘值； 4. 将被测回路对地放电测试完成后，恢复回路接线，紧固端子		
6	电源检查	对供电电源进行检查	工作正常，报警接点正常	
7	通电初步检查	对控制保护装置进行通电初步检查	工作正常，无异常指示	

十、避雷器试验

按照表 7 – 5 – 12 准备相关工作。

表 7 – 5 – 12　　　　柔性可控消能装置避雷器试验工作准备表

序号	检修工序	检修流程与工艺	质量标准	关联风险类别
1	直流 1mA 电压（U1mA）及 0.75U1mA 下泄漏电流测量	将直流高压发生器的高压出线与避雷器的高压端相连接，避雷器的低压端接微安表，然后接地	1. 直流 1mA 电压（U1mA）初值差不超过±5%； 2. 0.75U1mA 泄漏电流初值差≤30%或≤50μA（参考 Q/GDW 1168—2013） （对厂家有特殊要求的避雷器，按厂家要求进行相应毫安下的直流参考电压测量，试验数据应同时满足厂家规定）	机械伤害、物体打击、触电、高处坠落、搭接面发热、设备损伤
2	底座绝缘	避雷器底座施加负极性电压，电动摇表的正极性接地	绝缘电阻≥100MΩ（参考 Q/GDW 1168—2013）	
3	计数器检查	将雷击计数器校验器充电后，对计数器放电	测试 3～5 次，每次应正确动作，功能正常	

十一、K2 旁路开关试验

按照表 7 – 5 – 13 准备相关工作。

表 7 – 5 – 13　　　　柔性可控消能装置 K2 旁路开关试验工作准备表

序号	检修工序	检修流程与工艺	质量标准	关联风险类别
1	回路电阻测量	1. 将交流电源线、电流线、测试线接到各自插座中（注：在连接被试品时，应将回路电阻测试电流线接于测试电流线内侧，并尽可能靠近被测接点，同时，要保证回路电阻测试线与测试电流线极性一致）； 2. 电流线、测试线与被测电阻联接时，注意电流线与测试线不要缠绕在一起，应尽量远离一些； 3. 接通电源开关，仪器自检 10s，随后显示主菜单，便可测量回路电阻的微欧值及测试电流值； 4. 测量模式分：单脉冲、三脉冲和烧弧测试	主回路电阻≤50μΩ	机械伤害、物体打击、触电、高处坠落、搭接面发热、设备损伤

续表

序号	检修工序	检修流程与工艺	质量标准	关联风险类别
2	并联电容测量	1. 对被试并联电容器两极均进行充分放电； 2. 检查电容器外观、污秽等情况，判断电容器是否满足试验要求状态； 3. 将电容电感测试仪可靠接地； 4. 进行试验接线，先将从电容电感测试仪电压输出端引出的红夹子和黑夹子分别接到电容器（电容器组）两端；然后将从电流输入端引出的钳形电流夹夹到需要测量的部位，如果是测量总电流，也可以直接夹到电压引线上； 5. 接线完成后经检查确认无误，选择电容量测量，并按下测试按钮开始进行测量； 6. 待数据稳定后，读取并记录电容量数值； 7. 对测试的试验数据进行分析判断，得出结论	并联电容应满足厂家说明书要求	机械伤害、物体打击、触电、高处坠落、搭接面发热、设备损伤
3	分、合闸线圈电阻检测	1. 断路器分合闸线圈的直流电阻测量主要是为了检测线圈内部是否存在故障，例如绕组内短路、断路等。直流电阻测量的原理就是通过施加稳定电压后，测量流过被测物件后的电流大小，从而计算其直流电阻值。在实际操作中，应注意与其他线圈或设备的电气隔离； 2. 直流电阻测量可使用万用表或专门的电阻测试仪器。其中，万用表适用于小电阻值的测量；而对于大电阻值的测量则建议使用电阻测试仪器。同时，在选择测量仪器时应注意其精度和量程	分、合闸线圈电阻应满足厂家说明书要求	
4	断路器动作电压测试	1. 先试验分闸线圈动作电压，试验线接到分闸电磁铁线圈上； 2. 合上刀闸，如断路器跳闸，可调低电压值再试；如果断路器不跳闸，可调高电压值再试，直至找出跳闸的最低动作电压值，此值即为分闸的最低动作电压	断路器动作电压满足厂家说明书要求	
5	额定操作电压下测试时间特性	断路器动作特性测试仪能够自动测量出分合闸时间并计算出同期	1. 合闸时间≤25ms； 2. 分闸时间≤50ms	
6	SF_6气体微水、纯度、分解物试验	采用SF_6气体综合测试仪进行测试	SF_6气体微水、纯度、分解物应满足厂家说明书要求	

十二、K1 快速开关试验

按照表 7-5-14 准备相关工作。

表 7-5-14　　柔性可控消能装置 K1 快速开关试验工作准备表

序号	检修工序	检修流程与工艺	质量标准	关联风险类别
1	回路电阻测量	1. 将交流电源线、电流线、测试线接到各自插座中（注：在连接被试品时，应将回路电阻测试电流线接于测试电流线内侧，并尽可能靠近被测接点，同时，要保证回路电阻测试线与测试电流线极性一致）； 2. 电流线、测试线与被测电阻联接时，注意电流线与测试线不要缠绕在一起，应尽量远离一些； 3. 接通电源开关，仪器自检 10s，随后显示主菜单，便可测量回路电阻的微欧值及测试电流值； 4. 测量模式分：单脉冲、三脉冲和烧弧测试	根据制造厂要求：断路器合闸接触电阻 ≤30μΩ，合闸总接触电阻 ≤120μΩ	机械伤害、物体打击、触电、高处坠落、搭接面发热、设备损伤
2	均压电容、储能电容测量	1. 对被试并联电容器两极均进行充分放电； 2. 检查电容器外观、污秽等情况，判断电容器是否满足试验要求状态； 3. 将电容电感测试仪可靠接地； 4. 进行试验接线，先将从电容电感测试仪电压输出端引出的红夹子和黑夹子分别接到电容器（电容器组）两端；然后将从电流输入端引出的钳形电流夹夹到需要测量的部位，如果是测量总电流，也可以直接夹到电压引线上； 5. 接线完成后经检查确认无误，选择电容量测量，并按下测试按钮开始进行测量； 6. 待数据稳定后，读取并记录电容量数值	1. 断路器电容器电容值的允许偏差应为额定电容值的±5%。根据制造厂要求：额定电容 /（1±5%）PF、介损； 2. 南瑞继保快速机械开关储能电容配置为：4.5mF、4.5mF、8mF、8mF、5mF，储能电容容值要求误差范围为 0～+3%	
3	额定操作电压下测试时间特性	断路器动作特性测试仪能够自动测量出分合闸时间并计算出同期	根据制造厂要求：合闸时间 ≤5ms，分闸时间 ≤30ms	
4	SF$_6$ 气体微水、纯度、分解物试验	采用 SF$_6$ 气体综合测试仪进行测试	SF$_6$ 气体微水、纯度、分解物应满足厂说明书要求	

十三、K0 触发间隙试验

按照表 7-5-15 准备相关工作。

表 7-5-15　　柔性可控消能装置 K0 触发间隙试验工作准备表

序号	检修工序	检修流程与工艺	质量标准	关联风险类别
1	SF$_6$/N$_2$ 气体中 SF$_6$ 气体微水测量	为了验证产品内充 SF$_6$ 气体的质量性能是否达标准要求，按 GB/T 11023、GB/T 8905 标准的要求，用校验合格的微量水分测量仪进行 SF$_6$ 气体水分含量测量	测试后的触发间隙和供能变的 SF$_6$ 微水分含量 ≤150μL/L，满足技术协议参数要求	机械伤害、物体打击、触电、高处坠落、搭接面发热、设备损伤

续表

序号	检修工序	检修流程与工艺	质量标准	关联风险类别
2	SF_6/N_2 气体混合比测量	按 DL/T 1985—2019 标准的要求，用混合比综合检测仪对 SF_6/N_2 气体的体积比进行测量	测试后的 SF_6/N_2 气体的体积比为 3:7（体积比变化范围 1%）	机械伤害、物体打击、触电、高处坠落、搭接面发热、设备损伤
3	间隙本体触发功能试验	用直流高压源在间隙本体两端施加正极性直流高压触发电压。给控制器 A 和控制器 B 分别发送单次触发命令，重复试验 3 次，每次试验间隔 3min。使用示波器监测间隙电压、触发信号，判断是否触通，触发性能是否正常	间隙在最低可触发电压（50kV）下，两个触发腔在单次触发试验中均能可靠触通	
4	断口绝缘试验	间隙本体上接线端子与直流电压发生器高压端连接，下接线端子、控制箱可靠接地，施加直流耐受电压 117×80% kV dc，试验持续时间 1min	通过绝缘试验，未击穿	

十四、K0 晶闸管触发开关试验

按照表 7-5-16 准备相关工作。

表 7-5-16　柔性可控消能装置 K0 晶闸管触发开关试验工作准备表

序号	检修工序	检修流程与工艺	质量标准	关联风险类别
1	晶闸管元件低压试验	1. 使用晶闸管测试仪对每个晶闸管级进行短路试验	每个晶闸管级能够成功承受正压和反压，不存在短路情况	机械伤害、物体打击、触电、高处坠落、搭接面发热、设备损伤
		2. 使用晶闸管测试仪对每个晶闸管级进行阻抗试验	1. 阻尼电阻：无短路或开路情况，阻值与出厂值比较，变化不大于±3%；2. 阻尼电容：无短路或开路情况，容值与出厂值比较，误差不大于±5%	
		3. 断开晶闸管级与阀控后台的收发通道，将通道接至晶闸管测试仪，进行晶闸管触发试验	每个晶闸管级均能实现低压成功触发	
2	晶闸管元件高压试验	使用高压测试仪对晶闸管级进行 BOD 或保护性触发试验	每个晶闸管级均能成功通过 BOD 或保护性触发试验，不存在击穿现象。测试值应满足厂家要求	
3	均压元件参数测量	使用万用表测量晶闸管级均压电阻数值	1. 均压电阻无短路或开路情况，阻值与出厂值比较，变化不大于±3%；2. 使用仪器不确定度不大于 0.5%	
4	阀电抗器直流参数测量	使用专门的电抗器测量装置对阀电抗器数值进行测量	1. 数值与出厂值比较，变化不大于±2%；2. 仅在必要时进行测量	

十五、均压电阻试验

按照表 7-5-17 准备相关工作。

表 7-5-17　　　　柔性可控消能装置均压电阻试验工作准备表

序号	检修工序	检修流程与工艺	质量标准	关联风险类别
1	均压电阻参数测量	使用直流电阻测试仪测量均压电阻数值	1. 均压电阻无短路或开路情况，阻值与出厂值比较，变化不大于±3%（参考 Q/GDW 1168—2013）； 2. 使用仪器不确定度不大于 0.5%	高空坠落、触电、机械伤害、损伤设备

十六、光电流互感器试验

按照表 7-5-18 准备相关工作。

表 7-5-18　　　　柔性可控消能装置均压电阻检修工作准备表

序号	检修工序	检修流程与工艺	质量标准	关联风险类别
1	控保主机状态确认	确认相关主机是否需要退出	对应测点的控保主机投退由监护人和工作负责人进行多次核查，确保不误退	
2	进行试验接线	1. 确保被试线路与主回路断开，并对被试线路进行放电	佩戴绝缘手套，手持绝缘手柄，进行放电	
		2. 进行试验接线	1. 绝缘摇表应正确接地； 2. 接线应正确牢固，负极性电压接一次绕组，正极性电压线接地	机械伤害、物体打击、触电、高处坠落、搭接面发热、设备损伤
3	绝缘电阻试验	1. 所有人员撤出，封闭围栏，准备加压试验	1. 确认 CT 回路没有开路； 2. 加压试验时，操作人员应站在绝缘垫上，其余人员撤离现场	
		2. 操作人站在绝缘垫上，打开仪器电源，选择试验电压 2.5kV		
		3. 大声呼唱"加压"，得到监护人回复后按下测试按钮		
		4. 加压时间 1min 后读取绝缘电阻值	记录人及时记录试验数据	
		5. 按下复位按钮，待放电指示无显示后关闭仪器电源开关		
		6. 等待试验结束后，记录试验数据，温度，湿度		

续表

序号	检修工序	检修流程与工艺	质量标准	关联风险类别
4	拆除试验接线	1. 对被试设备进行放电。 2. 拆除试验接线	佩戴绝缘手套,手持绝缘手柄,进行放电	机械伤害、物体打击、触电、高处坠落、搭接面发热、设备损伤
5	工作班组自验收	现场检查,项目部级的检查完成后,报监理进行检查	1. 检查所有可见部件有无受损害,有无沾上灰尘或颗粒,检查光电流互感器的强电流接线是否紧固,接地连接良好,接线正确等; 2. 检查现场无工具、仪器、物料遗留,密封完全,光纤无压折。项目部级的检查完成后,报监理进行检查	

十七、直流分压器试验

按照表 7-5-19 准备相关工作。

表 7-5-19　　　　柔性可控消能装置均压电阻检修直流

分压器试验工作准备表

序号	检修工序	检修流程与工艺	质量标准	关联风险类别
1	分压比测量	1. 在 0.1p.u. 至 1.0p.u. 直流电压下测量; 2. 在高压侧加高压,从 EWS 上读取测量电压	分压比应与铭牌标志相符	
2	分压电阻、电容量测量	1. 使用介损仪、电动摇表和电容表测量; 2. 高压臂电容使用介损仪测试,低压臂电容使用电容表测量; 3. 高压臂电阻使用电动摇表测量,低压臂电阻使用万用表测量	1. 定期或二次侧电压值异常时,测量高压臂和低压臂电阻阻值,同等测量条件下初值差不应超过±2%; 2. 阻式分压器:同时测量高压臂和低压臂的等值电阻和电容值,同等测量条件下初值差不超过±3%,或符合设备技术文件要求	机械伤害、物体打击、触电、高处坠落、搭接面发热、设备损伤
3	微水测试	1. 关闭互感器气阀,用微水测试仪气管接到直流电压互感器气阀上开启互感器气阀开关; 2. 让气体缓慢流过微水测试仪,待数值下降并稳定后记录该值	一般微水值小于 150ppm 为合格